動腦想、動手玩，讓程式
與遊戲設計都變有趣！

Scratch 超人氣遊戲大改造

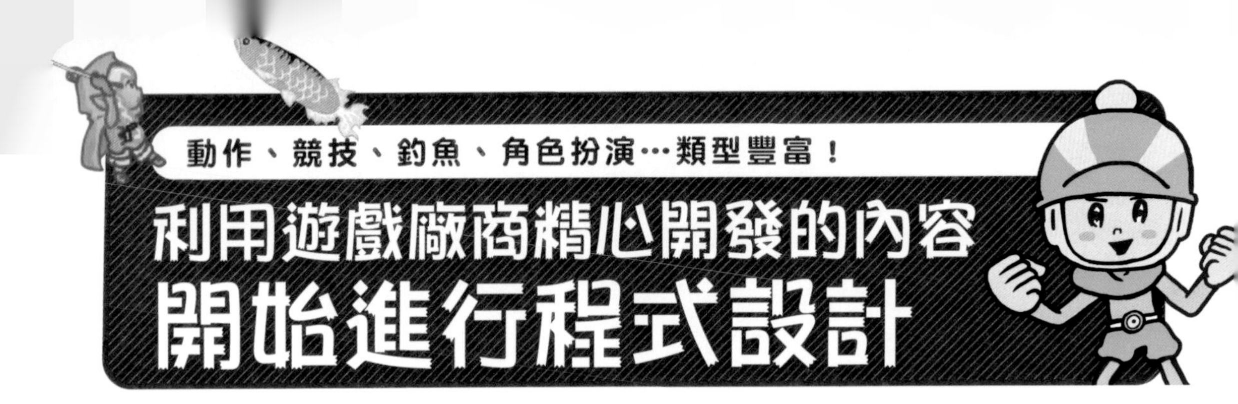

利用遊戲廠商精心開發的內容 開始進行程式設計

這本書收錄了知名遊戲開發廠商 Asobism（股）公司教育部門——未來工作坊想出來的各類遊戲開發原型。這些原型凝聚了專業遊戲設計師們對品質的堅持，以及在教育事業累積的程式設計 Know-how，利用這些原型來製作遊戲，可以愉快地邊玩邊學。

還有角色扮演遊戲（RPG）！

即使是程式設計的初學者也不用擔心！
下一頁將介紹相關技巧！

Let's GO

Asobism 是製作哪種遊戲的公司？

Asobism（股）公司是企劃、開發、經營手遊及遊戲機遊戲的製作團隊。推出過《城堡與龍》（2015 年 2 月 5 日上線）、《GUNBIT》（2019 年 5 月 15 日上線）等遊戲，以隨時推陳出新，創造別人無法模仿的商品為目標。

邊改造遊戲，邊學習程式設計的「Prototype Hacking」是什麼意思？

這本書是未來工作坊設計，根據「Prototype Hacking」方法，讓程式設計變得像遊戲一樣有趣。透過改造（Hacking）未完成的遊戲資料（Prototype），可以像解謎般學習程式設計。實際如何製作遊戲，請見 P14 ～ 15 的詳細說明。

本書製作遊戲的方法

❶ 取得原型！

下載已經準備好遊戲的原型，完成度已達 80%，開啟之後，只要再加入一些程式就可以使用。

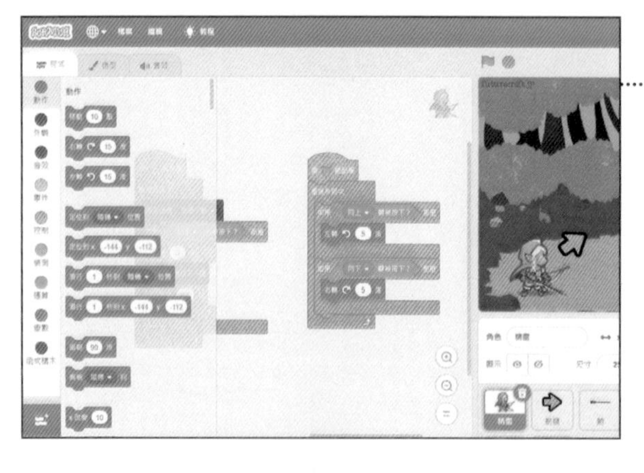

❷ 完成遊戲！

在每個遊戲的原型裡，以類似填空猜謎的方式，提供要補上功能或處理的提示。請自行思考，完成遊戲。因為已經提供了線索，所以很簡單。

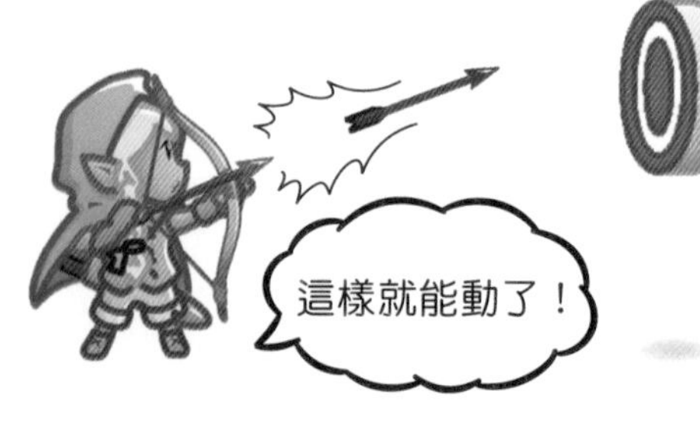

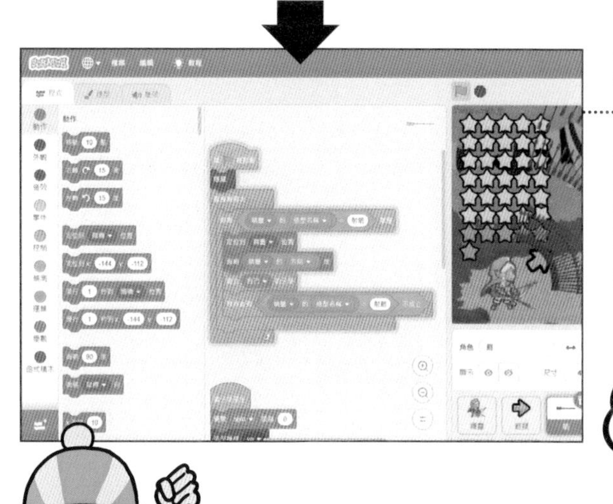

3 將遊戲改造得更有趣！

完成之後才是重頭戲。這些遊戲都可以隨意改造。請一邊解讀程式，一邊改造成更有趣的遊戲。在追求遊戲樂趣的同時，還能加深對程式設計的理解。

改造程式，
挑戰高分！

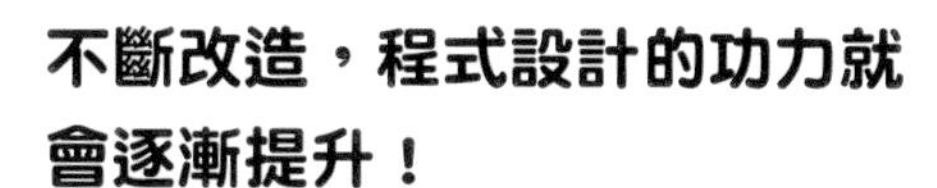

不斷改造，程式設計的功力就會逐漸提升！

Scratch 的基本知識

清楚解說 Scratch 的基本用法！

Scratch 的初學者大可放心！

▶▶▶▶▶ P25 ◀◀◀◀◀

來製作自己的遊戲吧！

還會傳授製作個人遊戲的技巧！

我要做出超有趣的遊戲！

▶▶▶▶▶ P259 ◀◀◀◀◀

還有許多豐富的內容！
請利用這本書製作大量遊戲，
學會程式設計吧！

前言

做自己喜歡的事情，就會渾然忘我，沉浸其中，這種經驗想必每個人都有過吧！拿起這本書的你，一定對程式設計或製作遊戲有著強烈的興趣。我想告訴你的第一件事，就是開始接觸新事物時，最重要的莫過於沉浸其中，有個愉快的開頭。

這本書收錄了各種類型的遊戲，包括動作遊戲、格鬥遊戲、RPG 等。每一個都是由現任遊戲設計師製作，完全原創的遊戲。第一步請先按照說明，學會完成遊戲的基本程式設計技巧。

完成遊戲之後，請立刻試玩。要過關可能沒有想像中容易，而且可能有人不擅長動作類的遊戲。不過請別擔心，本書提供的遊戲全都可以改造（一般若任意改造遊戲可能會被指責）。

沒錯。這本書的目標就是讓你像電影中的天才少年，駭入電腦拯救世界般駭入（改造）程式，完美破解遊戲。

要改造遊戲，就得瞭解哪裡可以調整。因此，你必須在改造遊戲後試玩，如果不順利，就再改造，不斷嘗試。事實上，這種學習方法和程式設計師掌握新程式設計語言時的手法一樣，我把這種學習方法命名為「原型駭客法（Prototype Hacking Method）」。

本書使用已在全球普及的程式設計學習語言「Scratch」與「原型駭客法」，像玩遊戲一樣，按部就班地理解程式設計的元素。

提到程式設計或製作遊戲，你可能會覺得很困難，其實並非如此。在想破關的想法驅使下，全心投入且不斷嘗試，不僅可以學會程式設計的技巧，也能訓練系統化的邏輯思考力（程式設計思考力）。當你把本書提供的所有遊戲都破關時，應該就能掌握製作各類遊戲的 Know How ！

請務必讓你的朋友試玩改造後的遊戲，相信你一定可以感受到和玩遊戲一樣，甚至更大的樂趣，被「製作遊戲的樂趣」吸引。最值得高興的莫過於對你而言，閱讀本書所花的時間變成了「沉浸在最愛事物的時間」。

Asobism（股）公司董事長兼 CEO

大手智之

致各位家長與老師們

持續關注程式設計教育

「未來工作坊」是由 Asobism（股）公司長野分公司的員工，於 2012 年成立。初期在日本，從事程式設計教育的團體極為罕見，也不像現在這麼受到關注。

不過近年開始提倡程式設計學習的必要性，據說日本現在與程式設計有關的補習班就超過了一萬間。自 2020 年度開始，日本的小學已將程式設計教育納入了必修課，預計到 2022 年度，將全面實施於日本全國的高、中、小學；而台灣亦已將程式課程納入新課綱中，成為國、高中必修課程的一部分，國小則採取資訊融入教學。除此之外，與程式設計相關的補習班其規模也相當地龐大。

建立每個人都會使用資訊與通訊技術的社會

現在從行動電話、家電產品、汽車到自動販賣機都嵌入了電腦，我們每個人都享受著科技帶來的便利生活。每一台電腦都由程式設計師設計，從早到晚，按照我們下達的指令執行工作。

比方說，「透過 LINE，和朋友一起唸書」、「使用 Google 地圖製作與朋友旅行的計畫」等，我們已經利用資訊與通訊（ICT）技術，實現了過去做不到的事。一般認為，深入瞭解 ICT 技術，並進一步做整合，就能達成新的目標。

學習程式設計技術並非目的

ICT 業界的技術日新月異，進步十分迅速，就算學會了程式設計，等到這些孩子們出社會後，可能已經變成過去式。因此，學習程式設計語言並不重要，重要的是透過程式設計學會學習方法，培養系統化的邏輯思考力（程式設計思考力）。

這本書就是按照這個概念，盡量排除死背、抄寫等一般學習方法，幫助你培養自行思考的學習力。本書的重點「完美挑戰」單元沒有標準答案，程式設計的目的雖然只有一個，但是實現這個目的的途徑卻不止一種。

這些能力對於孩童們來說，不論將來從事哪種工作，都能發揮極大的作用。

來自未來工作坊的訊息

最後，方便的工具有時是一把雙面刃。要正確使用這些工具，最重要的莫過於瞭解 ICT 技術以及符合人性的想法。

若要培養這種想法，必須讓孩童們體驗與自然接觸及使用五感的機會。希望這些孩童能和玩電腦一樣，重視戶外活動的時光。

目錄

Chapter 1

一起製作遊戲！初級篇

Chapter 2

一起製作遊戲！中級篇

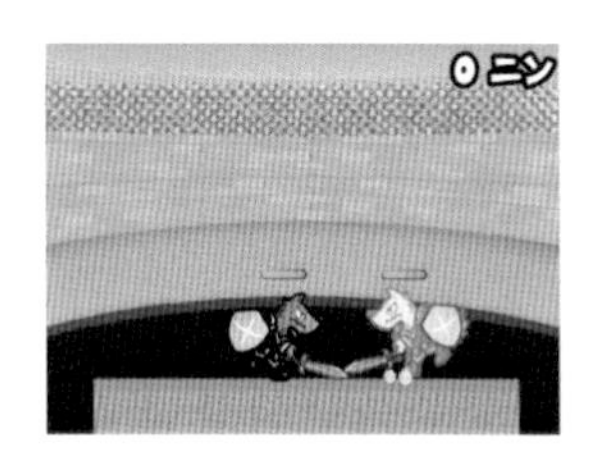

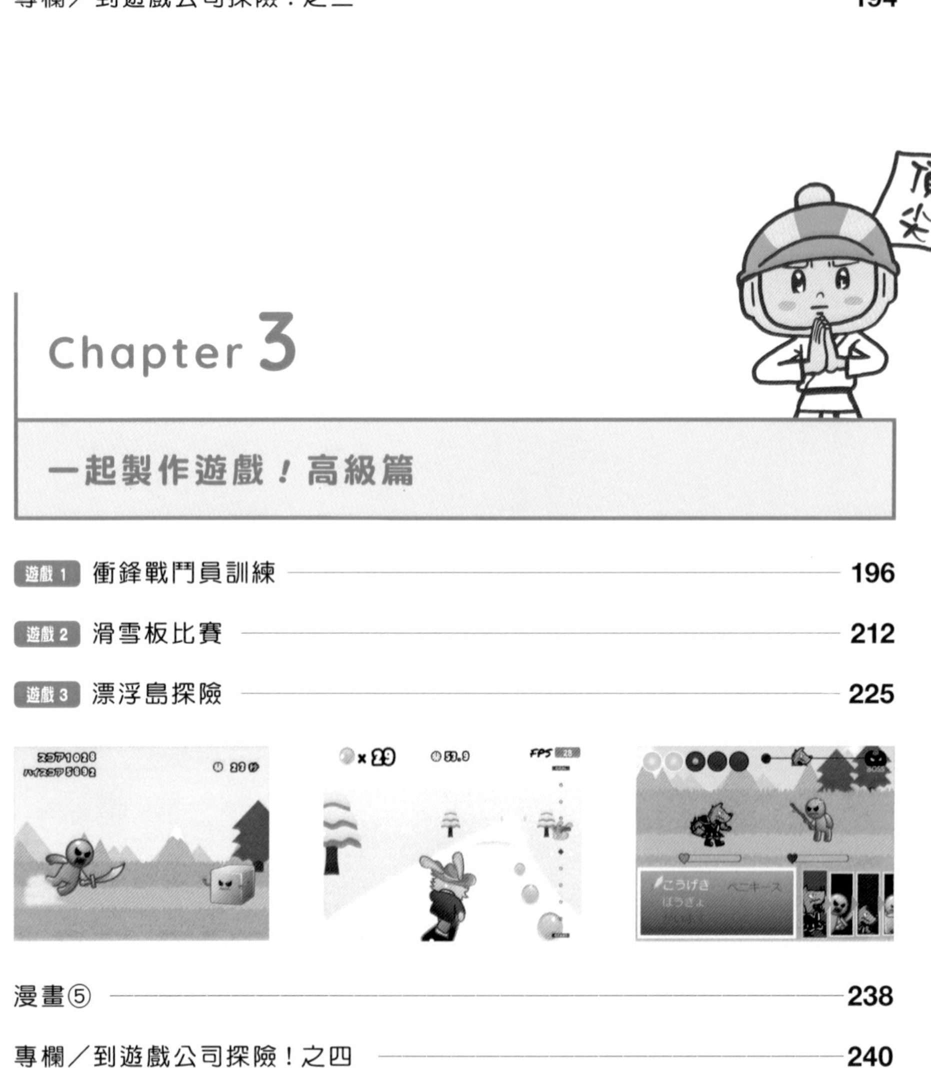

Chapter 3

一起製作遊戲！高級篇

Chapter 4

來自遊戲設計師的戰帖

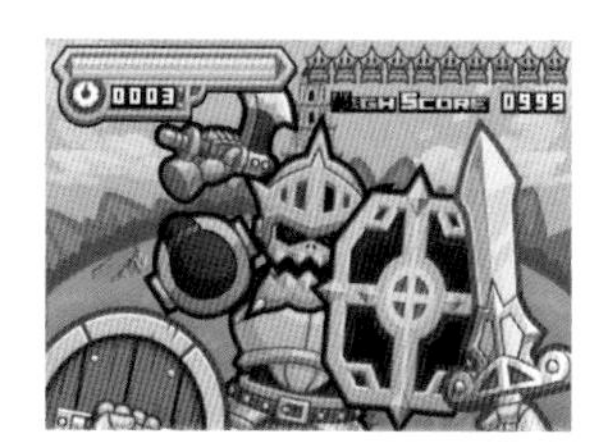

Chapter 5

來製作自己的遊戲吧！

享受本書的方法

這是一本不論新手或老手，任何程度的人，都可以享受設計遊戲的樂趣並學會相關技巧的書籍。究竟該以何種流程來製作遊戲？以下將說明本書的閱讀方法！

學習如何設計遊戲的程式！

出現在書裡的遊戲並非全都從零開始，而是以準備好遊戲角色的原型（Prototype）為雛型，再寫出可以執行的程式。為了將完成的遊戲「完美破關」，要一邊改造（Hacking）一邊操作，藉此熟悉程式設計的思考方法，自然而然就能提升創造性與邏輯思考力。

1 使用原型（Prototype）完成遊戲！

從線上下載網址取得原型！ http://books.gotop.com.tw/download/ACG006000

步驟1

這裡準備了遊戲的原型，請從這裡開啟要挑戰的遊戲資料。

步驟2

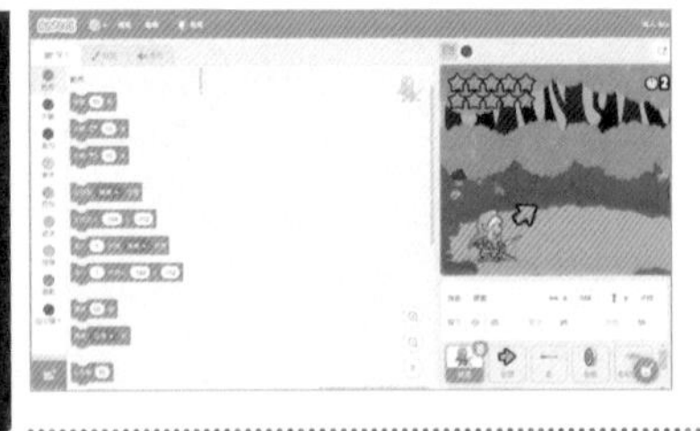

乍看之下，原型似乎可以玩，其實尚有部分程式還未完成，所以無法直接操作，請依照本書的解說完成程式！

步驟3

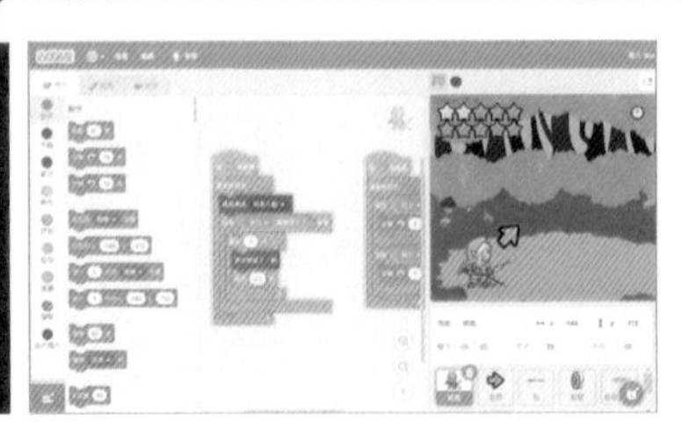

試玩看看，如果無法順利執行，就修改程式完成遊戲。完成之後再測試！

重點說明 ①

原型的舞台與角色十分明確，可以瞭解「這是哪種遊戲？」、「要設計何種程式？」。清楚了目標之後，比較容易想出積木的用法及組合方式，學習效率會比從零開始高。

2 以完美破關為目標來改造（Hacking）遊戲！

步驟 1

每個遊戲已經設定了「完美破關」的條件，可是若只是把遊戲完成卻很難破關！

步驟 2

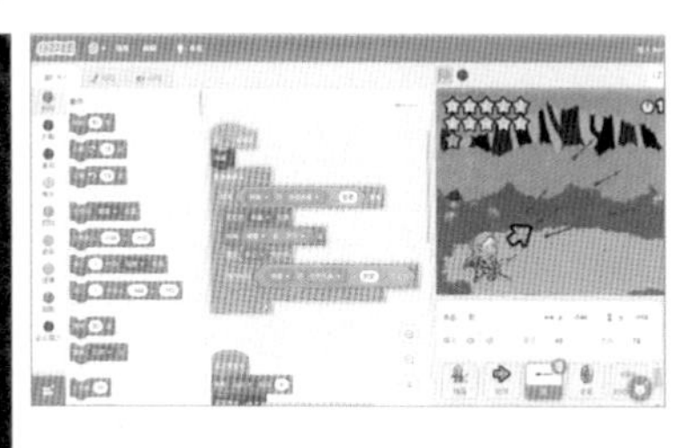

以完美破關為目標來改造遊戲。該如何設計程式才能達到目的？請別怕失敗，多多嘗試！

步驟 3

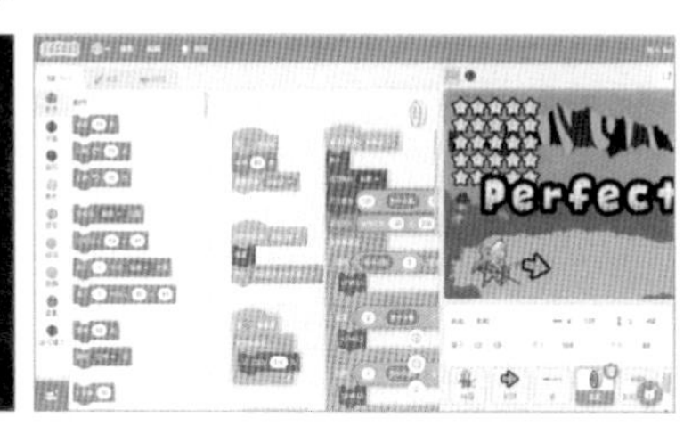

當你全心投入改造，可以完美破關時，代表你的程式設計知識與技術也已經大幅提升了！

重點說明 ②

「我想完美破關！」要達成這個有趣又有挑戰性的目標，如何設計程式就很重要。程式設計是實現目標的手段，要改造已經做好的程式，必須徹底瞭解該程式的內容，反覆嘗試，才能深入理解。這是專業程式設計師也會使用的學習方法。

3 當難度逐漸提高也不用擔心！老手與新手都會覺得有趣！

這本書的難度分成初級、中級、高級等三個等級，針對不同等級調整說明及提示。初級從如何組合 Scratch 的積木開始說明，沒有寫過程式的人也不用擔心。之後逐漸減少提示，培養個人的思考力，自然進階。完成遊戲並不代表結束，改造遊戲後達成完美破關的目標才是重點，因此不論老手或新手，都能從中學到程式設計的知識。

- 森林射擊訓練（P48 ～）
- 月球表面 OMOCHI 探險隊（P74 ～）
- 轟炸獵人（P98 ～）

- 對決競技場（P128 ～）
- 叢林釣魚（P154 ～）
- 忍者居合術（P176 ～）

- 衝鋒戰鬥員訓練（P196 ～）
- 滑雪板比賽（P212 ～）
- 漂浮島探險（P225 ～）

4 挑戰資深遊戲設計師，創造個人的遊戲！

成功破解高階遊戲後，請挑戰由 Asobism 資深遊戲設計師製作的遊戲「破壞騎士」。若連這個遊戲你都可以完美破關，代表你已經學會如何使用 Scratch 設計遊戲的技巧！請利用你學到的知識與技術，挑戰寫出屬於你的遊戲。

來自遊戲設計師的戰帖

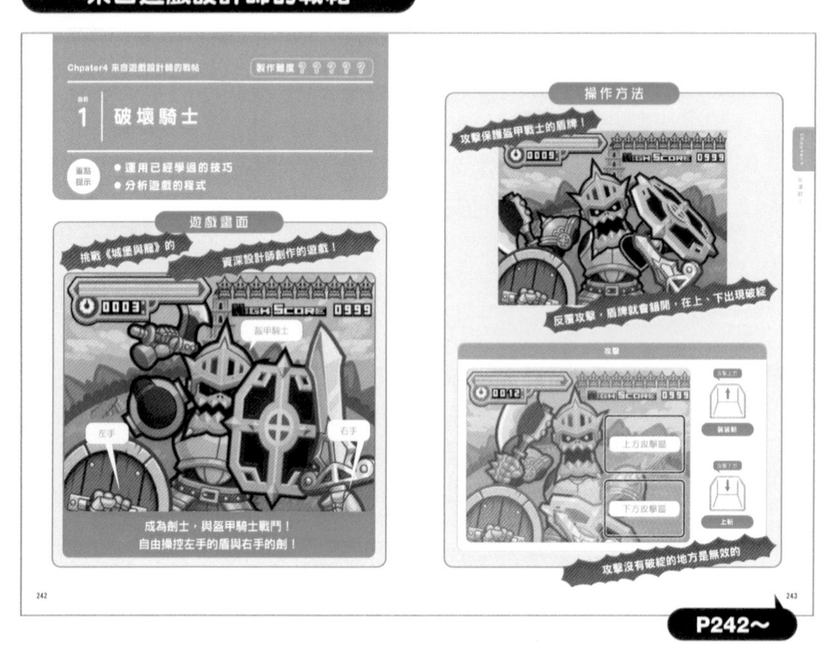
Chpater4 來自遊戲設計師的戰帖　製作難度

1 破壞騎士

重點提示
- 運用已經學過的技巧
- 分析遊戲的程式

遊戲畫面

成為劍士，與盔甲騎士戰鬥！
自由操控左手的盾與右手的劍！

操作方法

242　243

P242～

試著製作你的遊戲

如果你已經完成了前面的遊戲，應該會有「我也想試著創造遊戲！」的念頭吧？
這一章要說明遊戲設計師的思考方法及製作過程。請務必參考本章，試著製作出屬於你的遊戲。

1 思考「玩法主軸」，決定要製作何種遊戲

開發遊戲時，要先從決定概念及主題開始。以下將介紹利用「誰（什麼東西）？做什麼？」的方式來製作小遊戲，你將從中學會如何構思遊戲的「玩法主軸」。

- 打擊手（誰？）打出全壘打（做什麼）的遊戲
- 汽車（什麼東西？）跳躍（做什麼）的遊戲
- 戰鬥機（什麼東西？）避開子彈（做什麼）的遊戲
- 母雞（誰？）下蛋（做什麼？）的遊戲

任意組合字詞，呈現出遊戲的玩法主軸。
試試平常不會組合在一起的事物會更有趣喔！

2 思考設計圖

決定玩法主軸後，試著在筆記本或便條紙上描繪遊戲的草圖。以下繪製的範例是「汽車跳躍遊戲」。

繪製完成後，再決定遊戲大致的結構與規則，別忘了先詳細記錄下來。此時，必須確定遊戲結束及過關的條件。

- 汽車行駛時，會遇到道具或岩石
- 汽車取得道具就得分
- 汽車跳過岩石就得分
- 汽車撞到岩石就扣分
- 當時間歸 0，遊戲就結束（結束遊戲的條件）

260　261

P259～

本書的閱讀方法！

以下要說明本書的閱讀方法及使用方法，請徹底掌握書中的各個元素。

除了可以知道遊戲的標題，還能從「製作難度」瞭解程式設計的難易程度，同時透過「指令」明白設計這個遊戲可以學習到什麼。

解說操作角色的方法。請利用原型試玩，確認實際的狀態。

介紹遊戲的目的及出現的元素。從這些元素聯想要設計的程式也很重要。

這是剛開始一定會介紹
「這是什麼遊戲」的頁面！
請先從中瞭解遊戲的
概念及玩法！

接著按照 STEP 完成遊戲！

由標題就能瞭解遊戲目的。你可以從「遊戲完成度」掌握遊戲的完成狀態。

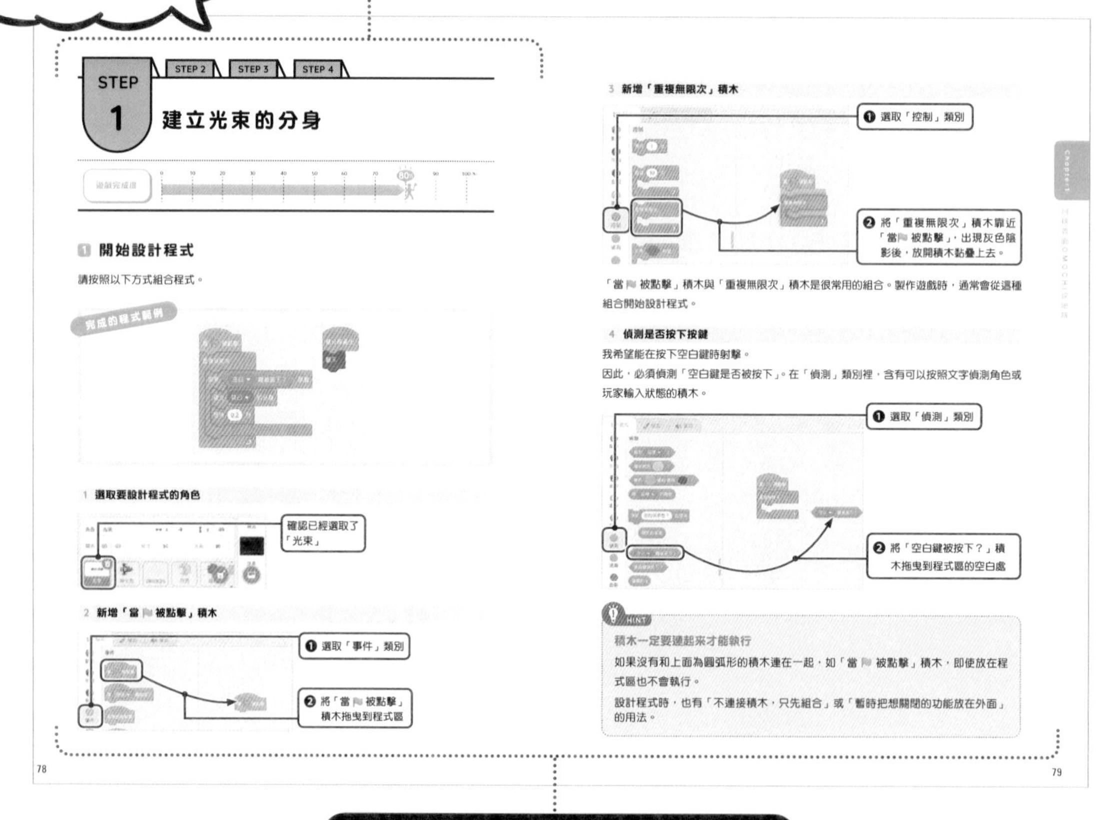
STEP 1　STEP 2　STEP 3　STEP 4

建立光束的分身

遊戲完成度　0　10　20　30　40　50　60　70　80%　90　100%

1 開始設計程式

請按照以下方式組合程式。

完成的程式範例

1 選取要設計程式的角色

確認已經選取了「光束」

2 新增「當 被點擊」積木

❶ 選取「事件」類別

❷ 將「當 被點擊」積木拖曳到程式區

78

3 新增「重複無限次」積木

❶ 選取「控制」類別

❷ 將「重複無限次」積木靠近「當 被點擊」，出現灰色陰影後，放開積木黏疊上去。

「當 被點擊」積木與「重複無限次」積木是很常用的組合。製作遊戲時，通常會從這種組合開始設計程式。

4 偵測是否按下按鍵

我希望能在按下空白鍵時射擊。

因此，必須偵測「空白鍵是否被按下」。在「偵測」類別裡，含有可以按照文字偵測角色或玩家輸入狀態的積木。

❶ 選取「偵測」類別

❷ 將「空白鍵被按下？」積木拖曳到程式區的空白處

HINT

積木一定要連起來才能執行

如果沒有和上面為圓弧形的積木連在一起，如「當 被點擊」積木，即使放在程式區也不會執行。

設計程式時，也有「不連接積木，只先組合」或「暫時把想關閉的功能放在外面」的用法。

79

本書的各個單元及圖示說明

這裡會顯示可以正常執行遊戲的積木組合範例。在初級階段，會先顯示範本，但是隨著難度提升，將由你自行思考再設計程式。程式設計沒有標準答案，除了書中介紹的程式範例，還有其他作法，請別過度依賴範例。

這裡會說明初次出現的名詞及程式設計的注意事項。

POINT

這是進一步說明曾在內容中出現過的積木及思考方法等。

這裡會介紹一些小知識及方便的技巧。

這是根據完成步驟所提供的提示，試著自行思考的部分。隨著難度提高，這個部分出現的機率也會增加！

這是實際動手操作，試著挑戰的部分。有時必須運用到目前為止學過的知識，自行設計程式！

這裡會顯示可以完美破關的條件。請先直接挑戰遊戲，再思考要怎麼改造才能完美破關！

完成遊戲之後，
要以完美破關為目標，
嘗試「完美挑戰！」

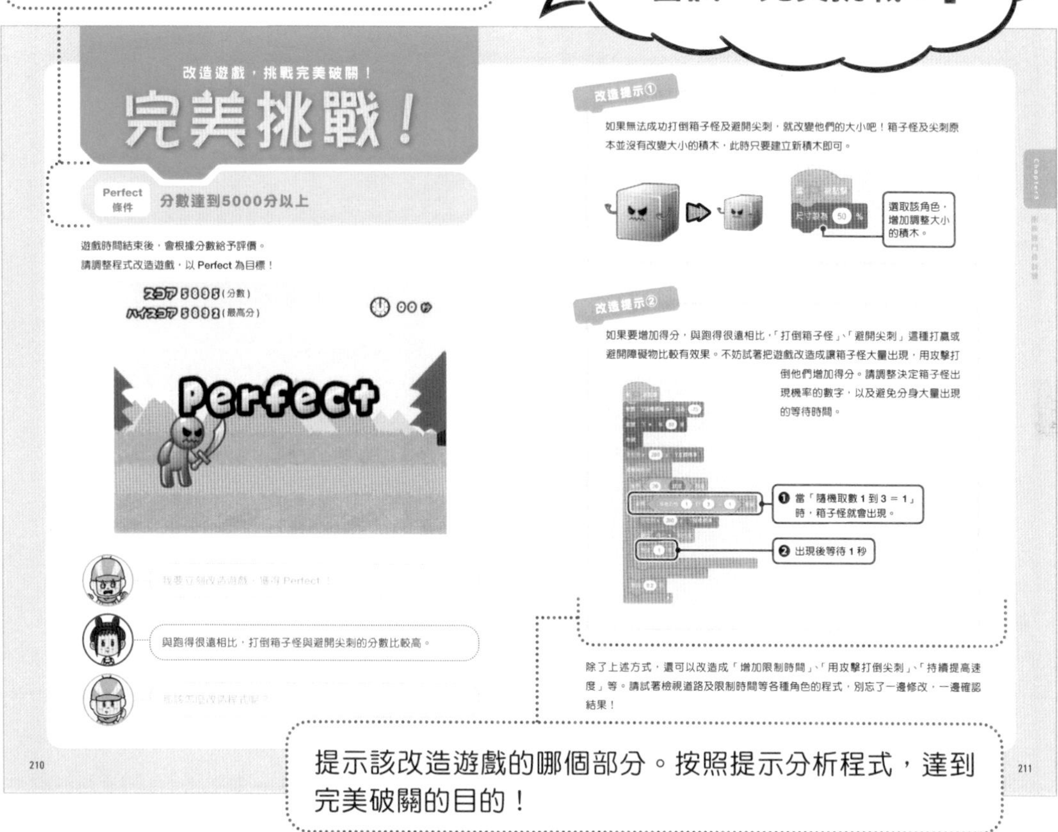
改造遊戲，挑戰完美破關！

完美挑戰！

Perfect 條件　分數達到5000分以上

遊戲時間結束後，會根據分數給予評價。
請調整程式改造遊戲，以 Perfect 為目標！

與跑得很遠相比，打倒箱子怪與避開尖刺的分數比較高。

改造提示①

如果無法成功打倒箱子怪及避開尖刺，就改變他們的大小吧！箱子怪及尖刺原本並沒有改變大小的積木，此時只要建立新積木即可。

選取該角色，增加調整大小的積木。

改造提示②

如果要增加得分，與跑得很遠相比，「打倒箱子怪」、「避開尖刺」這種打贏或避開障礙物比較有效果。不妨試著把遊戲改造成讓箱子怪大量出現，用攻擊打倒他們增加得分。請調整決定箱子怪出現機率的數字，以及避免分身大量出現的等待時間。

❶ 當「隨機取數 1 到 3 = 1」時，箱子怪就會出現。

❷ 出現後等待 1 秒

除了上述方式，還可以改造成「增加限制時間」、「用攻擊打倒尖刺」、「持續提高速度」等。請試著檢視道路及限制時間等各種角色的程式，別忘了一邊修改，一邊確認結果！

210　211

提示該改造遊戲的哪個部分。按照提示分析程式，達到完美破關的目的！

Chapter 0／Scratch的基本知識

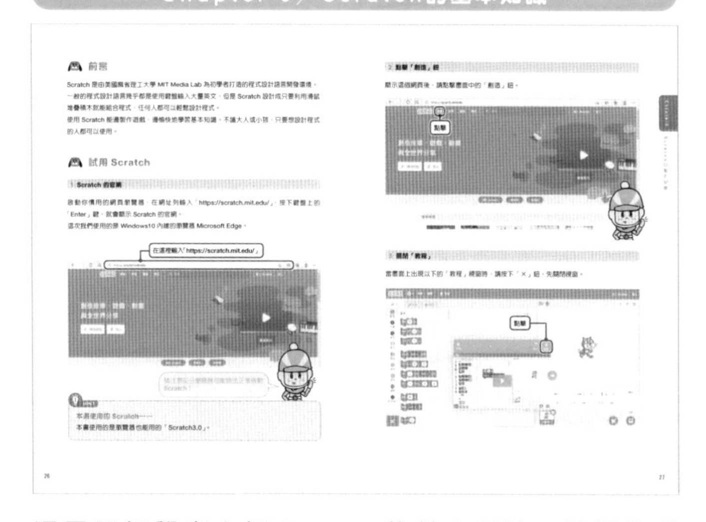
前言

試用 Scratch

點擊「創造」鈕

關閉「教程」

這是跟初學者介紹 Scratch 的基本用法，已經熟悉 Scratch 的人請直接進入 Chatper 1 ！

專欄／到遊戲公司探險！

到遊戲公司探險！

製作遊戲的公司是什麼樣的地方？

Asobism（股）公司！

遊戲公司的員工並非每個人都在製作遊戲喔！

遊戲公司是什麼地方？
和 Kosaku 一起去瞧瞧！

我回來了！

你回來啦！
Miku 來找你玩喔～
急急忙忙

你說
是吧
Monita
哼
Miku 啊…
她每次都一副
很跩的樣子，
實在很討厭
奇怪？
沒看到 Miku 啊…

喂
Monita
聽到了嗎？

喂，你在看什
麼這麼入迷

魔法少女
Miku
這…
這是什麼！？

為…為什麼
Miku 會變成
遊戲的主角？

換我玩玩

咔噠
咔噠
心情緊張
心跳加速

這也太
有趣了
吧…
驚訝
顫抖

喂
我還在玩欸！
急急
忙忙
嘿嘿嘿…

你們兩個
別吵架了！！
碰

啊！嚇誰啊！？

你們似乎
玩得很開心啊…
Miku!!
妳怎麼會
在衣櫥裡

這是什麼遊戲！
為什麼妳是主角？

這個遊戲是我用
「Scratch」製作
出來的喔！

Sratch？…

摩擦
摩擦
不是啦!!
SCRATC

不然是什麼啦？
告訴我什麼是
「Scratch」？
有點不好意思

嘿嘿嘿…這是你問
問題的態度嗎？
給我一個月的零食
當作交換條件，我
就考慮考慮。

什麼！
誰要答應這種條件…
我也是有自尊的！
對吧
Monita
奉上
嗯
喂！你!!

欸！別這樣
告訴我什麼是
「Scratch」啦～！
Miku

好吧！
我知道了
那你先幫我
按摩吧！
我一定要做出比 Miku
更好玩的遊戲！

關於著作權

從專屬網站下載的範例檔案或出現在書內的插圖皆受到著作權法的保護。超出授權範圍的使用不僅會讓著作權者感到不快也會觸犯法律，請遵守規定合法地使用檔案。

〈範例檔案的使用規則〉

◎OK 學習本書介紹的內容，並運用在個人練習

◎OK 當作補習班或學校的教材（不允許更改內容，使用時一定要標註來源為©Asobism）

⊗NG 抄襲、轉載或任意散佈資料，用於商業用途

※ 運用本書記載的內容及下載資料衍生出的任何損害，作者與出版社概不負任何責任，敬請見諒。

Chapter 0

Scratch 的基本知識

前言

Scratch 是由美國麻省理工大學 MIT Media Lab 為初學者打造的程式設計語言開發環境。一般的程式設計語言幾乎都是使用鍵盤輸入大量英文，但是 Scratch 設計成只要利用滑鼠堆疊積木就能組合程式，任何人都可以輕鬆設計程式。

使用 Scratch 能邊製作遊戲，邊愉快地學習基本知識。不論大人或小孩，只要想設計程式的人都可以使用。

試用 Scratch

1 Scratch 的官網

啟動你慣用的網頁瀏覽器，在網址列輸入「https://scratch.mit.edu/」，按下鍵盤上的「Enter」鍵，就會顯示 Scratch 的官網。

這次我們使用的是 Windows 10 內建的瀏覽器 Microsoft Edge。

HINT

本書使用的 Scratch……

本書使用的是瀏覽器也能用的「Scratch 3」。

2 點擊「創造」鈕

顯示這個網頁後，請點擊畫面中的「創造」鈕。

3 關閉「教程」

當畫面上出現以下的「教程」視窗時，請按下「×」鈕，先關閉視窗。

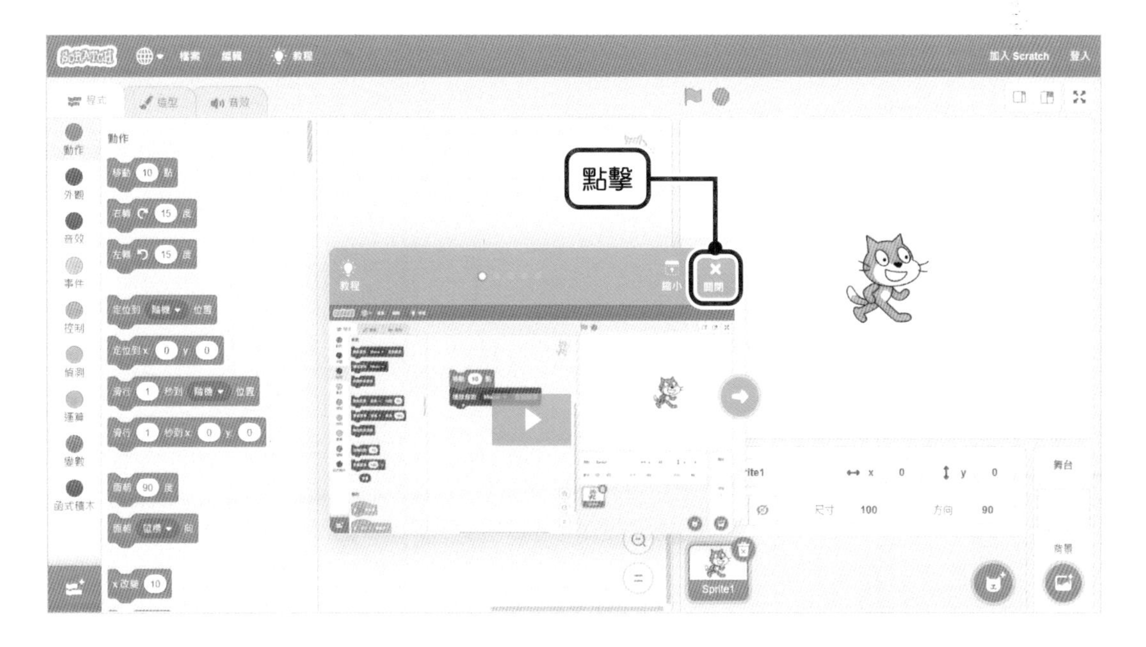

COLUMN

畫面沒有顯示成繁體中文？

假如畫面顯示成其他語言，非繁體中文時，可以利用選單中的地球圖示改變語言。點擊地球圖示，在下拉式選單中就會顯示各種語言。請將游標移動到清單下方，往下捲動，選擇「繁體中文」。

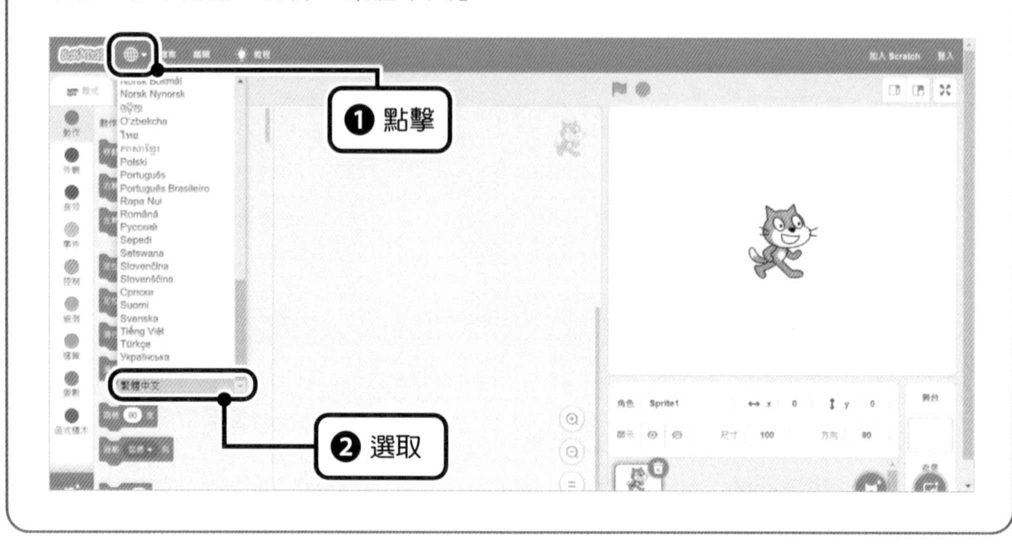

記住各個區域的名稱

Scratch 的畫面共分成五個區域。

說明遊戲作法時，常會出現這些名稱，請先記下來。

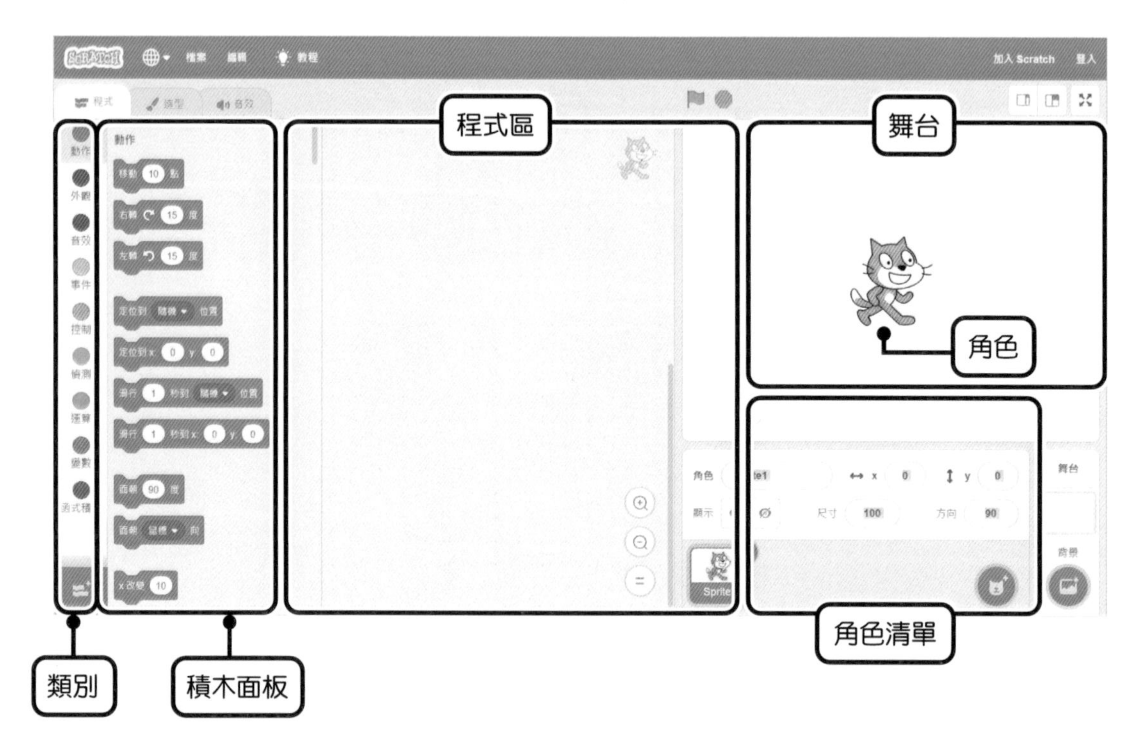

1 舞台

這個區域是「舞台」。Scratch 把人物、物件等出現在遊戲內的部分稱作「角色」，我們會把這些角色放在舞台上來製作遊戲。

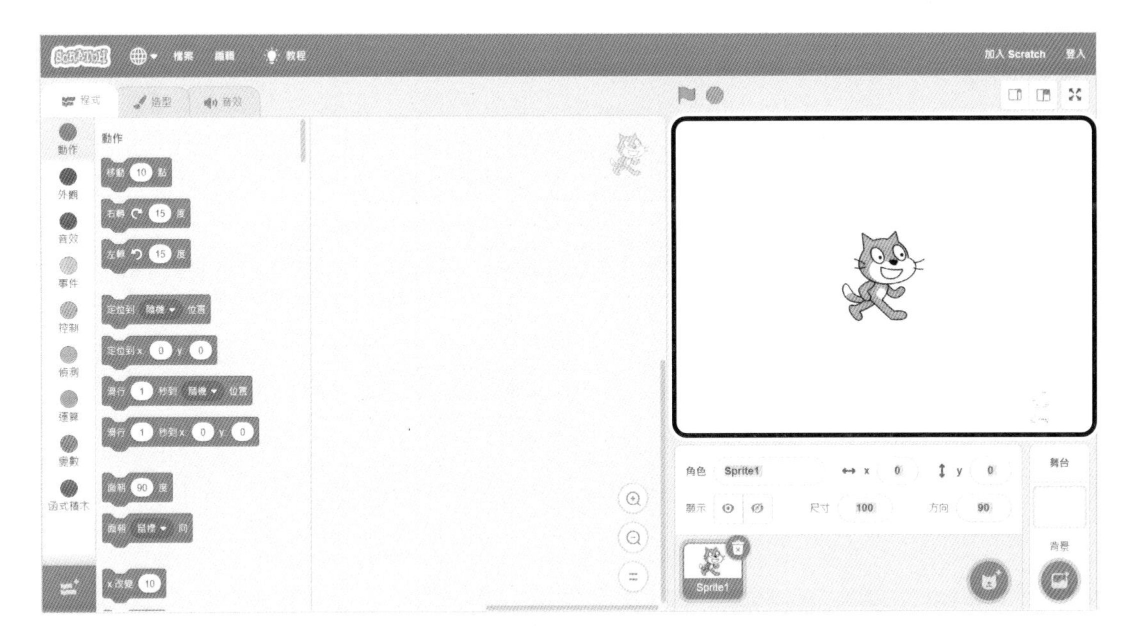

2 角色清單

這個區域是「角色清單」。希望出現在遊戲內的人物或物件會新增至「角色清單」，方便管理。

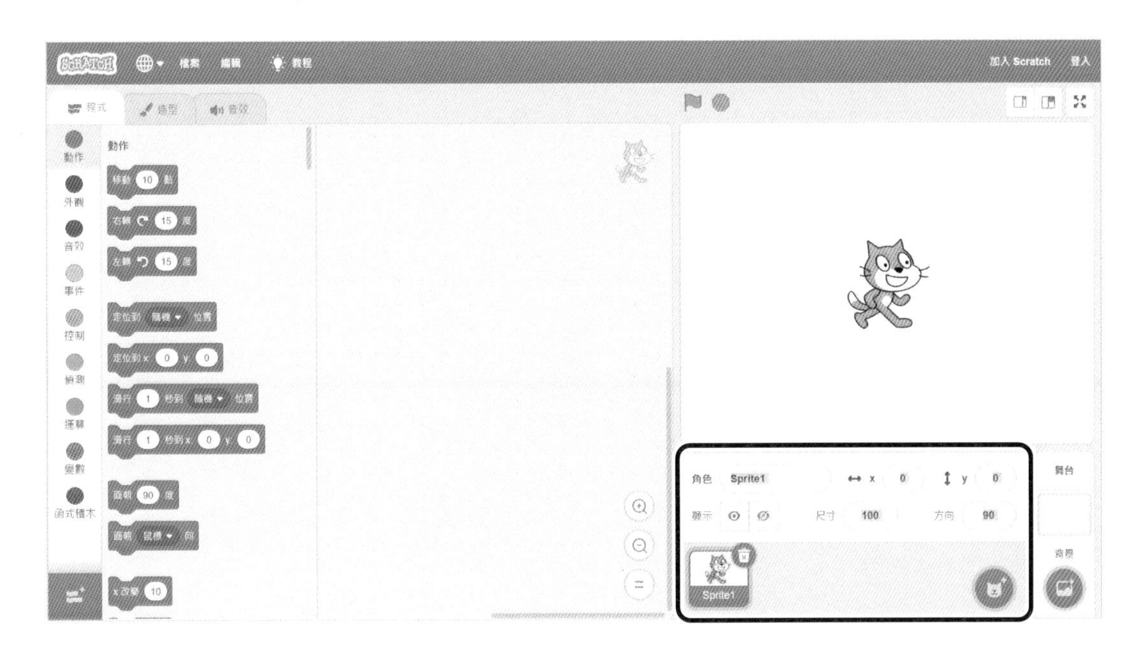

3 類別

這個區域稱作「類別」。每個「類別」依照功能，用不同顏色整理了設計程式使用的積木。

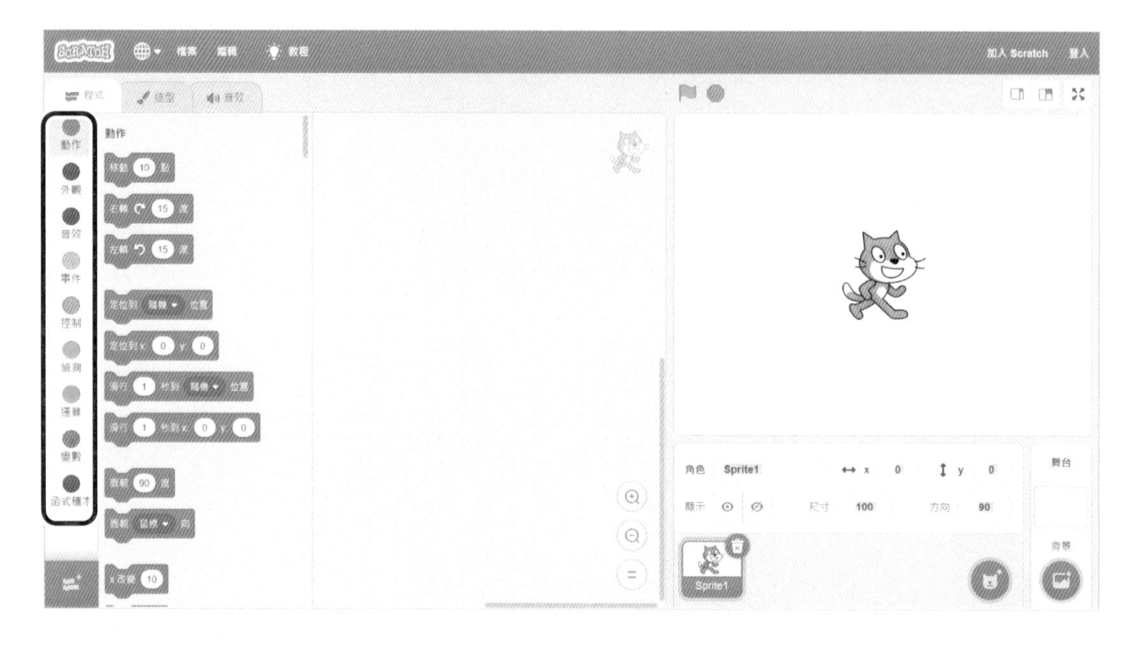

4 積木面板

這個區域是「積木面板」。「積木面板」會顯示對應各個類別的積木。

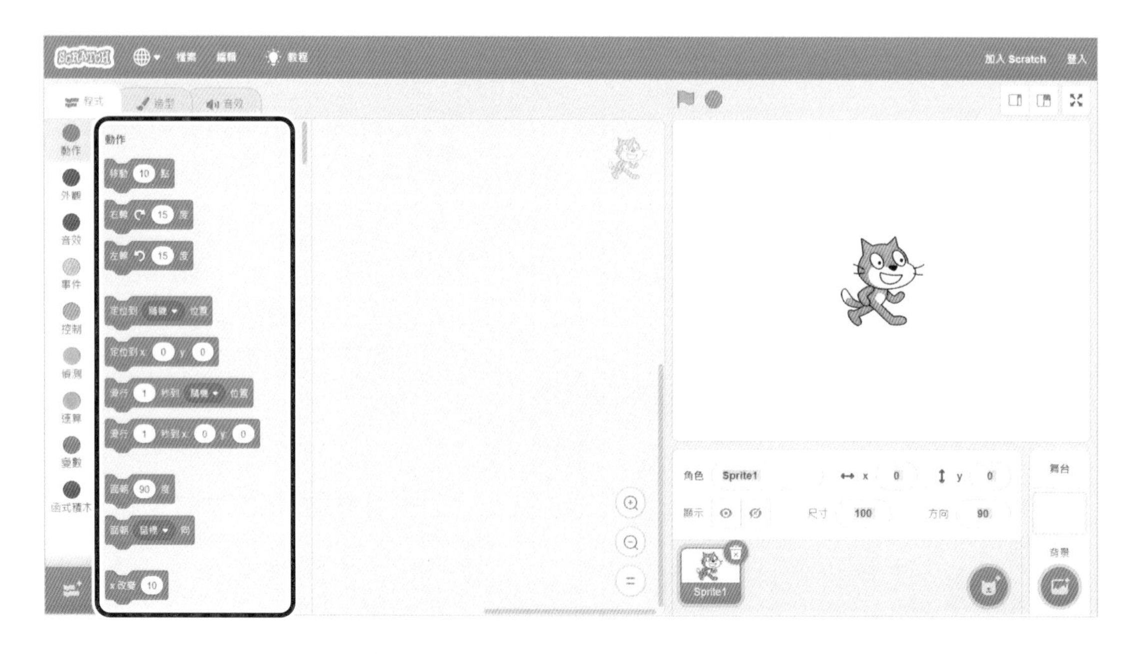

5 程式區

這個區域是「程式區」。「程式區」是堆疊積木，實際設計程式的地方。因為這裡是組合程式的場所，所以稱作「程式區」。

此外，本書也會把設計程式稱作「組合程式」。

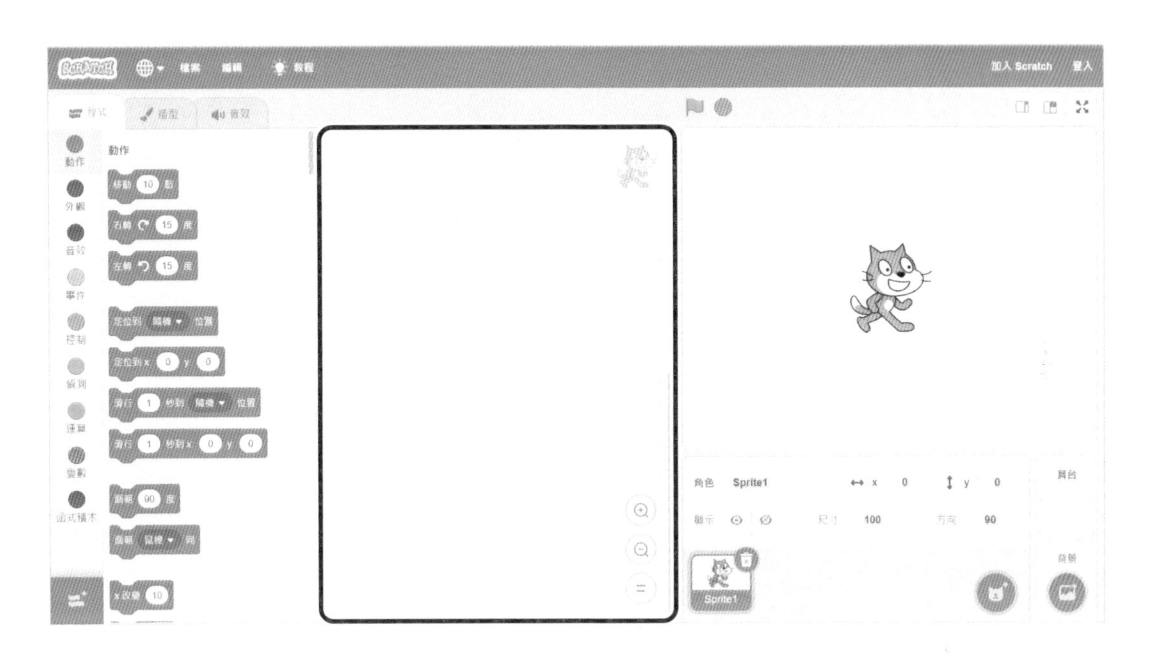

練習設計程式

一起練習組合「Scratch 貓咪在遊戲畫面中左右走動」的程式。

1 在程式區放置「移動 10 點」積木

將「動作」類別中的「移動 10 點」積木拖曳到程式區。

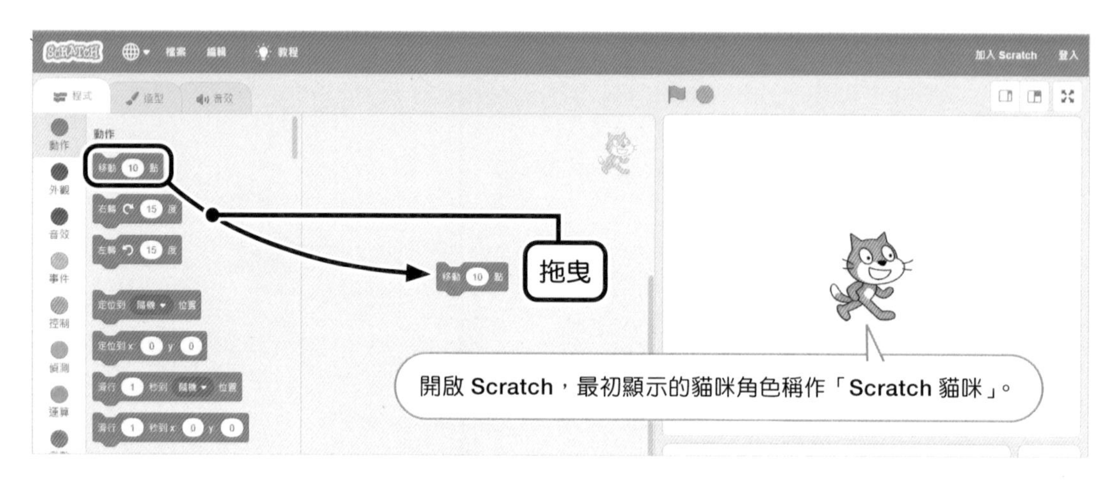

HINT

何謂拖曳、放開……

抓住積木然後移動稱作拖曳，放置積木稱作放開。

2 放錯積木時…

假如放了錯誤的積木，只要把積木拖曳回積木面板區，就能刪除該積木。

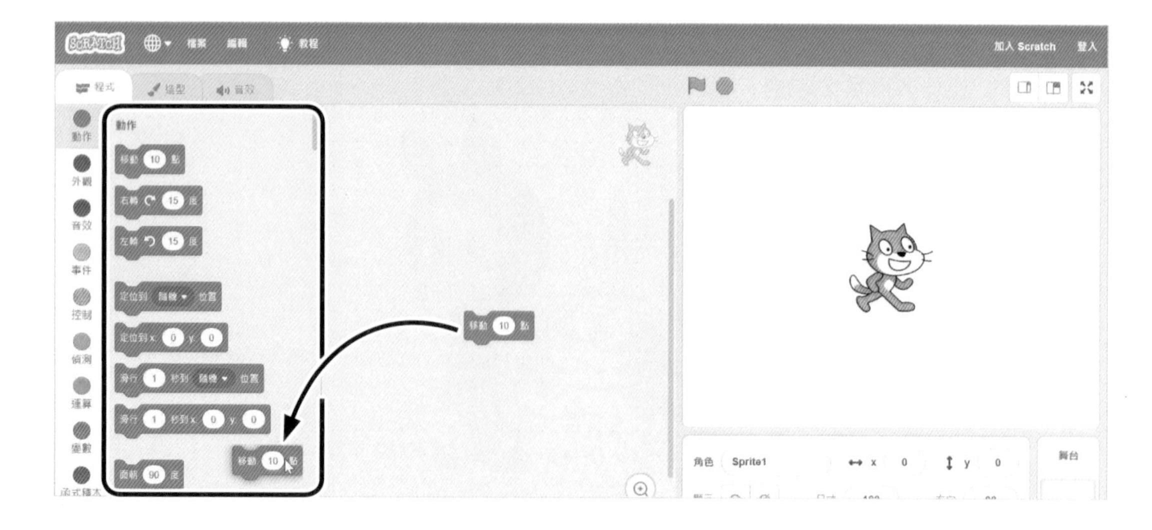

3 選取事件

在程式區放置「移動 10 點」積木後，沒有任何反應對吧？

Scratch 需要一開始就提供「何時」是啟動積木的時機。請點擊「事件」，在積木面板顯示黃色積木。

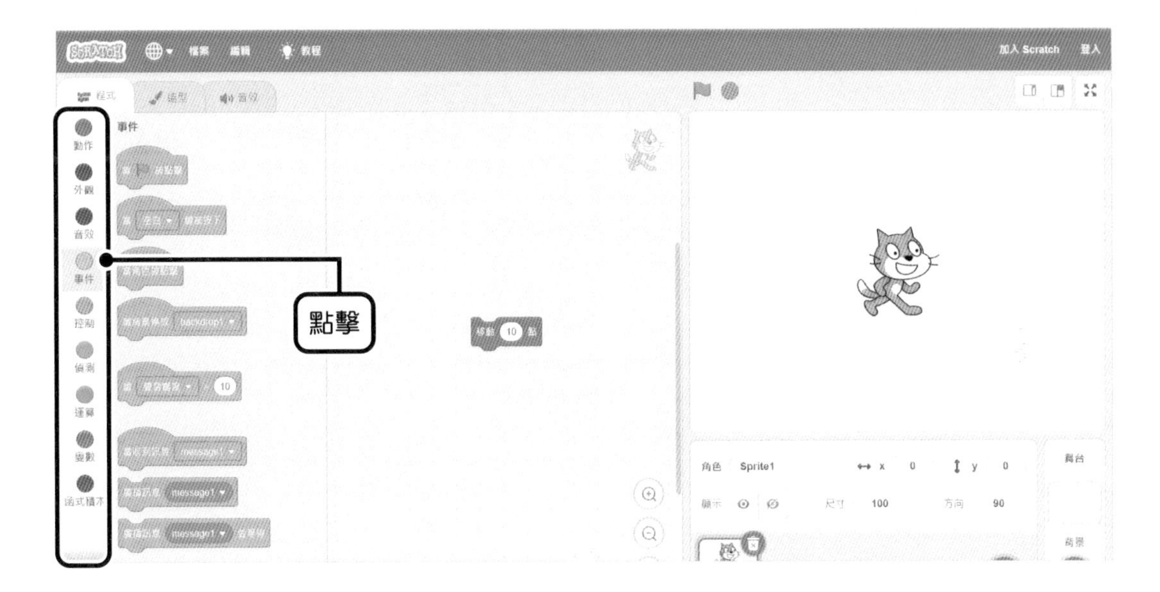

POINT

「事件」類別的內容

「事件」類別包含了「當 🏴 被點擊」、「當空白鍵被按下」等用來執行其他程式的積木。

4 使用「當 🏴 被點擊」積木

請把「當 🏴 被點擊」積木放在「移動 10 點」積木上方。

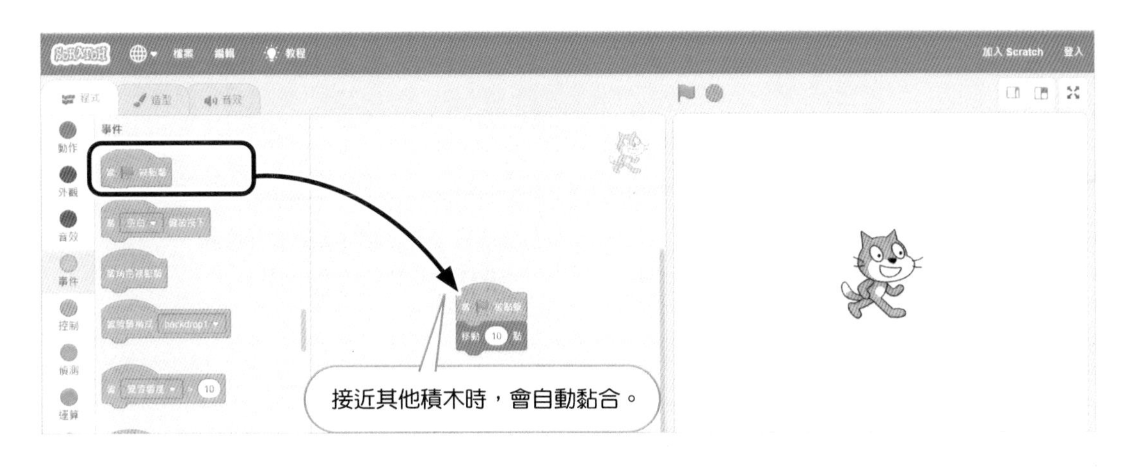

5 執行程式

請試著執行程式。

點擊 ，Scratch 貓咪會稍微往右移動，反覆點擊，貓咪就會不斷往右移動。

POINT

命令的執行順序

顯示在積木上的命令會由上往下依序執行，如果接下來沒有命令，就會結束處理。

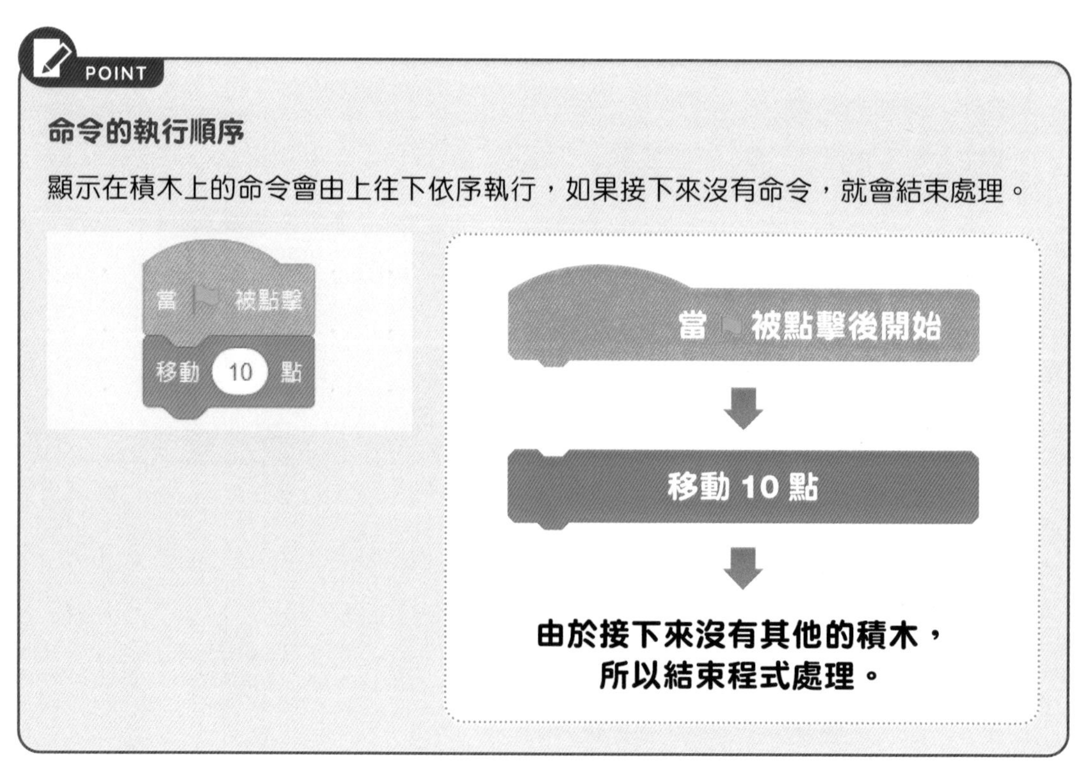

6 當 被點擊後「重複無限次」移動 10 點

接著要試著執行當 被點擊後，持續移動 10 點。

請將「控制」類別的「重複無限次」積木放在下圖的位置。

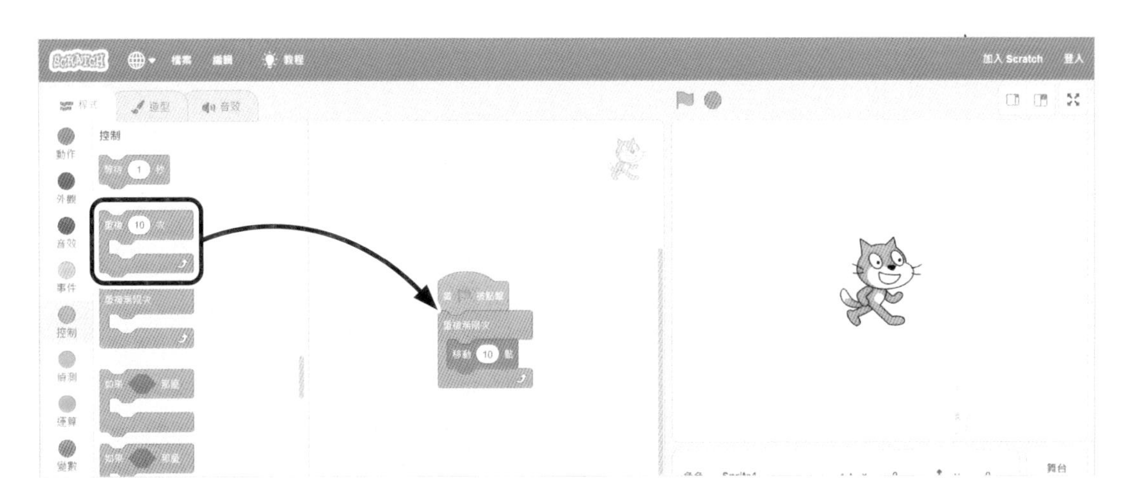

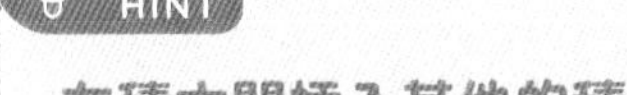

HINT

在積木間插入其他的積木

當「重複無限次」積木接近先前放置的兩個積木時，會出現灰色陰影。此時，放開「重複無限次」積木，就能插入兩個積木之間。

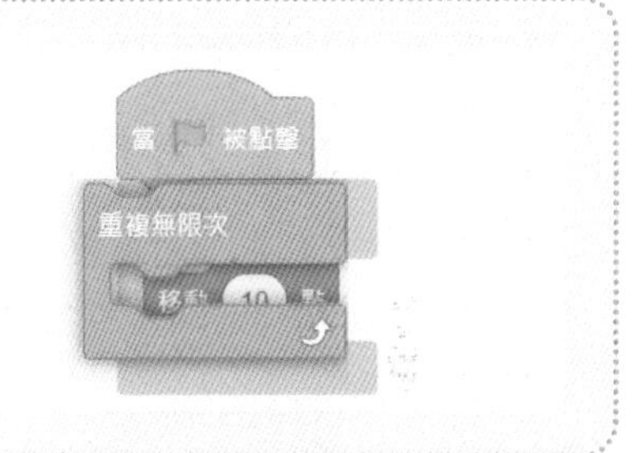

POINT

反覆執行命令

用「重複無限次」積木包圍後，就會不斷執行裡面的積木。

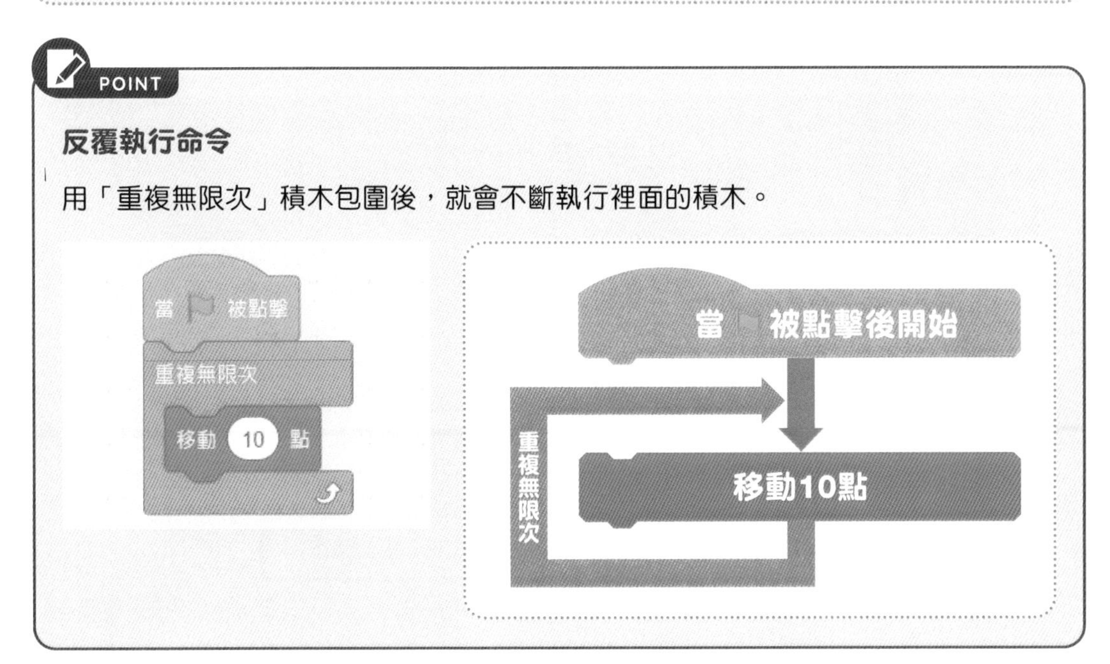

7 執行程式

前面組合了「當 🏳 被點擊後，不斷移動 10 點」的程式。

既然如此，請點擊舞台左上方的 🏳，確認貓咪是否會移動。Scratch 貓咪是不是往畫面右側移動了呢？

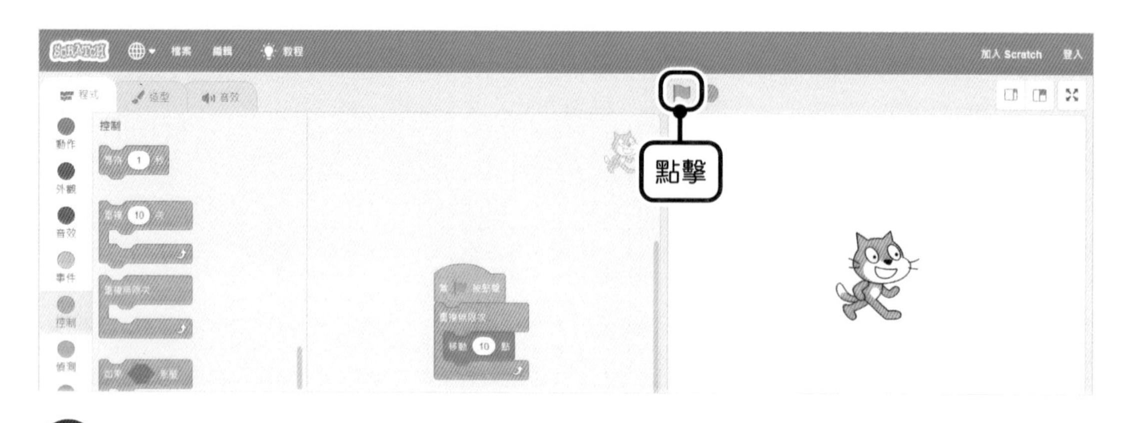

POINT

當貓咪隱藏在畫面中時……

假如 Scratch 貓咪隱藏在畫面右側時，請先點擊舞台左上方的「紅色圓形」鈕停止遊戲，然後直接點擊「動作」類別的「x 設為 0」積木，貓咪就會回到中央。

x 座標是舞台的橫軸，Scratch 的中央為 0。縱軸是 y 座標，同樣是中央為 0。假如貓咪被隱藏在舞台的上下位置，請點擊「y 設為 0」積木，讓貓咪回到中央位置。

接下來在製作遊戲的過程中，會慢慢瞭解什麼是「座標」，現在請先記住，當 Scratch 貓咪被隱藏時，就利用「設為 0」來復原即可。

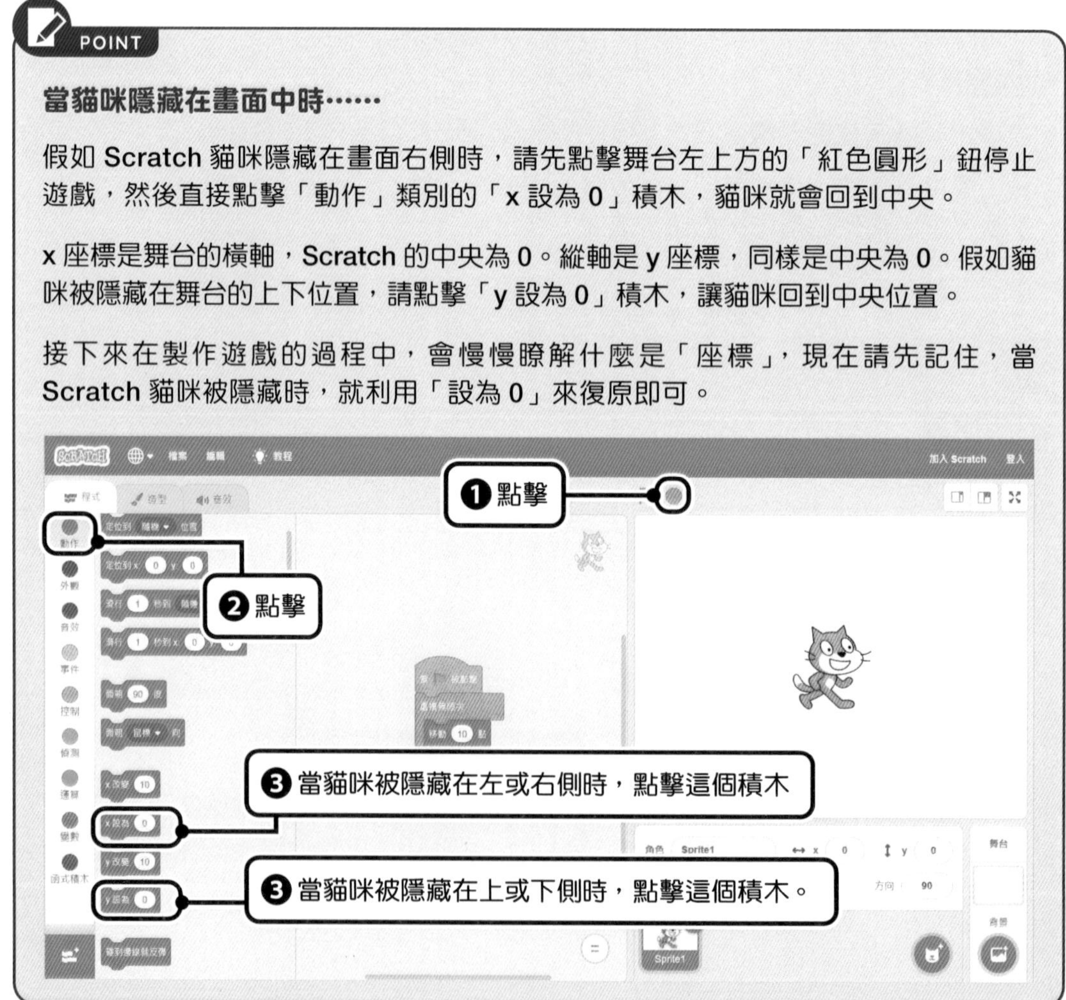

8 碰到畫面邊緣就反彈

現在已經完成當 🏳 被點擊後，持續移動 10 點，接著要設定碰到畫面邊緣就反彈。

找到「動作」類別中的「碰到邊緣就反彈」積木，然後放在程式區內「移動 10 點」積木的下方。

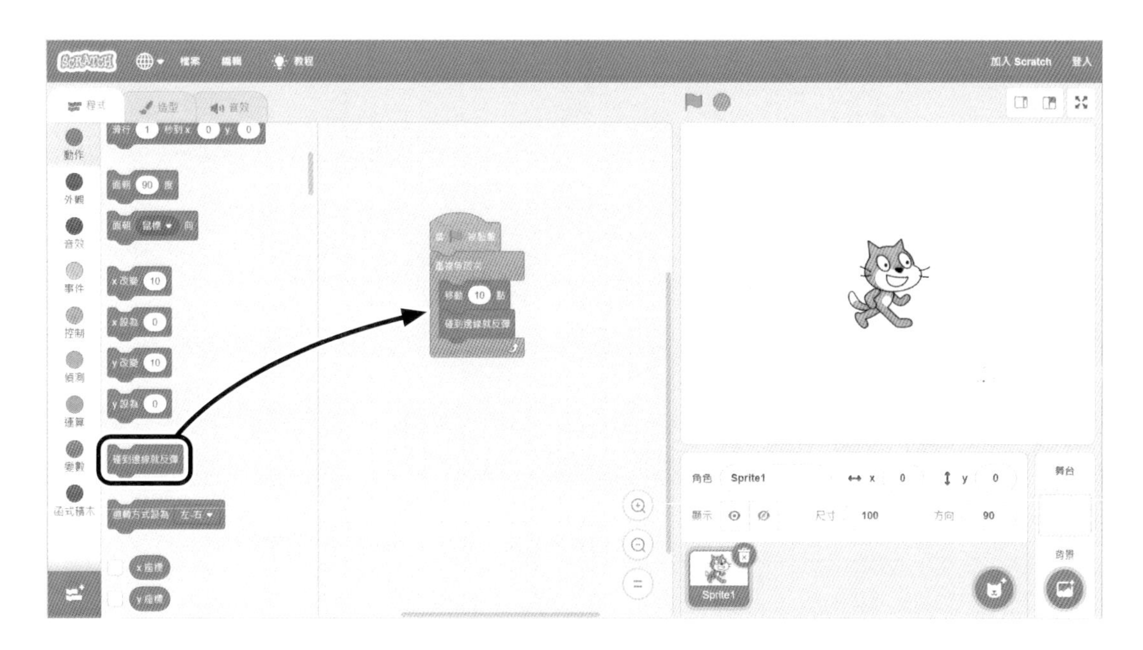

按照上圖堆疊積木後，請點擊 🏳，確認是否會反彈。

9 執行程式

雖然碰到邊緣就反彈回來，可是往左前進時，Scratch 貓咪卻顛倒過來了。

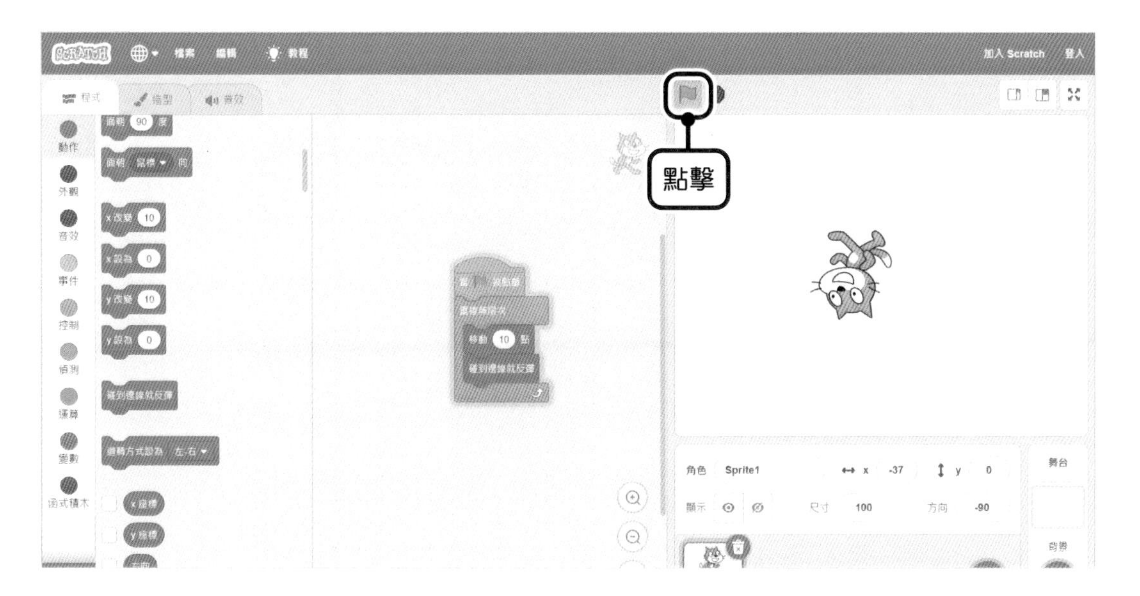

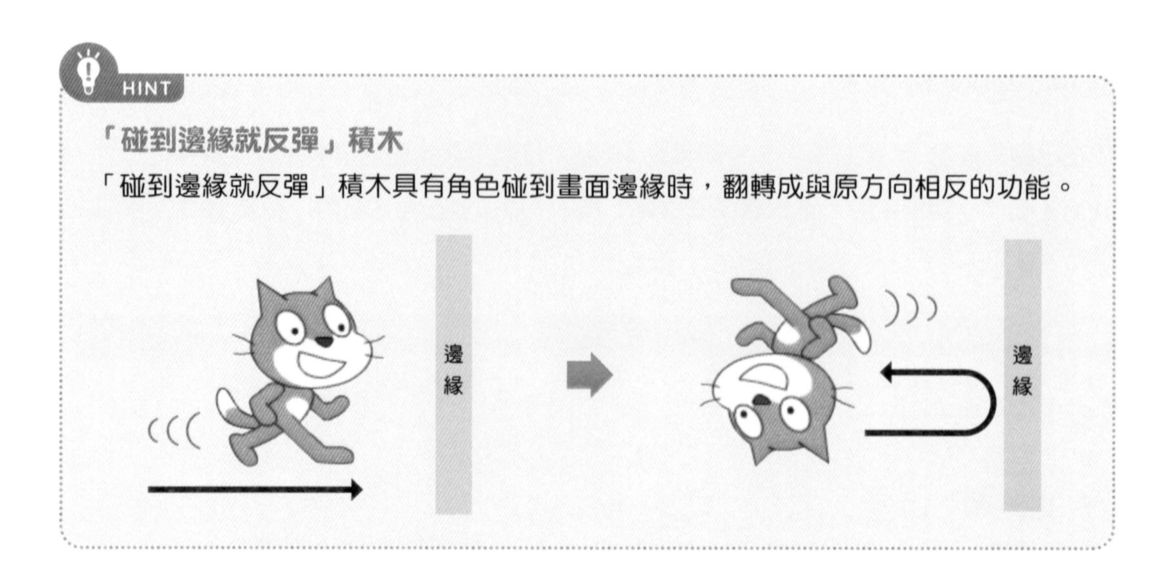

「碰到邊緣就反彈」積木

「碰到邊緣就反彈」積木具有角色碰到畫面邊緣時，翻轉成與原方向相反的功能。

10 組合往反方向時不要翻轉的程式

加入「動作」類別中的「迴轉方式設為左 - 右」積木，避免往反方向時翻轉角色，這樣就完成「Scratch 貓咪在遊戲畫面中左右來回移動」的程式！

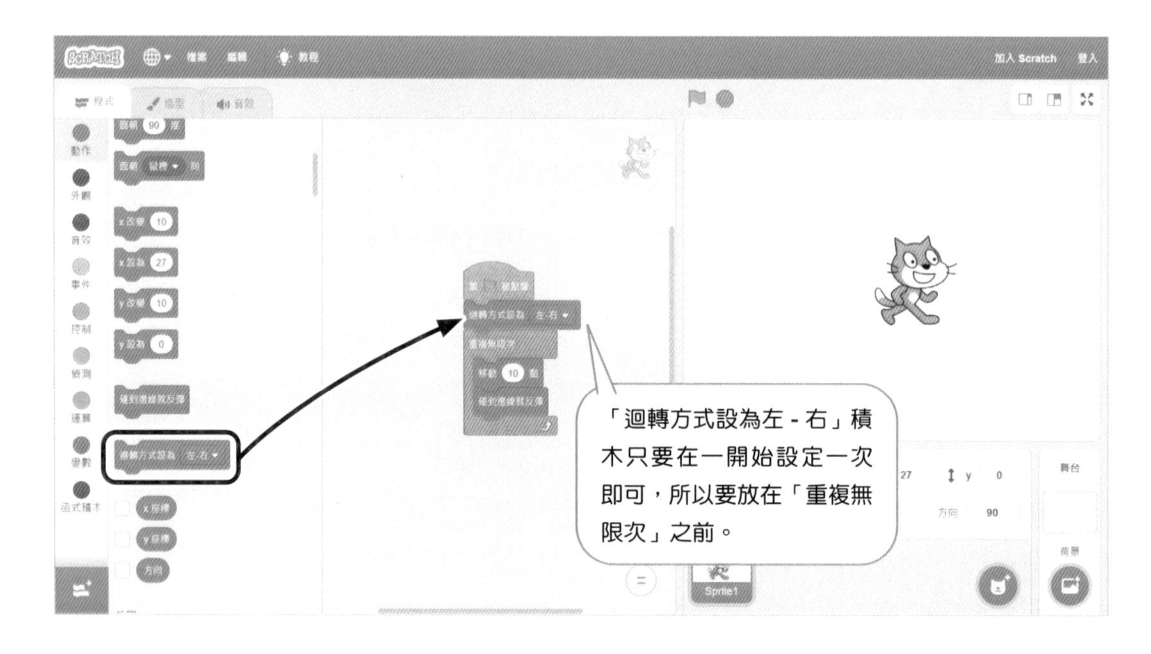

以下將詳細說明這次程式的處理流程！

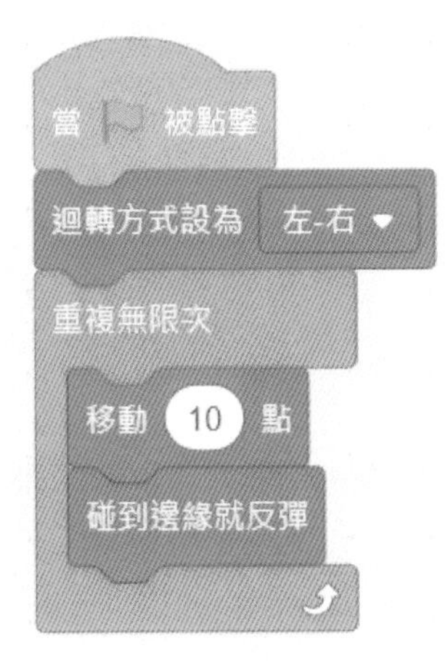

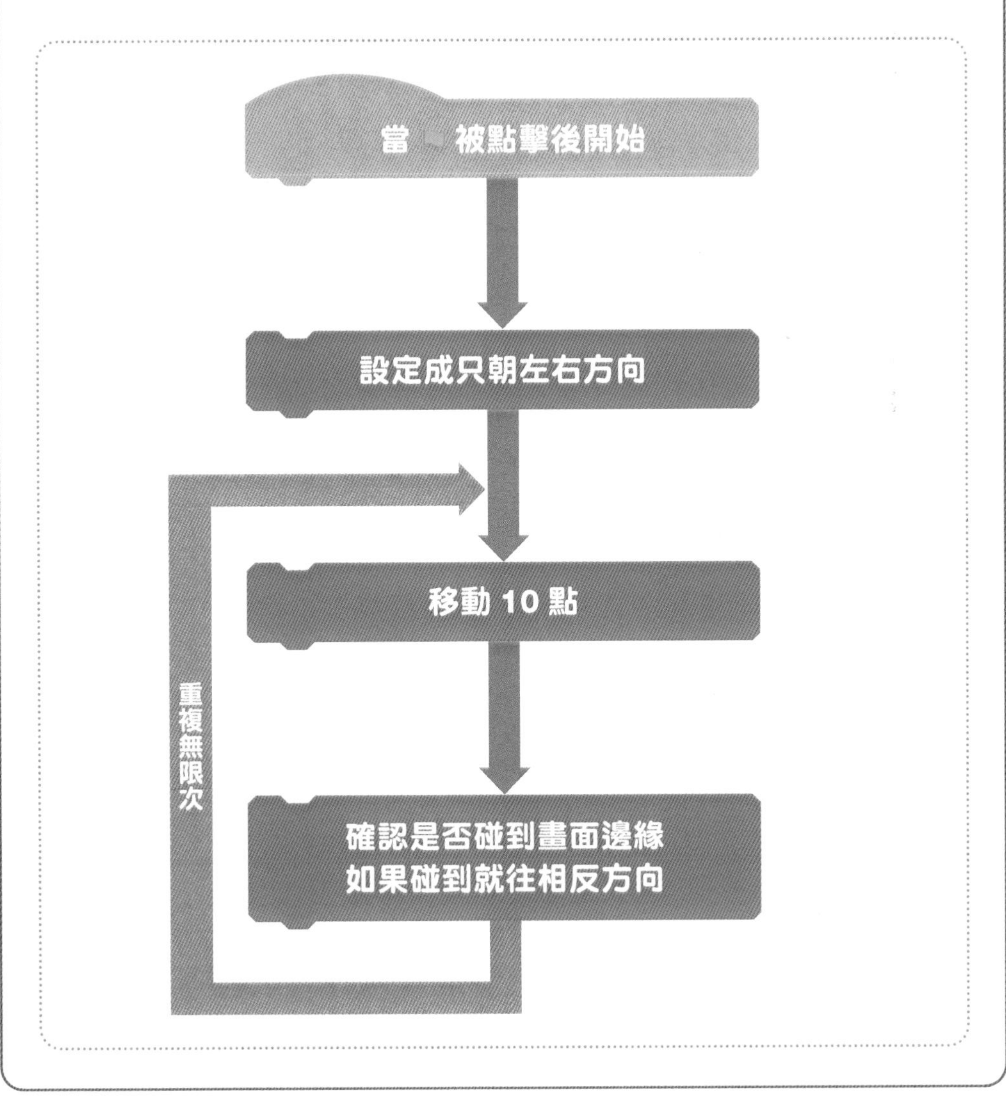

儲存剛才製作的遊戲

程式組合完畢後，請儲存在你的電腦中。
存檔後，即使關閉電腦，也能從上次結束的地方開始繼續操作。

1 點擊「檔案」

點擊畫面左上方的「檔案」。

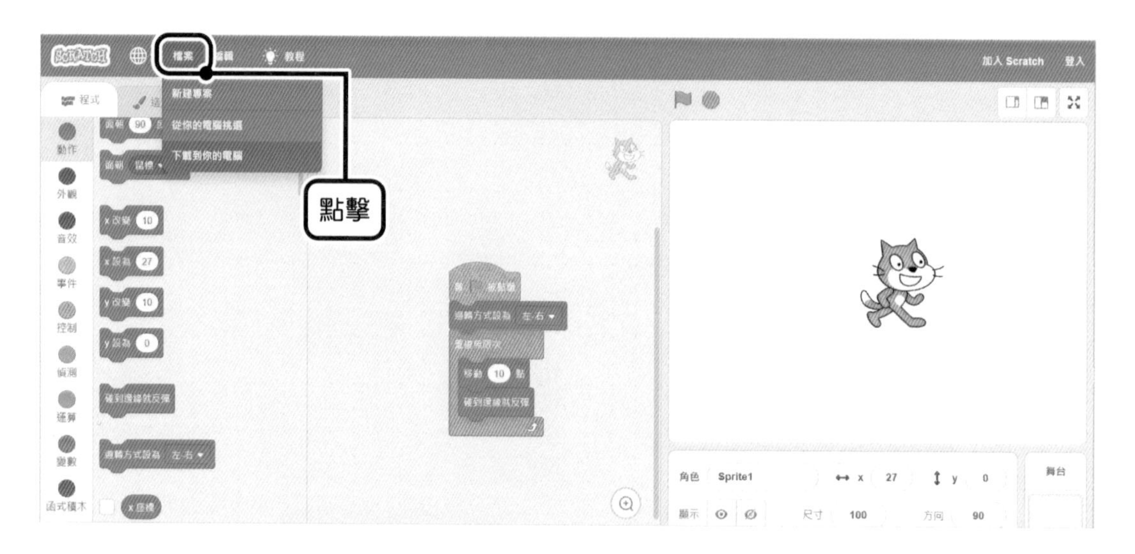

2 執行「下載到你的電腦」命令

執行「下載到你的電腦」命令。

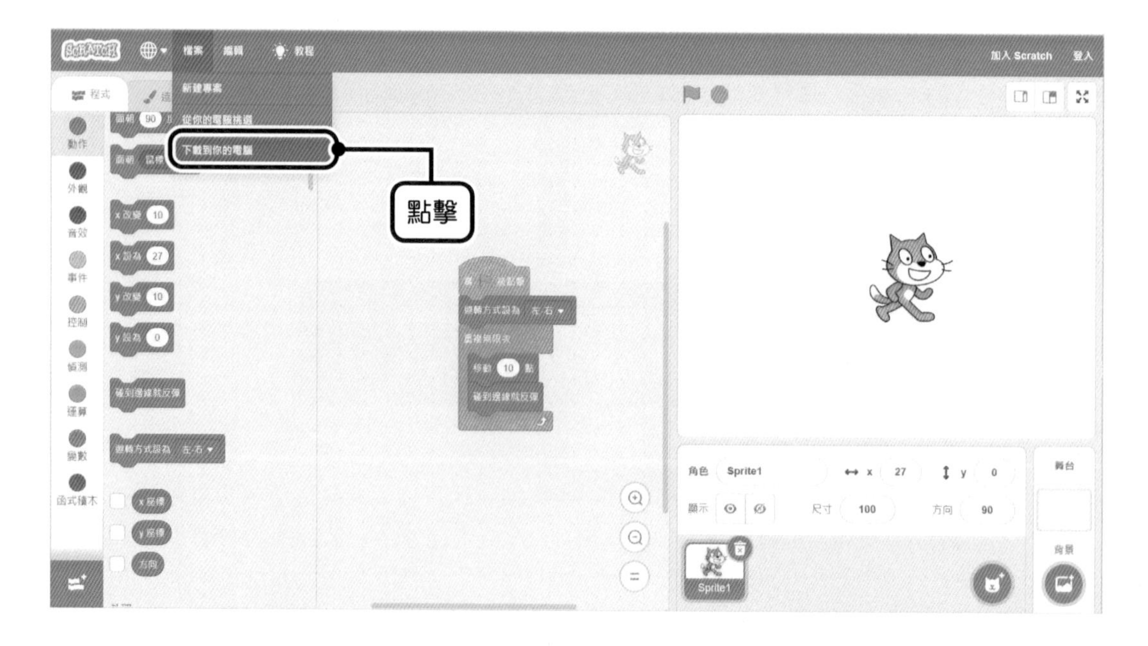

3 確認下載後的檔案

執行「下載到你的電腦」命令後，會下載名為「Scratch 專案」的檔案，下載方式將隨著你使用的網頁瀏覽器而異。

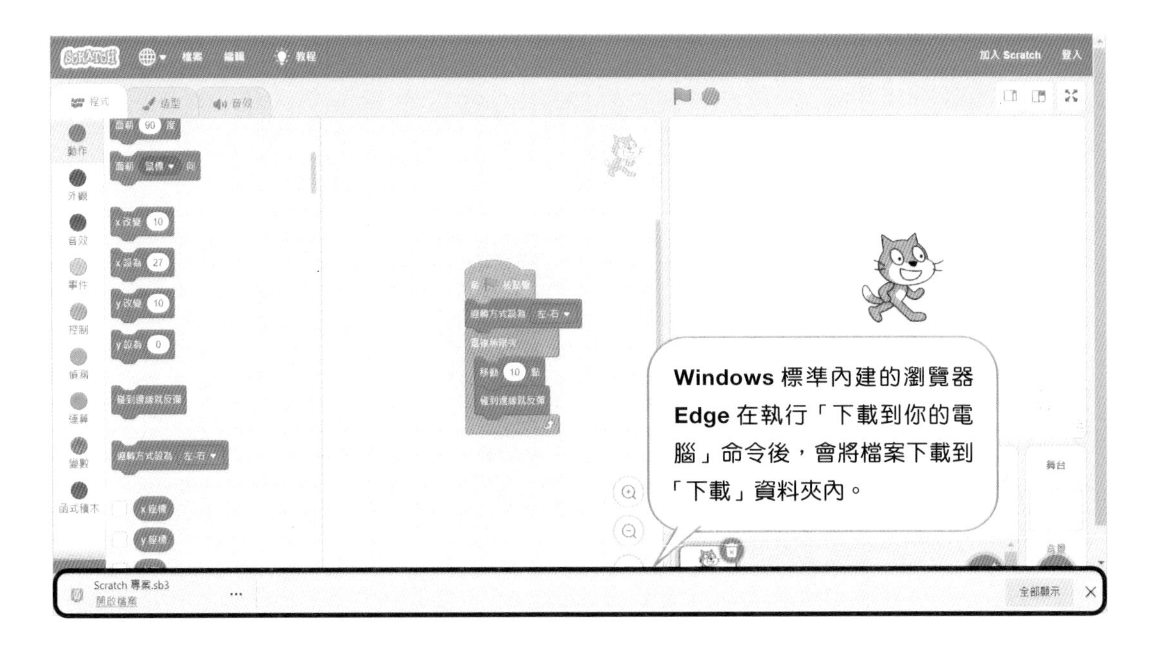

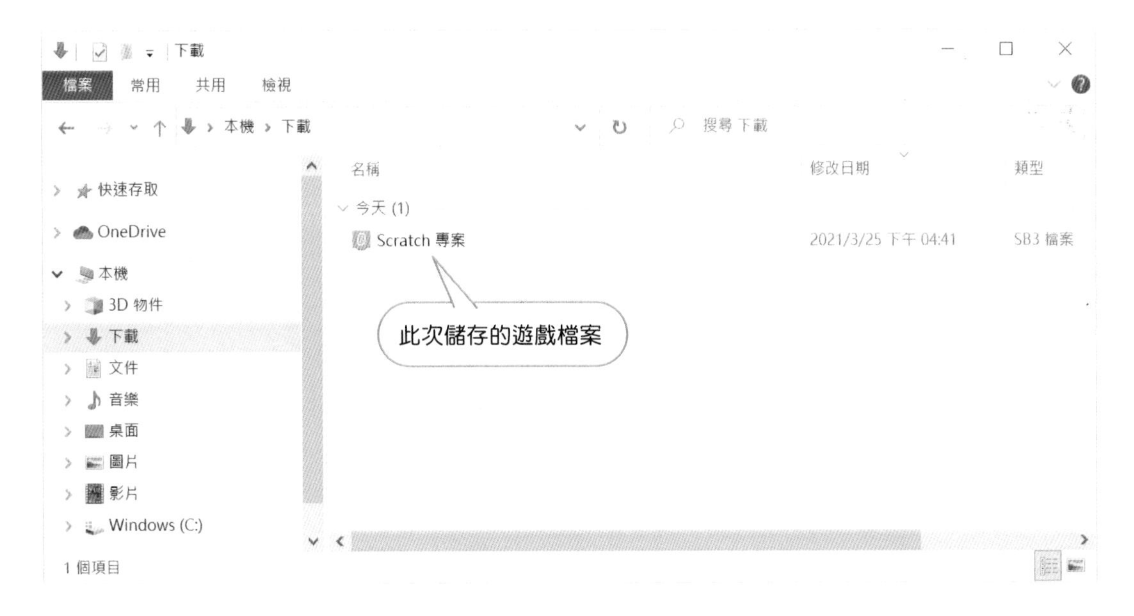

上圖是儲存在 Windows「下載」資料夾的狀態。

載入已經儲存的遊戲

1 點擊「檔案」

點擊畫面左上方的「檔案」。

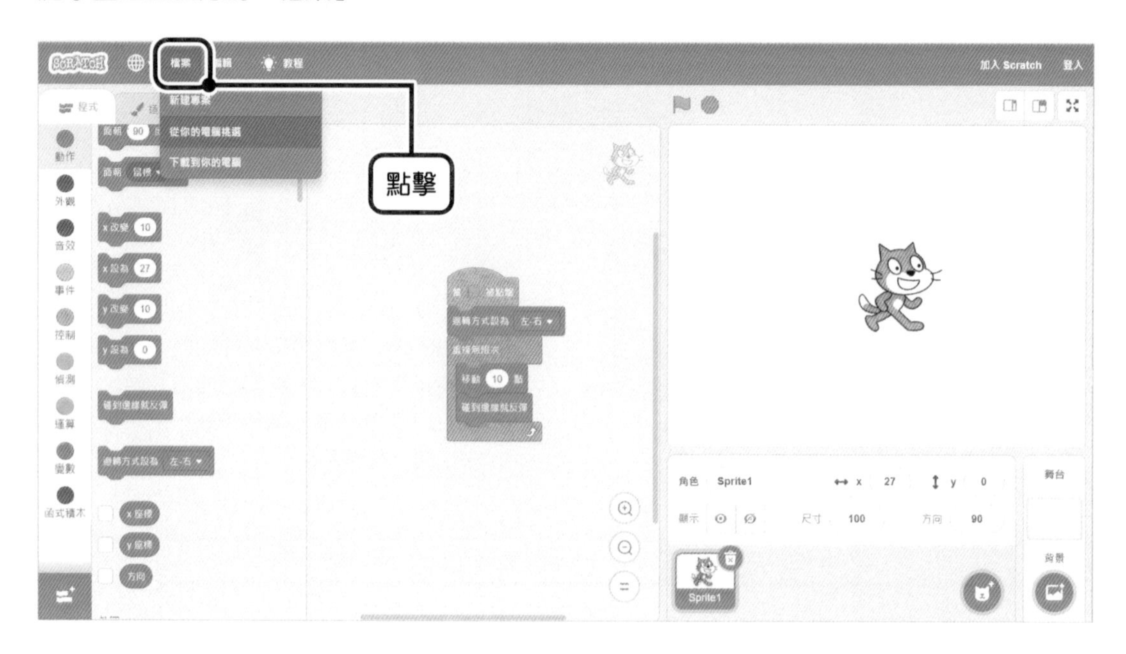

2 執行「從你的電腦挑選」命令

執行「從你的電腦挑選」命令。

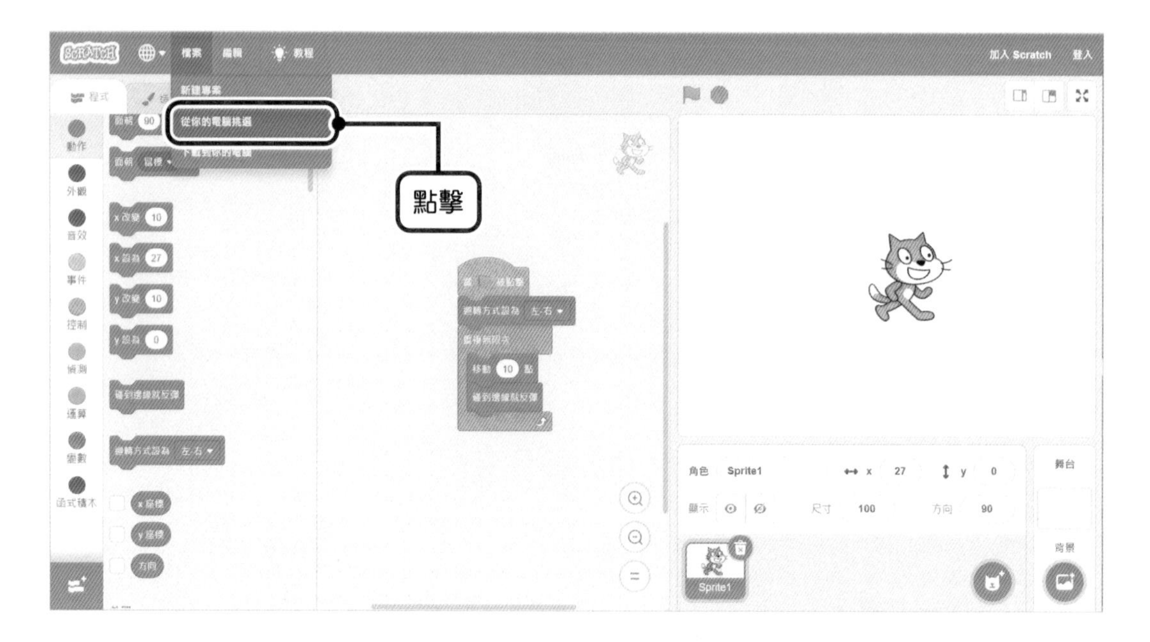

3 開啟先前儲存的檔案

顯示「開啟」視窗，從上次儲存檔案的地方選取檔案，然後點擊視窗右下方的「開啟」鈕。

這樣就可以製作
遊戲了吧！！

咦？
注意

你只學會
基本操作
而已！

你在說什麼！
只要瞭解基本操作，
就沒問題了啊！
這就像是空手道中，
記住「招式」一樣！

喝～哈～
轉身

現在我覺
得自己可
以打倒任
何人！
炯炯
有神

砰

你別太得意忘形了！

這本書才剛開始！
下一章才要正式
製作遊戲呢！
綁緊

我…
我會努力的
好痛…

到遊戲公司探險！

之一

製作遊戲的公司是什麼樣的地方？

我是 Kosaku，我很期待和大家一起製作遊戲。製作遊戲真的是個很棒的工作！但是你會不會好奇，遊戲公司究竟是什麼樣的地方？一想到這裡聚集了許多一起製作遊戲的大人，就覺得很不可思議啊！

其實我剛好有機會可以到遊戲公司參觀，讓我們一起去瞧瞧這裡到底是什麼地方吧！我們這次來到開發《城堡與龍》以及《GUNBIT》遊戲的…

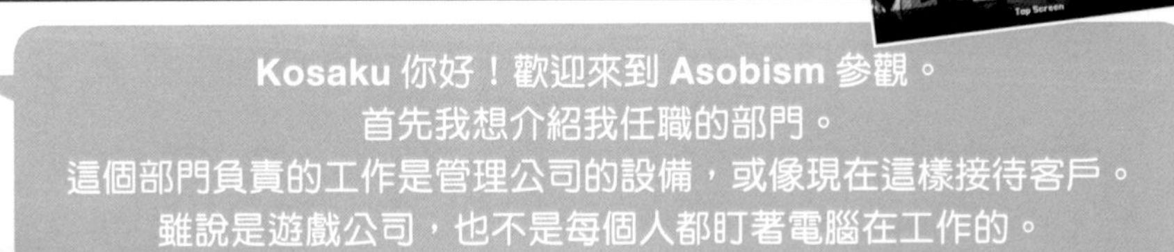

Kosaku 你好！歡迎來到 Asobism 參觀。
首先我想介紹我任職的部門。
這個部門負責的工作是管理公司的設備，或像現在這樣接待客戶。
雖說是遊戲公司，也不是每個人都盯著電腦在工作的。

接待客戶，創造讓工作順利進行的職場環境也是很重要的工作喔！

也有部門的工作和這本書一樣，負責教別人如何製作遊戲喔！

遊戲公司的員工並非
每個人都在製作遊戲啊！

Chapter 1

一起製作遊戲！

—初級篇—

初級篇的遊戲

P048

森林射擊訓練

射擊

這是精靈瞄準移動目標再射箭的遊戲，目標是射中紅心，獲得高分！

P074

月球表面 OMOCHI 探險隊

動作

這是在宇宙與月球兩個舞台冒險的遊戲，必須取得超合金 OMOCHI。

P098

轟炸獵人

射擊

這是丟炸彈殺敵的遊戲，注意炸彈別丟中同伴鳥妖！

有好多遊戲！
我已經等不及要玩了！

製作難度 ★☆☆☆☆

遊戲 1

森林射擊訓練

學習重點

- 記住Scratch的用法
- 思考程式執行流程

遊戲畫面

操作方法

箭往上移動	箭往下移動	射箭
	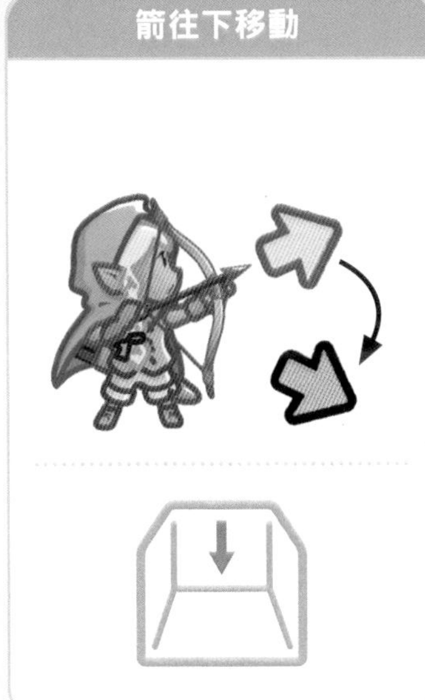	

請開啟「森林射擊訓練」遊戲，進行挑戰！

範例線上下載網址：http://books.gotop.com.tw/download/ACG006000

請在可以使用網際網路的環境下，輸入上方的線上下載網址，便會出現以下畫面，再請點選範例原型的壓縮檔下載檔案。

在 Scratch 的畫面載入遊戲資料後，點擊舞台左上方的 ，開始執行遊戲，結果會如何？

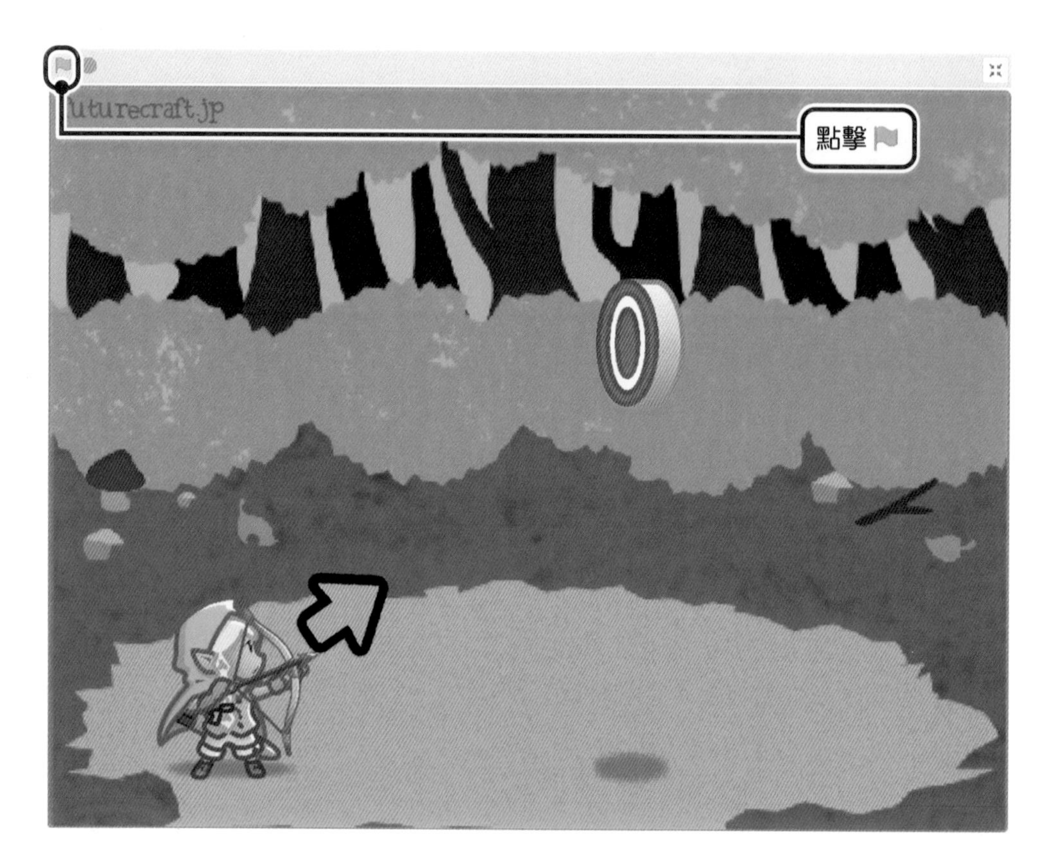

奇怪！？不論怎麼做，箭都不會射出去！箭頭也不會移動耶？？究竟要怎麼操作啊？

嘿嘿，你發現了啊？其實這個遊戲還沒完成，必須在精靈角色設計程式，否則是不會動的。

什麼嘛！好麻煩喔！該怎麼做啦！

既然是未完成的遊戲，你來完成不就得了！從下一頁開始，一起來完成這個遊戲吧！

從下一頁開始一起完成這個遊戲吧！

STEP 2 STEP 3

STEP 1 把箭射出去

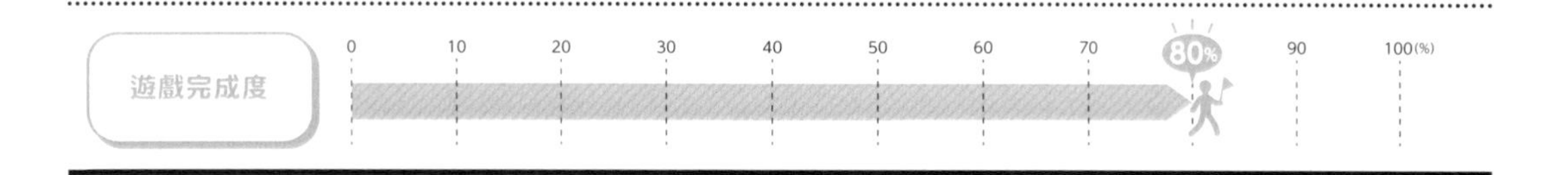

1 開始設計程式！

首先請以下圖為目標來設計程式。

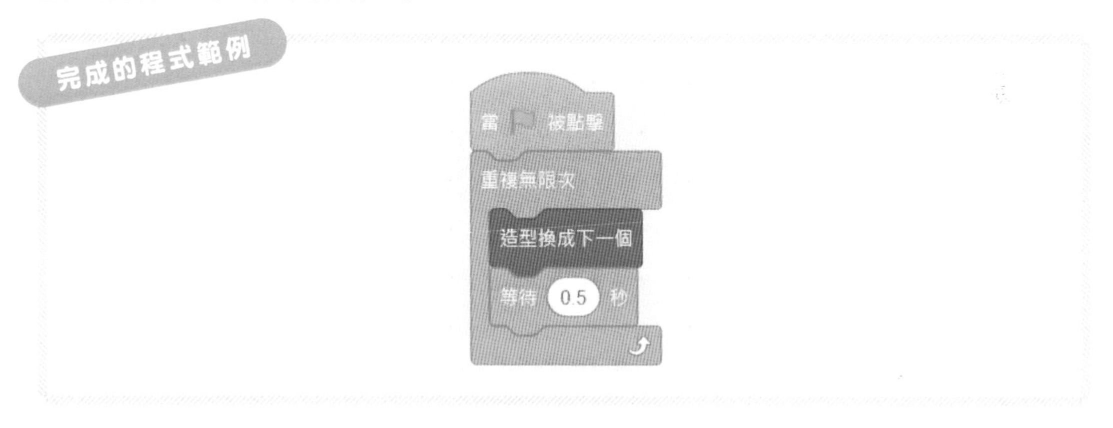

1 選取「精靈」角色

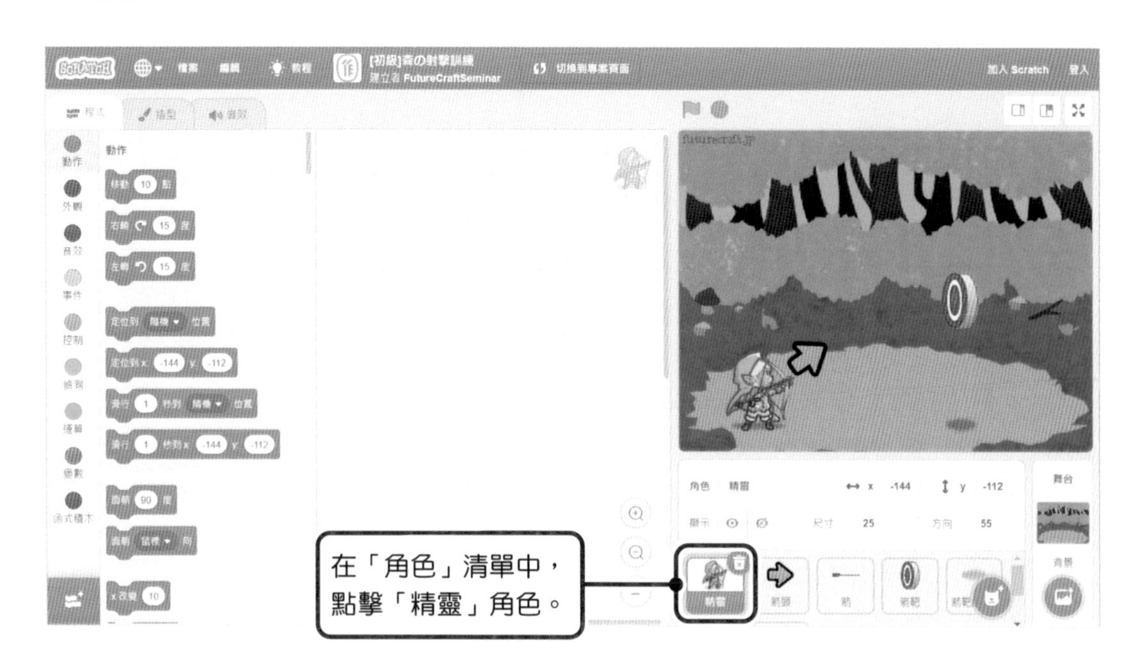

2 新增「當 ⚑ 被點擊」積木

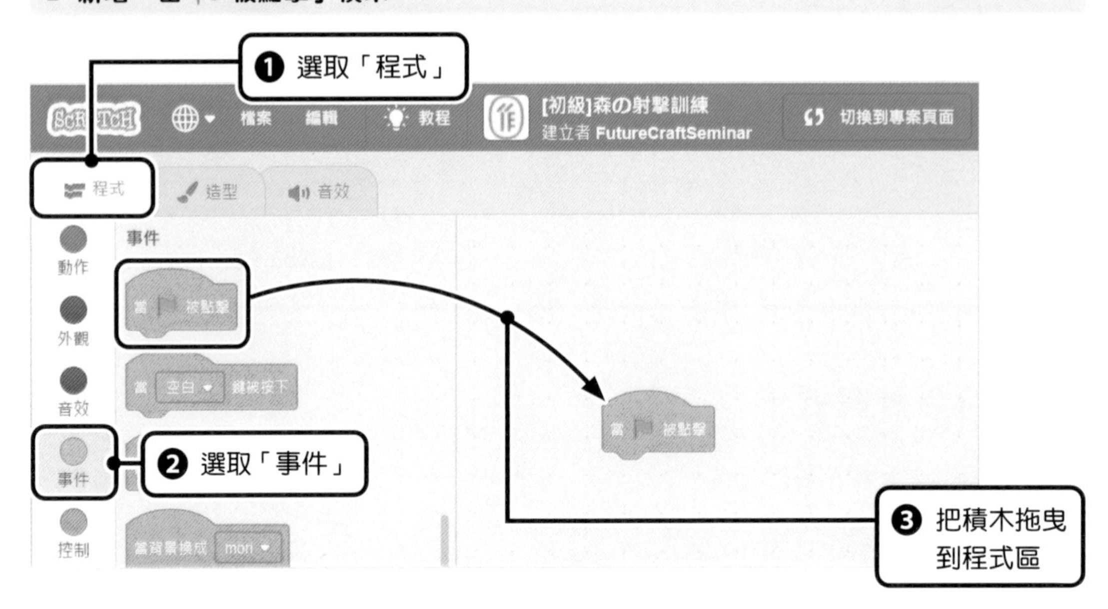

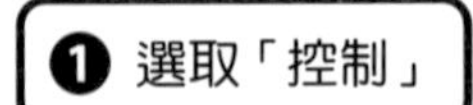

3 新增「重複無限次」積木

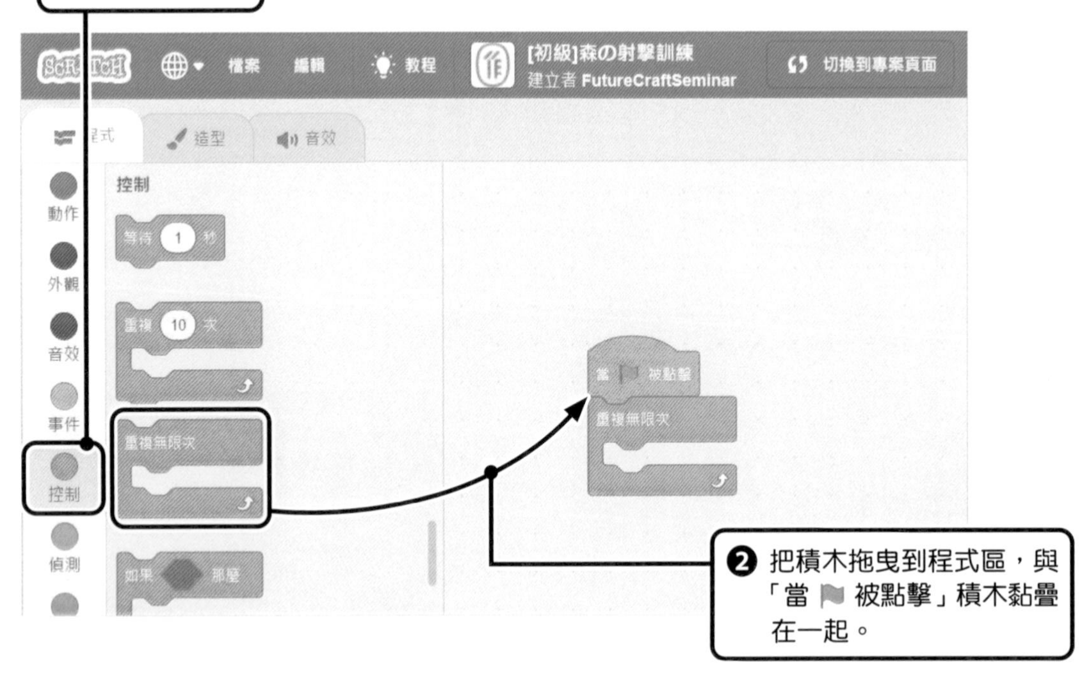

先確認角色再開始操作！

你有沒有誤選擇了其他角色？請確認清楚再開始操作。

Scratch 就像這樣，以堆疊代表執行步驟的「積木」來設計程式。這次建立的程式是「當 🏳 被點擊」開始執行，在遊戲進行的過程中，「重複無限次」某個動作。如果沒有這些積木，角色會不曉得「何時開始執行？」、「何時結束？」

這次的遊戲是，當精靈換造型時就射箭。請參考以下步驟，每 **0.5** 秒切換精靈的造型。

4 新增「造型換成下一個」及「等待～秒」積木

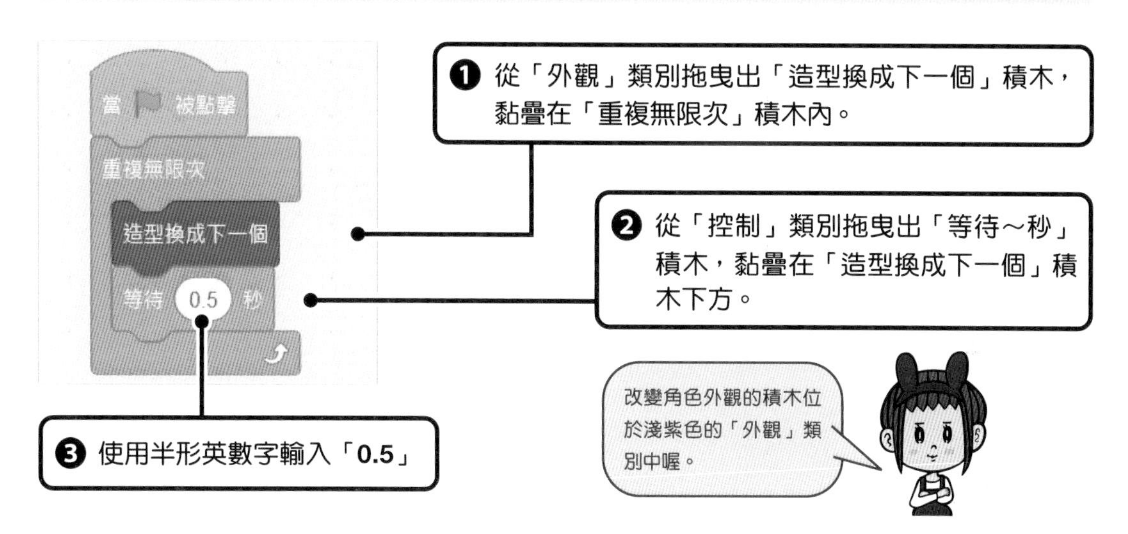

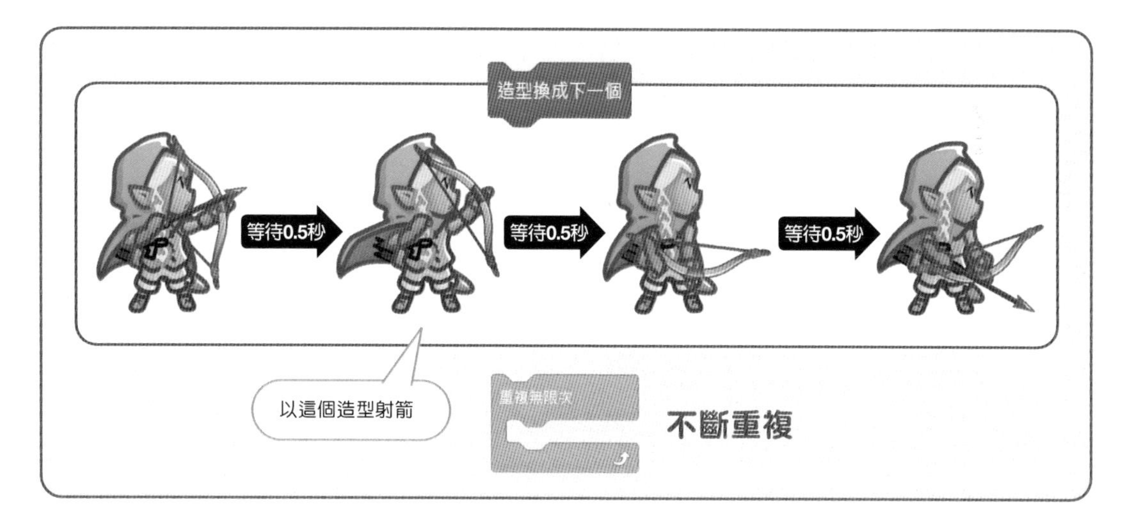

HINT

何謂造型？

「造型」是指角色的外表或外觀。在角色套用多個造型，並組合連續切換這些造型的程式，就能讓角色像動畫般做出動作。

2 執行程式

程式組合完畢後，點擊 ⚑，開始執行遊戲。此時，每隔 0.5 秒就會改變精靈的造型並射箭。

1 執行遊戲

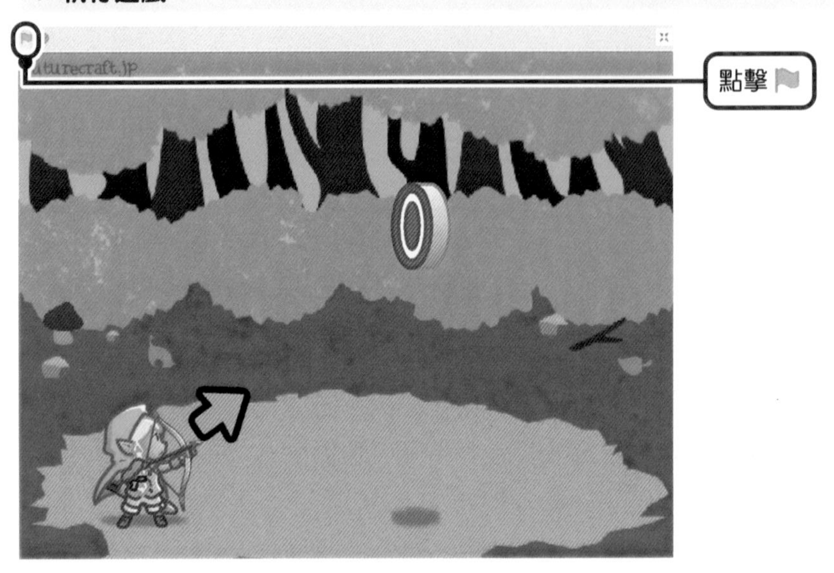

2 射箭

HINT

假如程式無法順利執行…

如果程式沒有順利執行，可能是積木沒有確實黏合，或用了全形輸入數字，請再確認一次。

STEP 3

STEP 2 瞄準箭靶

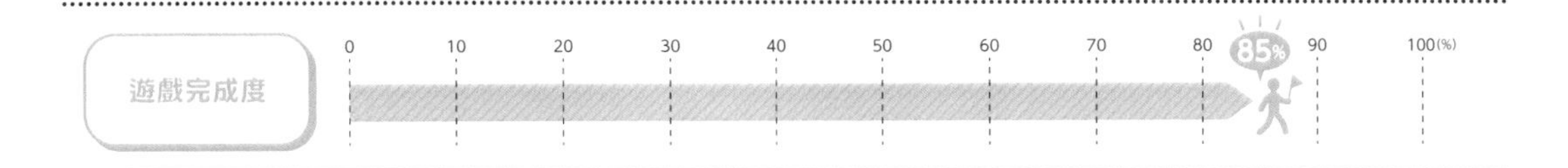

1 改變射箭的方向

雖然可以把箭射出去了，卻無法改變箭的方向。因此要修改程式可以瞄準箭靶。

在這個遊戲中，箭是朝著精靈「面對的方向」飛過去。只要能改變精靈「面對的方向」，應該就能瞄準。

請在 STEP 1 製作的精靈程式中，增加以下程式。

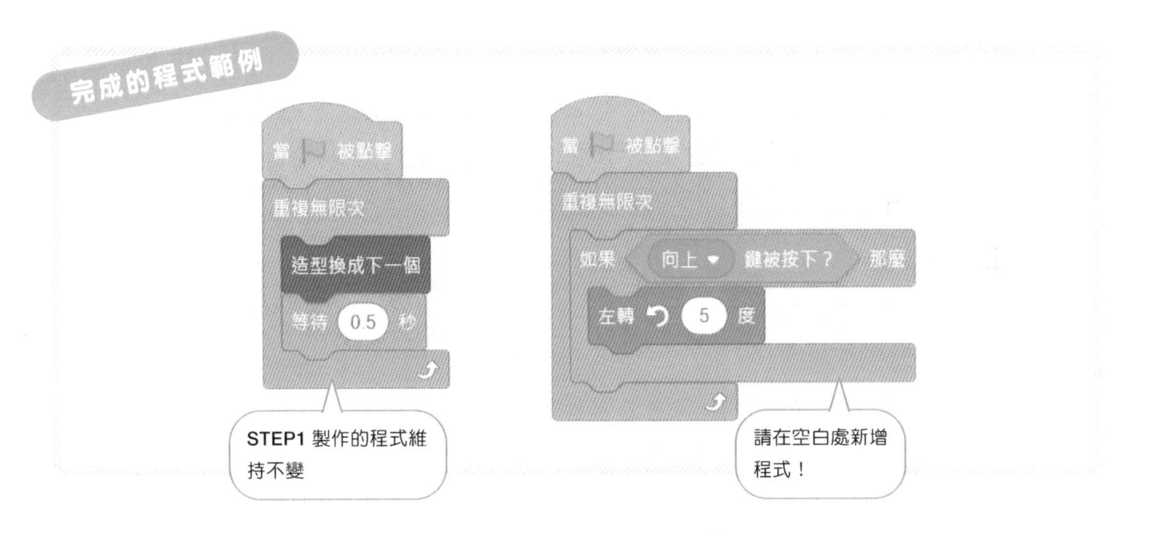

1 選取「精靈」角色

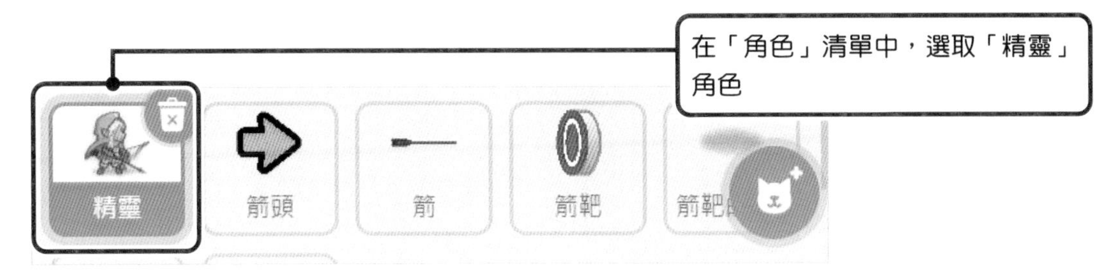

※ 的功用是與精靈「面對的方向」連動。

2 新增「當 🏳 被點擊」積木

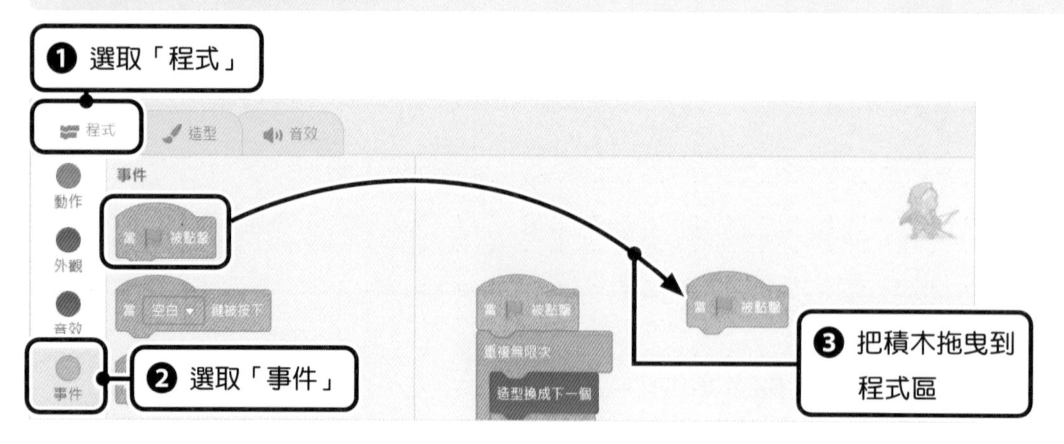

3 新增「重複無限次」積木

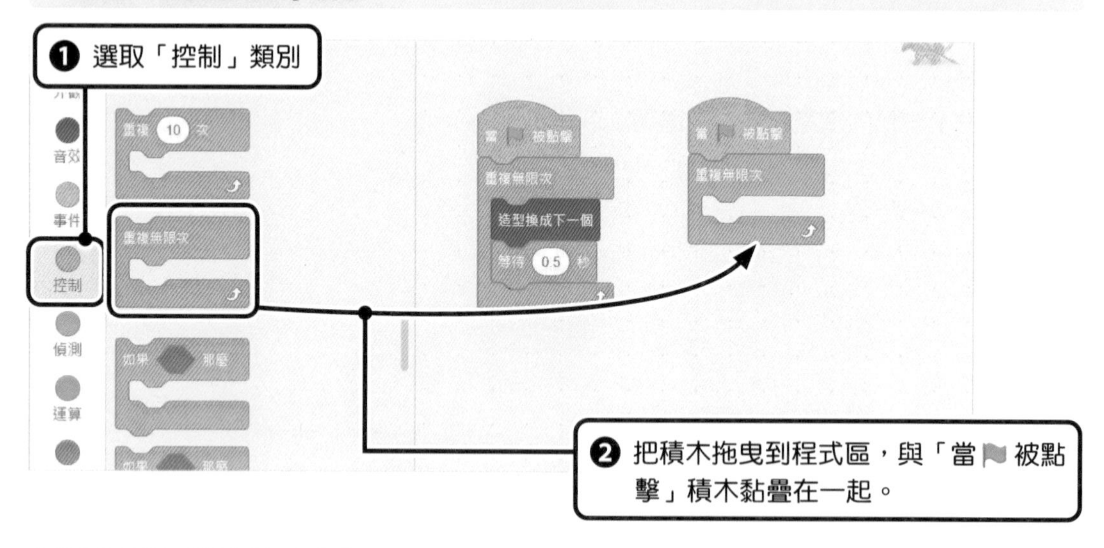

4 新增「如果～那麼」積木

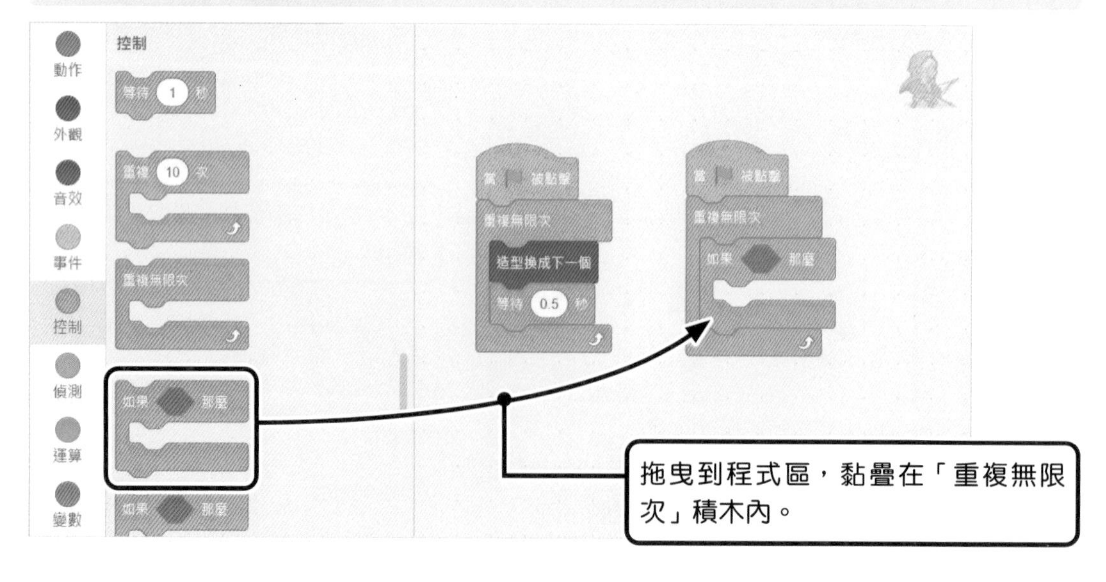

5 新增「向上鍵被按下」積木

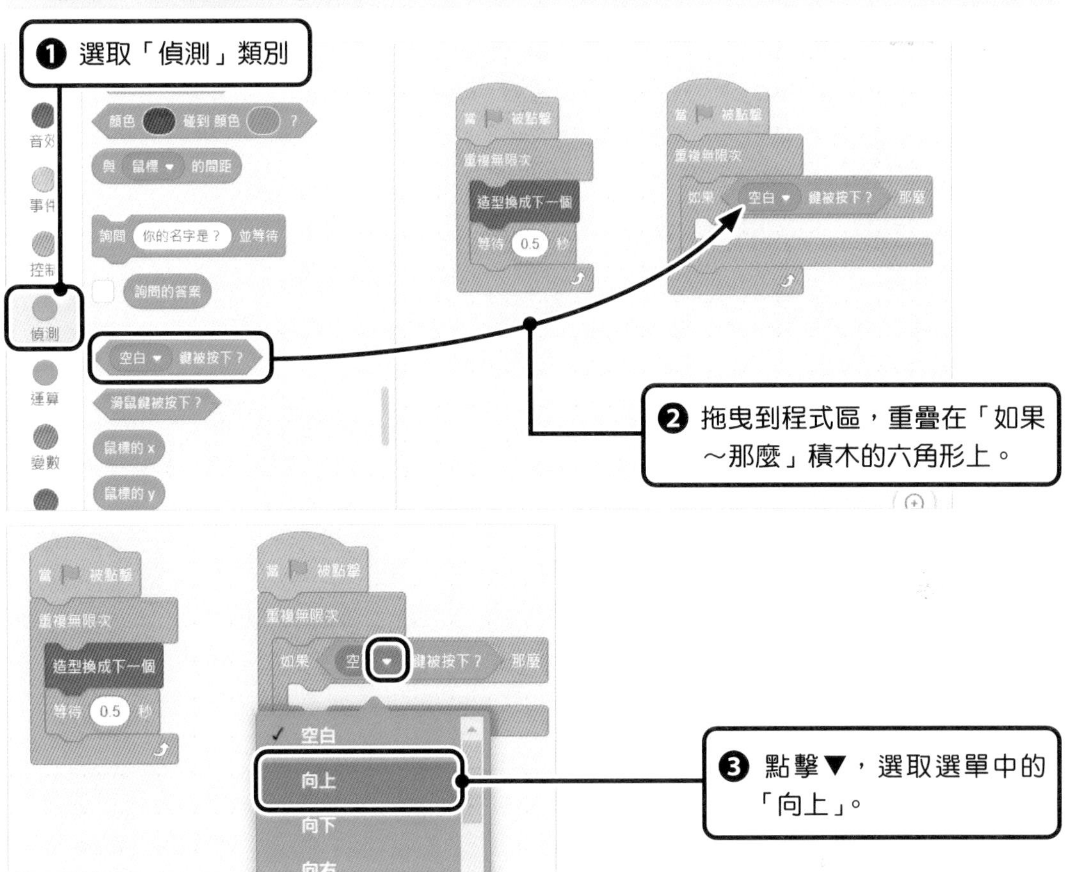

6 新增「左轉 15 度」積木

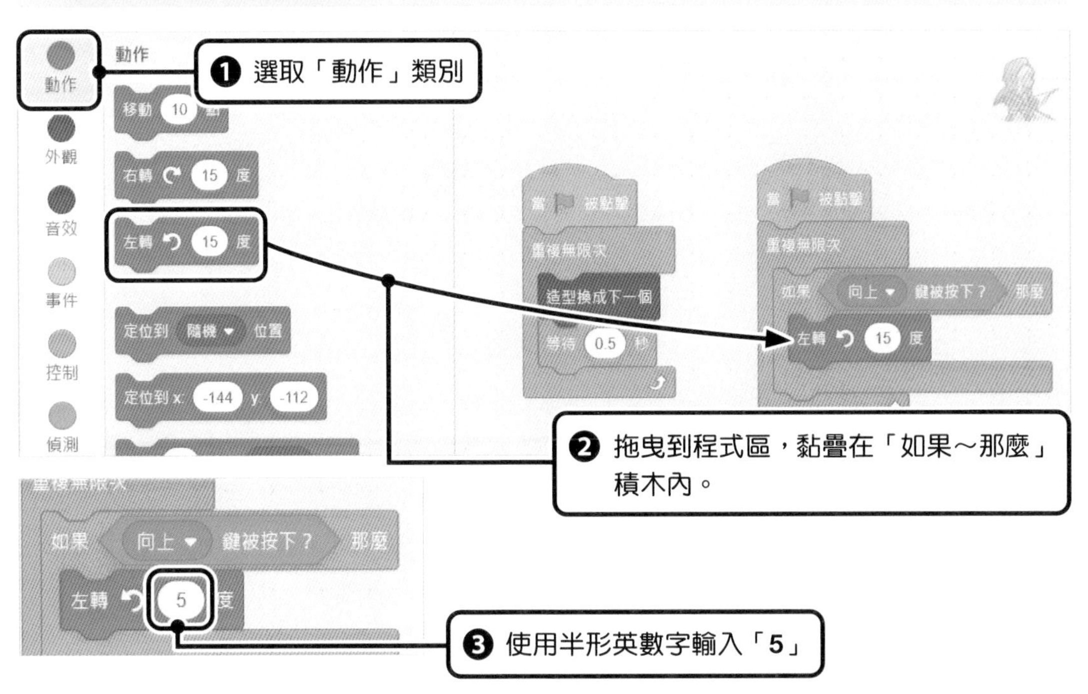

POINT

關於角色「面對的方向」

角色「面朝的方向」有著不同數值。朝向畫面上方是 0 度，向右是 90 度，向下是 180 度，向左是 -90 度。

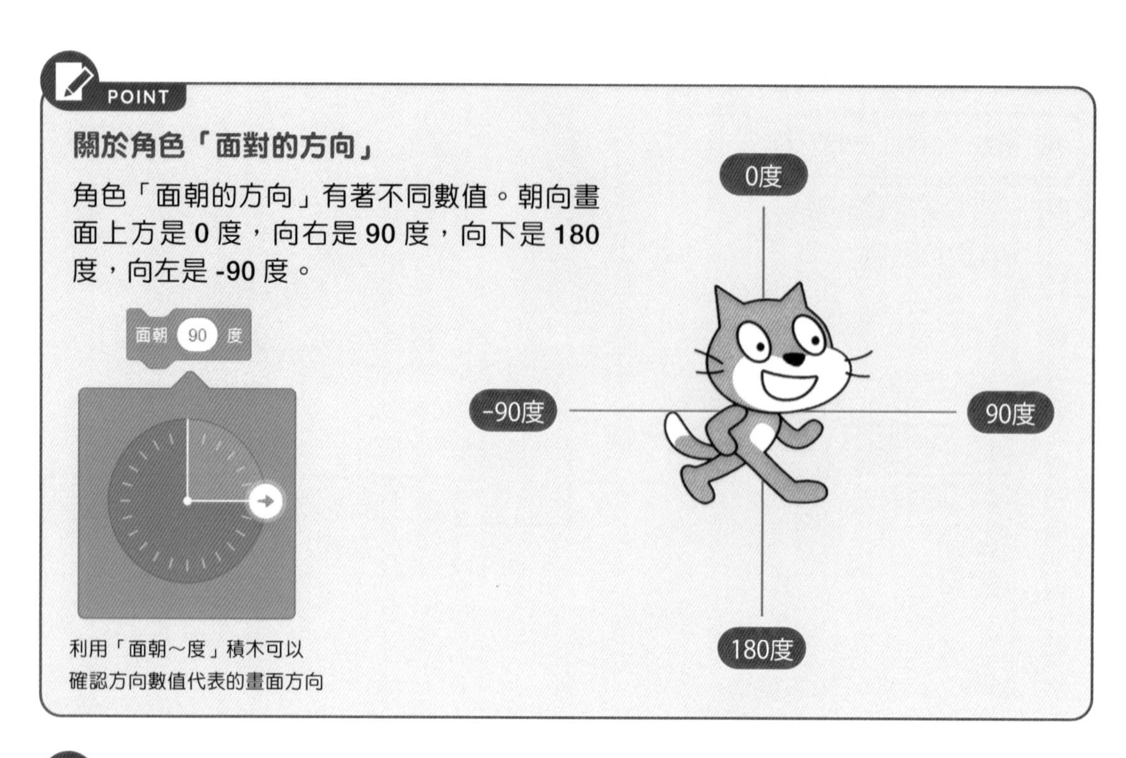

利用「面朝～度」積木可以確認方向數值代表的畫面方向

POINT

關於「如果～那麼」積木

「如果～那麼」積木是在特定條件下，採取不同處理的積木，通常會在六角形內置入當作條件用的「偵測」類別積木。當條件一致時，就會執行以「如果～那麼」積木包圍的處理。

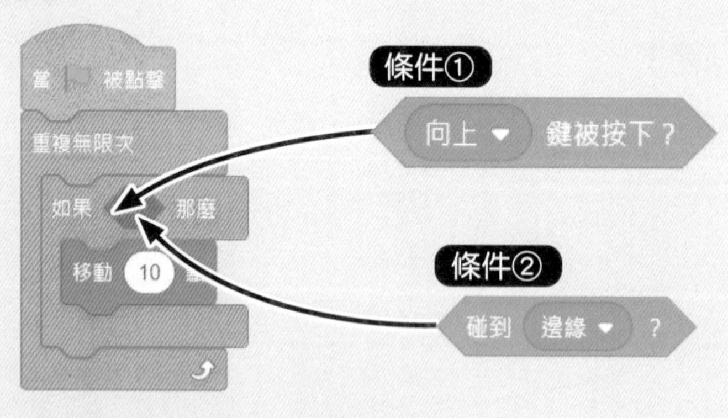

在「如果～那麼」積木只能設定一個條件。

這裡以設定 條件① 及設定 條件② 為例來說明。

〈例 1〉放入 條件① 的「向上鍵被按下？」積木時，按下 ↑ 鍵，角色就會前進 10 點。

〈例 2〉設定 條件② 時，角色碰到邊緣就會前進 10 點。

條件是用在遇到何種狀態才執行動作的情況，例如按下按鍵時，可以操作角色等。

2 執行程式

程式組合完畢後，點擊 ，開始執行遊戲。

1 執行遊戲

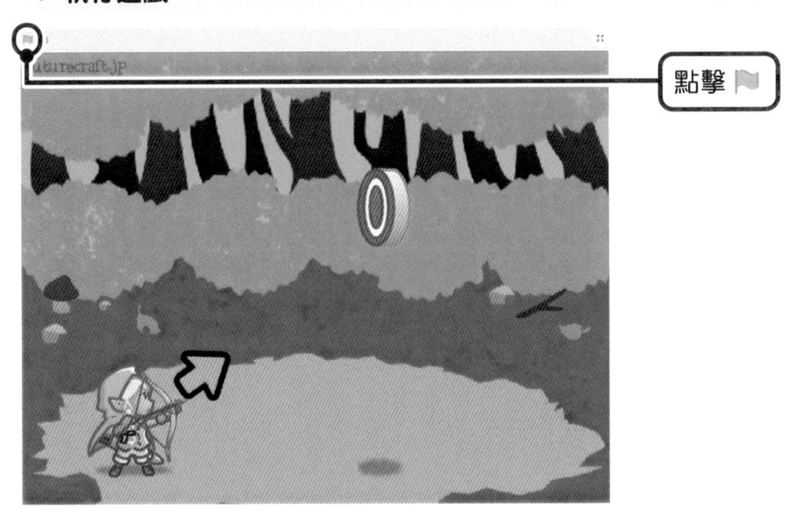

2 只有箭朝上方才能執行操作

按下鍵盤上的 ↑ 鍵，改變精靈「面對的方向」時，射箭的方向應該會朝上。

可是即使按下 ↓ 鍵，也不朝下，這是為什麼呢？

按下方向鍵時，為什麼不會改變精靈角色面對的方向？

精靈面對的方向看起來沒變，是因為我們已經先設定了外觀不變化。這裡請當成「原本的設定就是如此」。

3 設計會讓箭往下移動的程式

目前組合的程式是，按下 ↑ 鍵時，會以逆時針改變角色「面對的方向」。
由於還沒組合向下（順時針）移動的程式，所以無法往下瞄準箭靶。

請參考 P55「改變射箭方向」，組合「向下鍵被按下」時，「右轉 5 度」的程式。

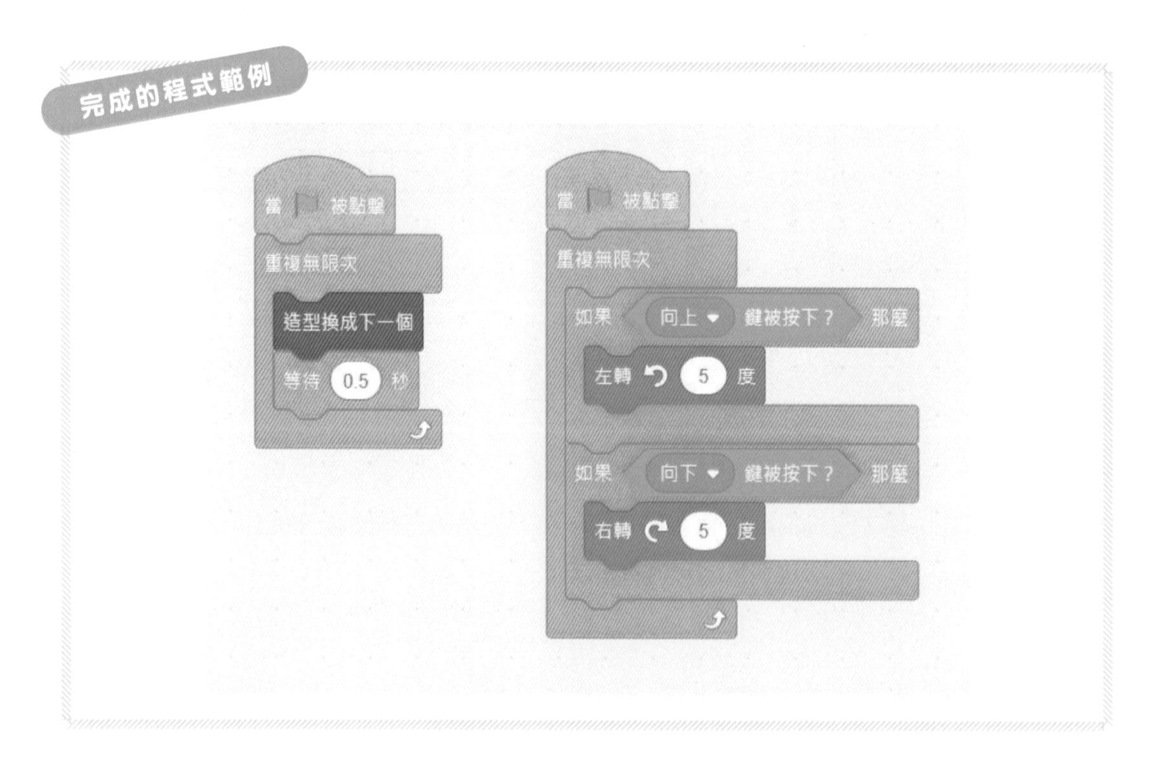

程式組合完畢後，請執行遊戲測試動作。按下 ↓ 鍵時，箭頭應該會往下。

4 執行程式

現在已經能改變上下方向再射箭了吧！完成之後，請試著挑戰，看看你可以得到幾分。

1 執行遊戲

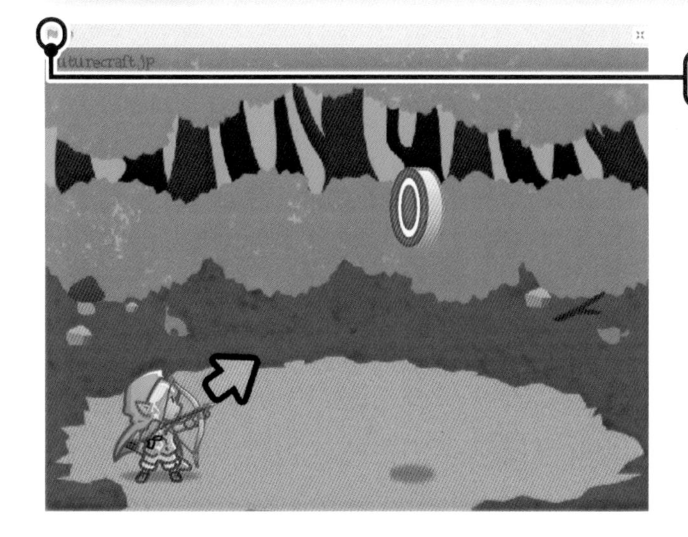

2 可以讓箭往上或往下

和範例不同也沒關係！

就算與範例有些微出入，只要能往上或往下瞄準射箭就可以了，不見得「非得一模一樣不可」。假如無法順利執行，請重新檢視程式。

- **開始執行的時機及持續執行的部分是否卡住了？**
- **有沒有正確黏疊積木？**

STEP 3

決定射箭時機

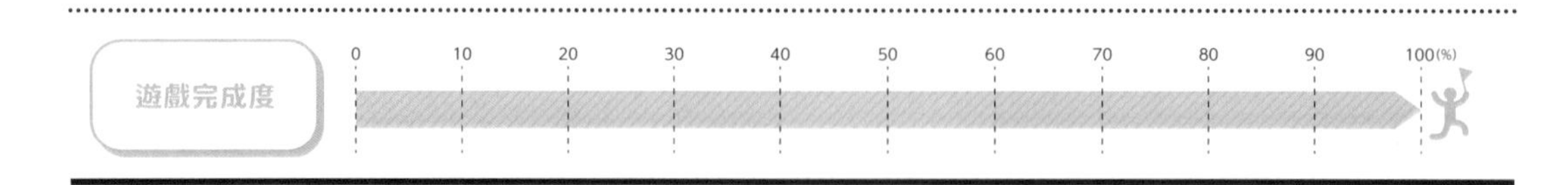

1 按下按鍵後射箭

玩過遊戲之後，你是否發現箭會隨便亂飛？如果有這個問題，請改造程式讓箭可以依個人操作發射。

這個遊戲是當精靈的造型變成「射箭」狀態時就把箭射出去。目前的程式如下圖所示，開始遊戲之後，就會持續自動切換精靈的造型，換成「射箭」造型時，就會放箭。

COLUMN

試著改變輸入方法！

這個遊戲是利用鍵盤的 ↑ 鍵讓精靈朝上，用 ↓ 鍵讓精靈朝下，按下空白鍵時射箭。

你也可以改變「如果～那麼」的條件「～鍵被按下」。一般的電腦遊戲是用左手執行移動或改變方向的操作，通常會使用「W」、「S」、「A」、「D」鍵執行上、下、左、右的操作。

假如覺得不好操作，也可以依照個人喜好來設定按鍵。

接下來要將程式改造成，按下空白鍵之後，精靈才會射箭。

在改造前的「造型換成下一個」積木之前，需要加上「如果～那麼」積木及「空白鍵被按下？」積木。另外，按下空白鍵之前，亦即精靈執行射箭動作前，設定成「站著不動」造型比較自然。精靈的動作流程圖如下所示。

改造後的精靈造型

我們必須在改造前的程式增加上圖紅框中的程式。按照上圖重新組合程式的結果如下所示。

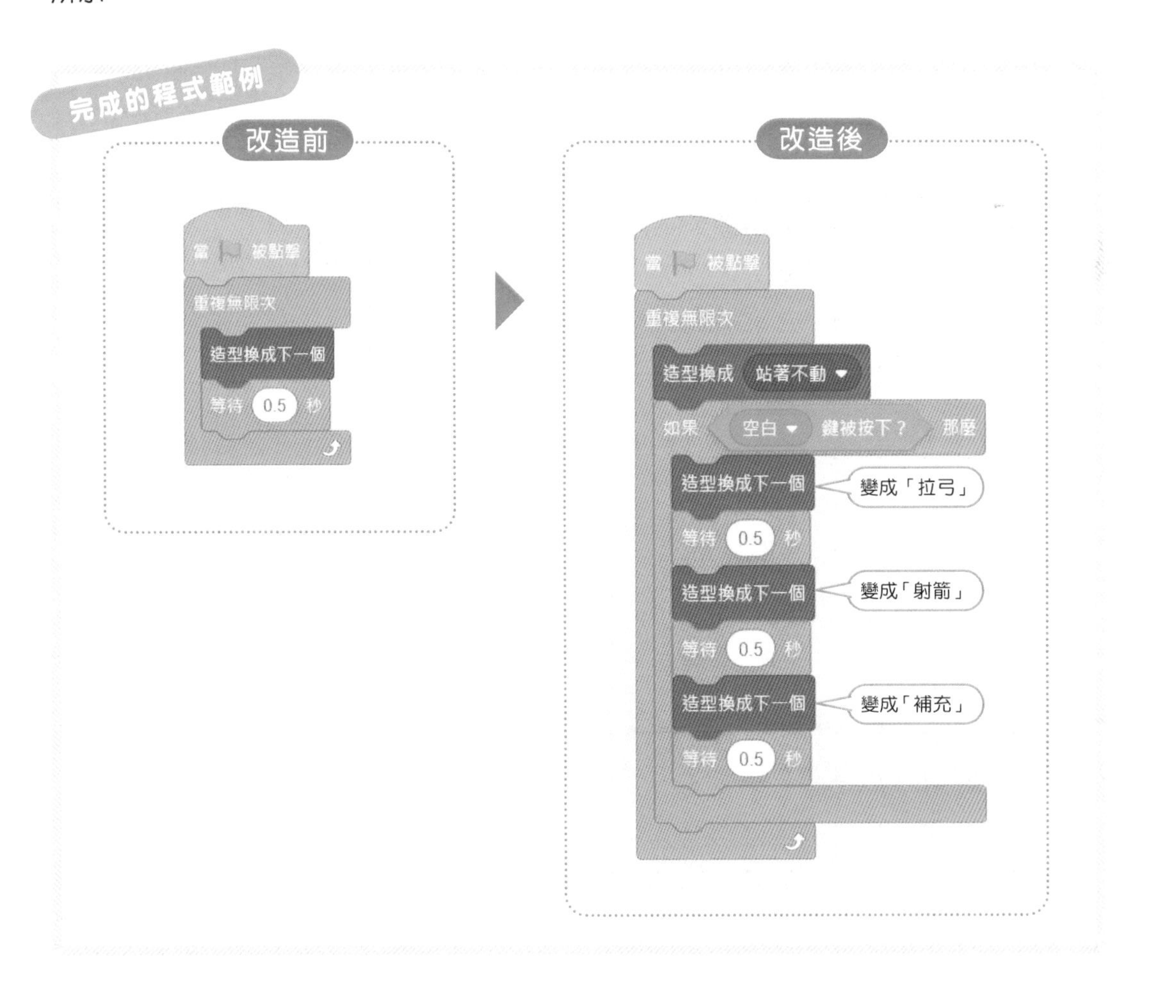

請注意改造程式的重點。

改造前的程式

改造要用到的積木

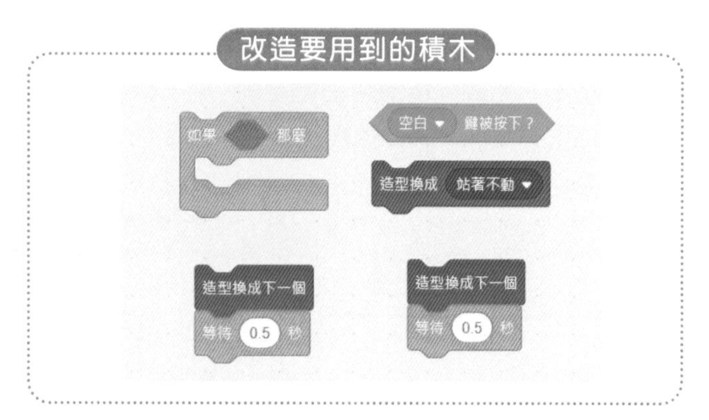

程式主要是從「事件」類別中，某個上面為圓形的積木開始，由上往下依序執行。以下將從頭開始逐一確認，增加缺少的積木。

1 取出「造型換成下一個」及「等待 0.5 秒」積木

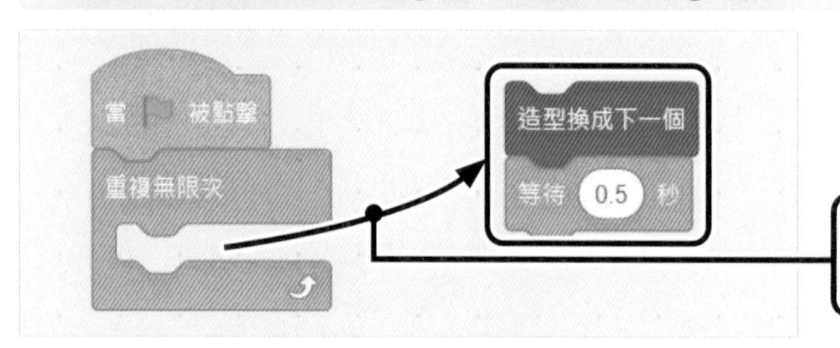

取出「造型換成下一個」及「等待 **0.5** 秒」積木

2 新增「造型換成站著不動」積木

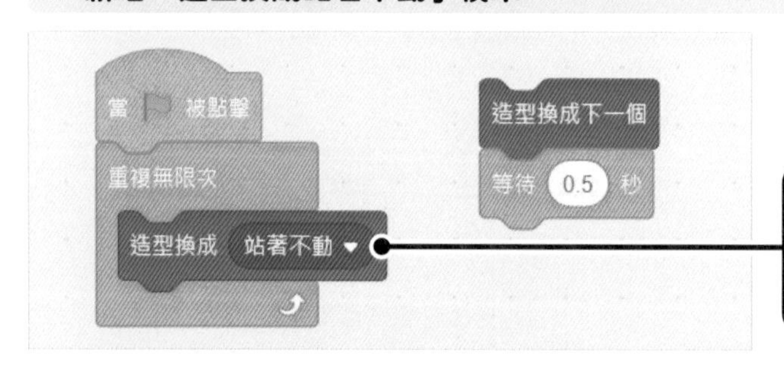

將「外觀」類別中的「造型換成站著不動」積木黏疊在「重複無限次」積木內

3 新增「如果～那麼」積木

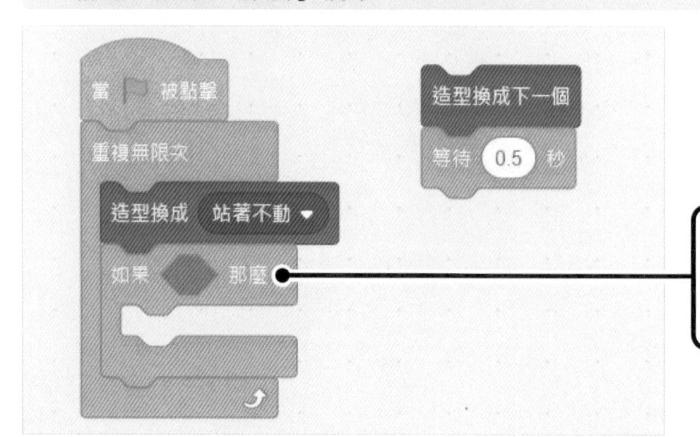

把「控制」類別中的「如果～那麼」積木黏疊在「造型換成站著不動」積木下面

4 新增「空白鍵被按下？」積木

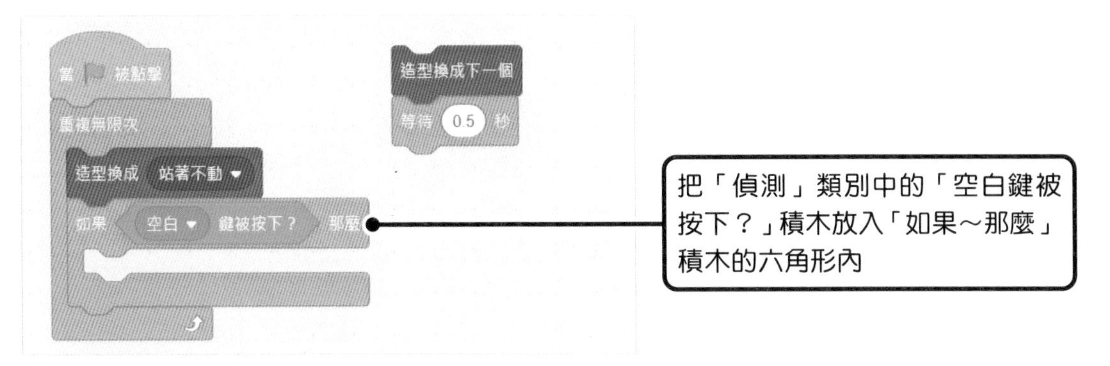

5 複製積木

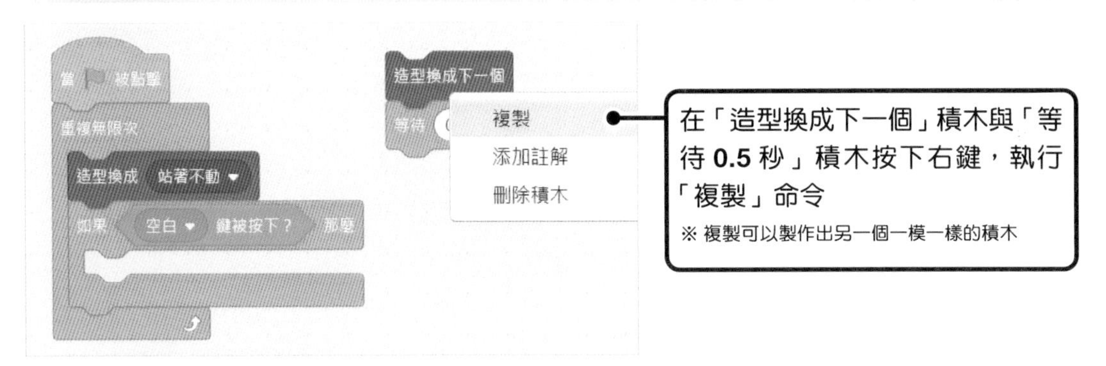

6 黏疊複製出來的積木

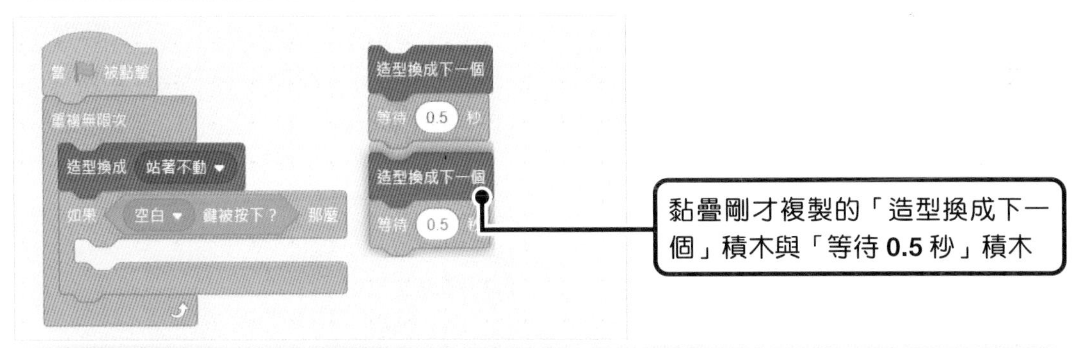

7 重複執行步驟 5 ～ 6 的操作

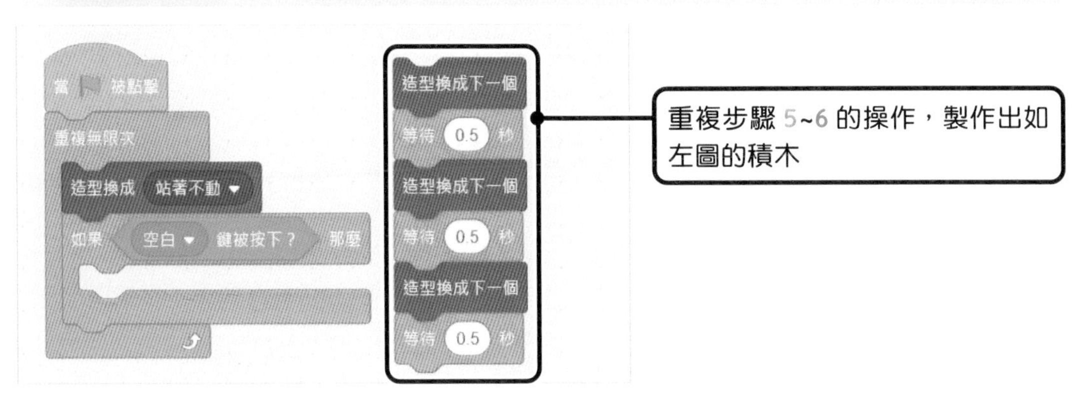

8 把複製出來的積木黏疊在「如果空白鍵被按下？」積木內

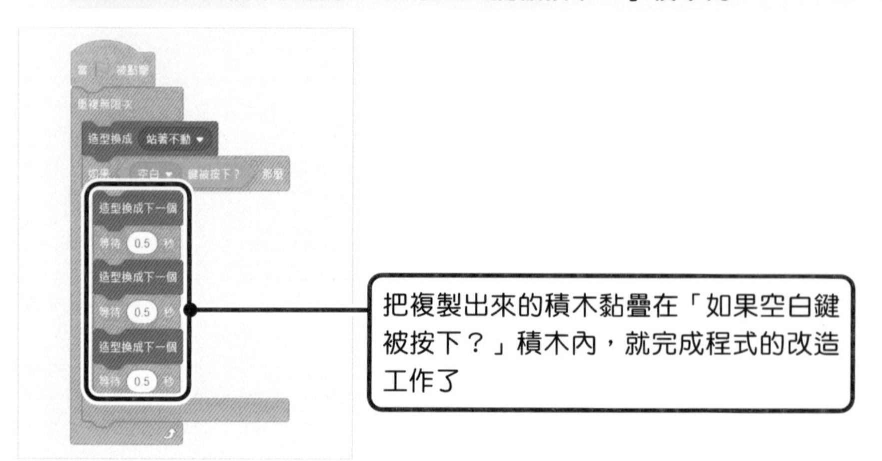

積木黏錯位置時…

放開積木的時機錯誤，使得積木黏在錯誤的位置，這種情況很常發生（圖 1）。

在 Scratch 拖曳積木時，會連同下方的積木一起黏上去，這樣很難按照預期組合積木。

組錯的積木請先放在程式區的空白位置（圖 2），從最下面的積木開始分解（圖 3）。

把分解後的積木一個一個組合在正確的位置（圖 4）。假如又黏錯，請移出錯誤的部分再重黏。

不小心操作錯誤時，你可能會感到慌張，此時請冷靜整理，調整成自己容易瞭解的狀態後，再重新組合，這點很重要。

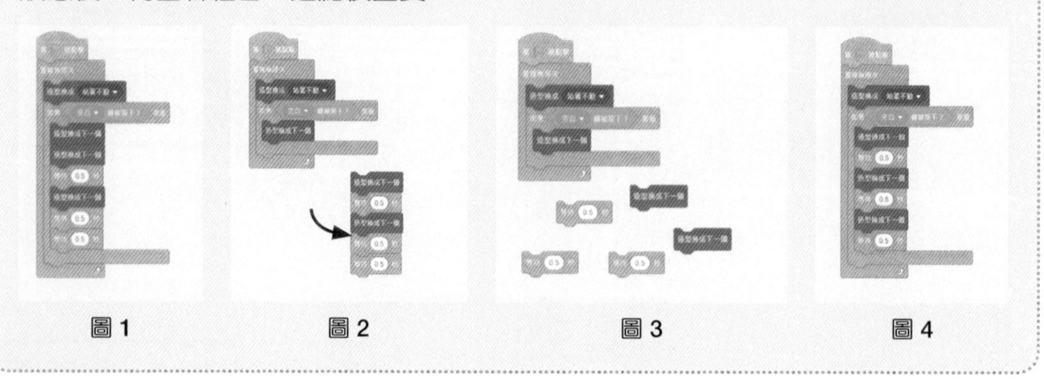

圖 1　　圖 2　　圖 3　　圖 4

程式的執行順序？

程式會從頭開始依序執行。假如不清楚，請從頭開始確認。一邊唸出來，一邊檢視積木會比較容易瞭解。

2 執行程式

這裡組合的程式是以「空白鍵被按下？」為條件，請按下空白鍵看看會有什麼變化。

1 執行遊戲

2 按下空白鍵就會放箭

原本的造型是「站著不動」，按下空白鍵後就會改變造型，一邊動作，一邊射箭。

注意全形輸入模式與半形輸入模式的差別！

一旦切換成全形輸入模式，空白鍵就不會產生反應。假如按下空白鍵後沒有動作，請記得確認輸入模式是否正確。

COLUMN

反覆執行相同動作時要使用「重複～次」！

仔細檢視這個程式，就會發現「造型換成下一個」與「等待 0.5 秒」反覆執行了三次。

如果你覺得相同動作要重複輸入三次「很麻煩」的話，代表你很適合當工程師。其實，使用「重複～次」積木，就能輕易完成以下結果。

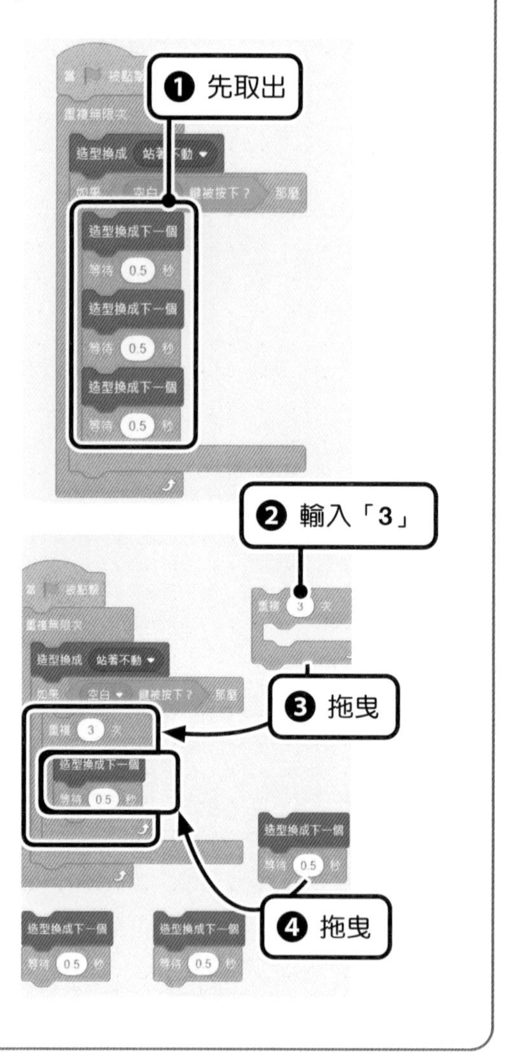

從「如果～那麼」積木中，取出並分解重複的部分。

在「重複～次」的數字部分輸入「3」，再放入「如果～那麼」積木內，放回一組「造型換成下一個」與「等待 0.5 秒」積木，這樣就完成了。

如何？程式變得簡潔明瞭了吧！

HINT

用不到的積木該如何消除？

把用不到的積木拖曳回積木面板就可以刪除。

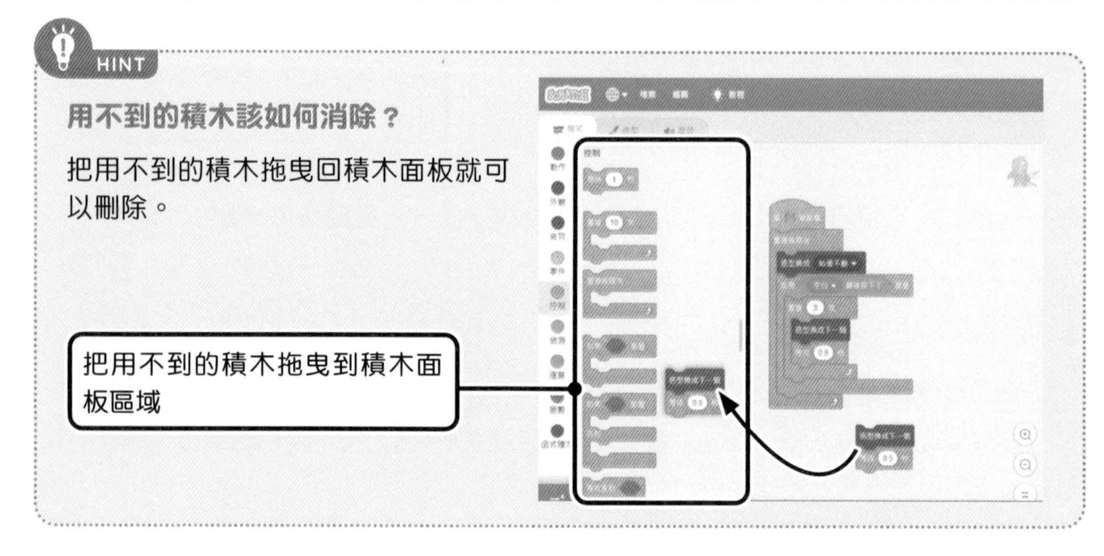

3 執行程式

這樣就可以利用 ↑、↓ 鍵瞄準箭靶，再按下空白鍵射箭，恭喜你已經完成「森林射擊訓練」遊戲。請試著挑戰，看看你可以獲得幾分！

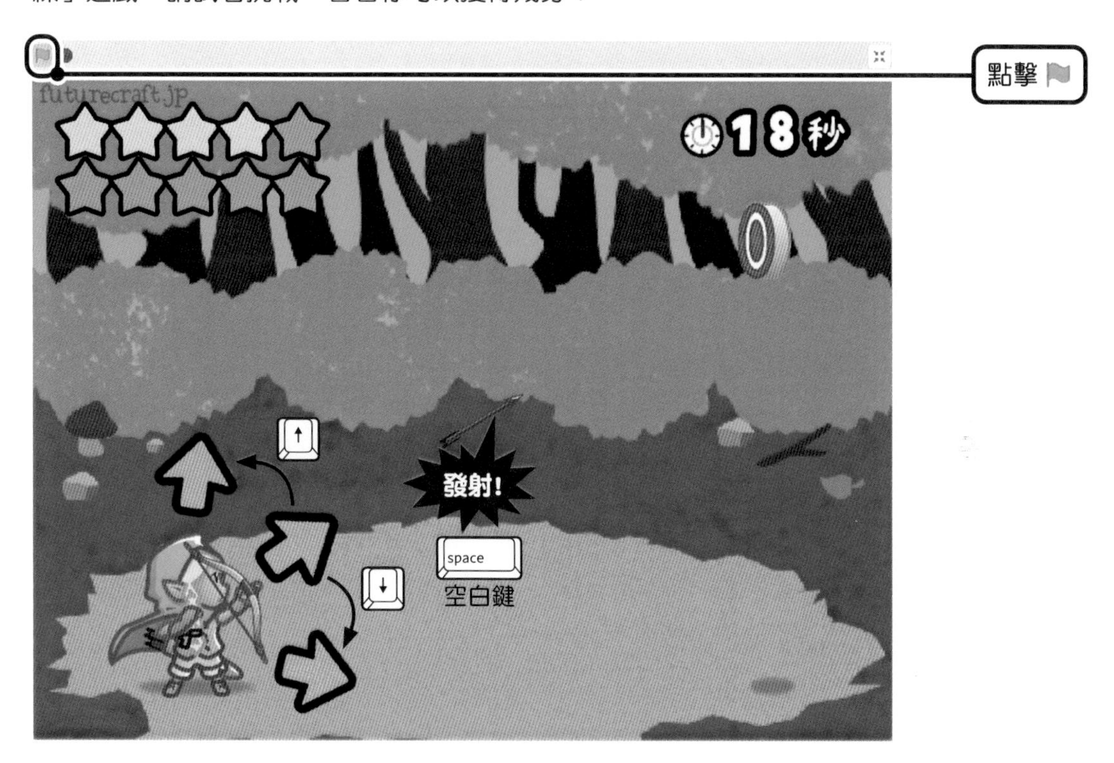

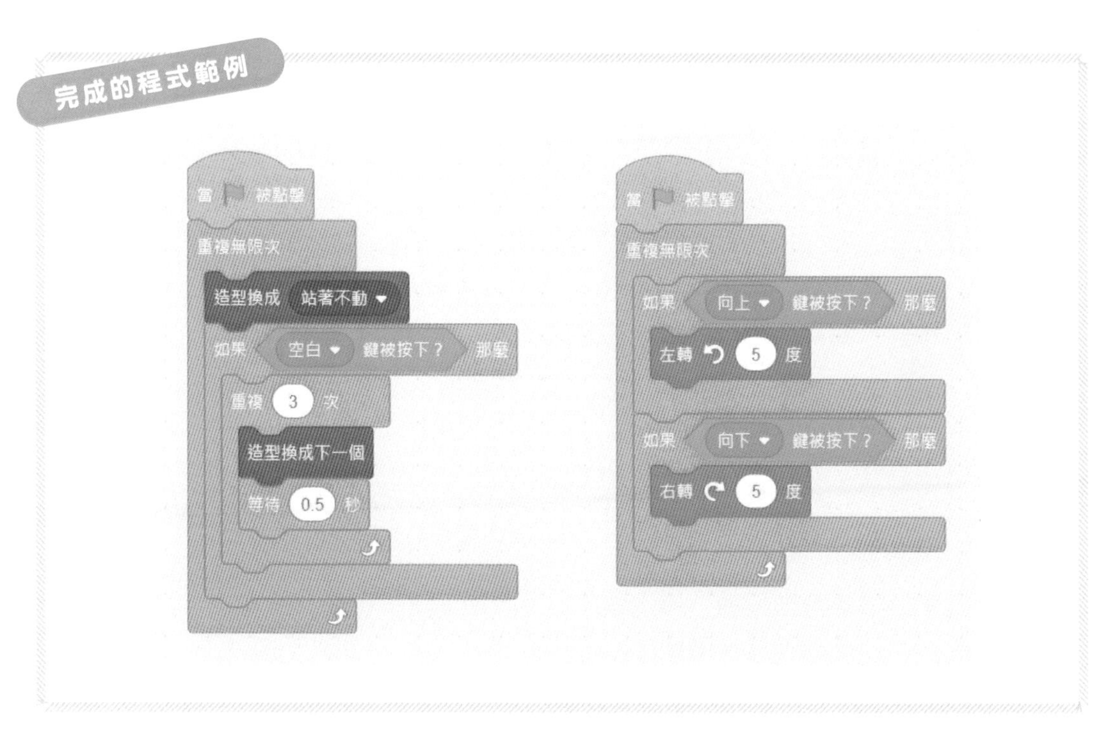

改造遊戲，挑戰完美破關！

完美挑戰！

Perfect 條件　**得到10分以上！**

遊戲結束後，會根據得分顯示 BAD ／ OK ／ GOOD ／ Perfect 的結果。「森林射擊訓練」的 Perfect 條件是獲得 10 分以上，請以得到 Perfect 為目標，努力挑戰吧！

哇啊！我只得到 8 分！這個遊戲太難了啦！

這樣的話，只要改造遊戲就行啦！

可以這樣做嗎？這樣不是作弊※嗎？

當然可以這樣做，這個遊戲的開發者是你啊！
要改造成什麼樣，由你決定。

※ 作弊是指在電腦遊戲中，讓遊戲以不正常的方式運作的行為，英文是 cheat，有著「狡猾」、「欺騙」的意思。

現在完成的遊戲很難獲得高分吧！你可以改造程式，比方說加快箭的速度，或避免箭靶變小。

改造提示①

我們在製作遊戲時，已於「精靈」角色設計了程式，若要改造遊戲，可以試著調整其他角色。請在角色清單中選取「箭」，就可以在程式區看到「箭」的程式。

選取了「精靈」的狀態

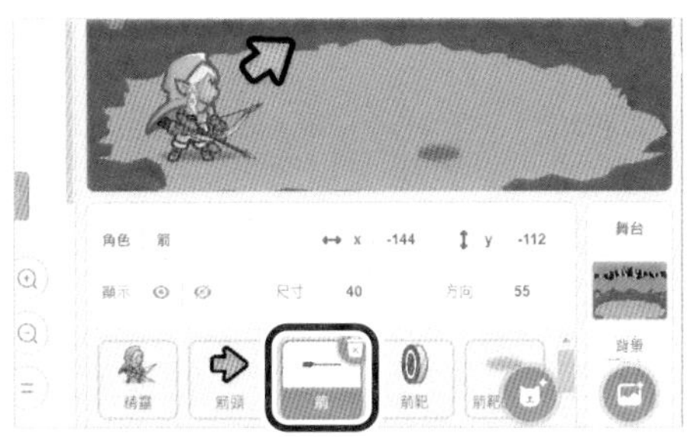

選取了「箭」的狀態

請試著提高箭的速度。「提高箭的速度」會有什麼變化？外觀會改變嗎？會發出聲音嗎？

沒錯，「動作」會改變。假如要改變「動作」，就得改造藍色積木。請從「箭」的程式中，找出往前移動的藍色積木。

「箭」的程式中，往前移動的積木只有「移動 20 點」。放大這裡的點數，就能加快箭的移動速度。請試試改變數字後會產生何種變化。

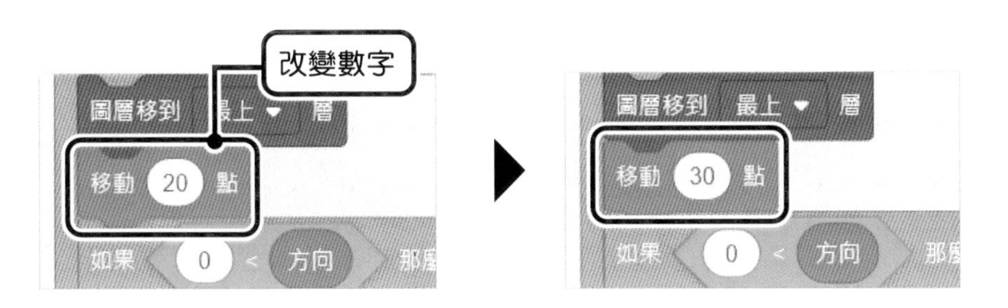

Scratch 的舞台由右到左為 480，由上到下是 360。如果輸入的數字太大，會飛到畫面外，請特別注意。

改造提示②

「改造提示①」改變了程式內的數字，接下來要試著加入新的積木。

請選取「箭靶」角色。連續得分時，箭靶會縮小，可將箭靶改造成不會因為射中而縮小。

「不讓『箭靶』縮小」應該使用哪個類別中的積木呢？

沒錯，就是「外觀」。在「外觀」類別中，有個「尺寸設為～ %」的積木，利用這個積木可以改變大小。

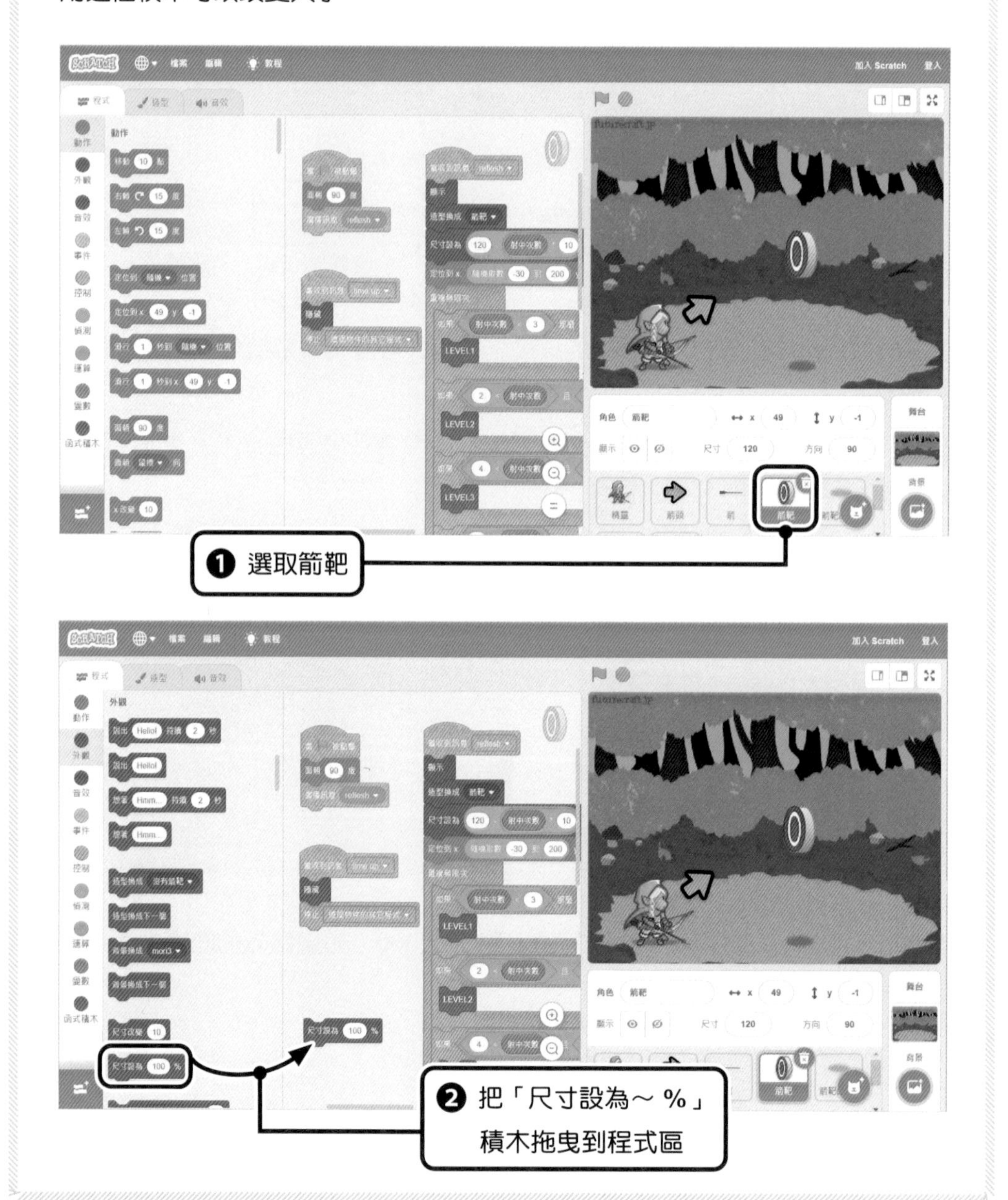

只改變尺寸的積木仍無法完成要求動作。因為如果要執行程式，必須有開始執行的條件及告訴電腦要持續處理到何時為止。

這次「希望從遊戲開始後，箭靶一直維持相同大小」，因此將「箭靶」的程式設計成以下這樣。

這樣就可以獲得 10 分以上。取得 Perfect 的成績後，再試著改造其他部分，請以畫面上顯示滿分為目標。

嘿，Kosaku ！
你也快點取得 Perfect 啦！

可惡！我會改造出超厲害的遊戲，得到 10000 分給你看，等著瞧吧！

不斷「稍做改變並嘗試」

這裡我們學到了改變積木的數字及增加新積木的改造方法。除了箭及箭靶之外，還可以改變精靈等待射箭的時間及限制時間的數字，或增加讓箭追蹤箭靶的積木。請不斷「稍做改變並嘗試」，進行各種改造。

製作難度 ★★☆☆☆

遊戲 2

月球表面 OMOCHI探險隊

學習重點

- 掌握「某個按鍵被按下」的用法
- 試著使用「當分身產生」

遊戲畫面

在兩個特殊的舞台來回穿梭！
操控紳士兔，收集高能量金屬「OMOCHI」，
當作太空船的優質燃料吧！

操作方法

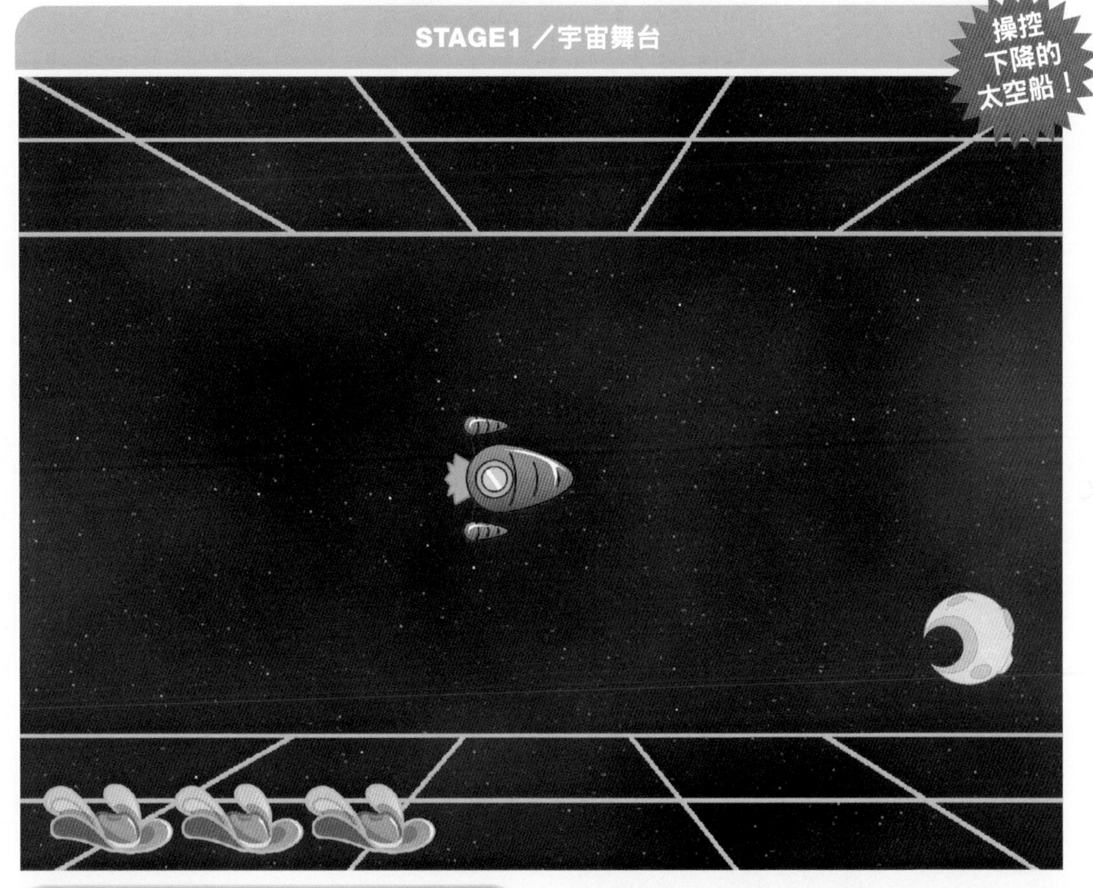

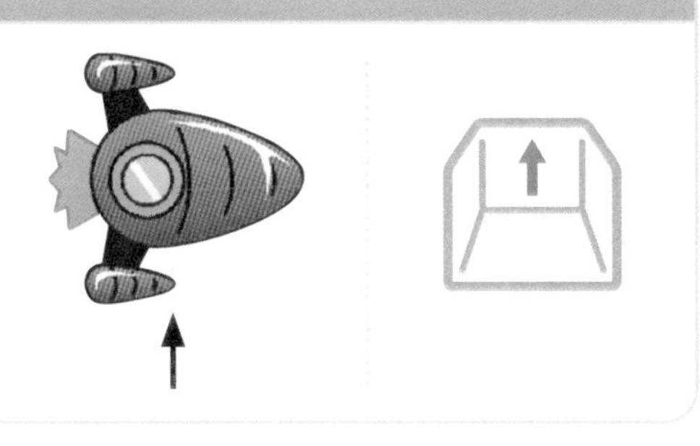

這個遊戲以宇宙舞台為起點，按下任何一個按鍵，遊戲就會開始。宇宙舞台中的太空船會逐漸下降，必須調整位置才能登陸月球。碰到上下牆代表失敗，訣竅是要密集按下 ↑ 鍵。

STAGE2 ／月球表面舞台

登陸月球後，月球表面舞台開始。在月球表面操控紳士兔，收集 OMOCHI。一開始要避開隕石，並往畫面右側前進。

碰到月球表面右邊的 OMOCHI，就能得到它。

之後要回到太空船，若能平安帶回 OMOCHI，就代表過關。

請開啟「月球表面 OMOCHI 探險隊」遊戲，進行挑戰！

範例線上下載網址：http://books.gotop.com.tw/download/ACG006000

我試玩了之後，覺得還蠻難的！怎樣都會碰到隕石。可惡！難道不能把隕石打碎嗎？

這裡有個未完成的角色「光束」，不如使用光束來打碎隕石吧！

我要改造成射出光束就可以打碎隕石！

從下一頁開始一起完成這個遊戲吧！

Let's GO

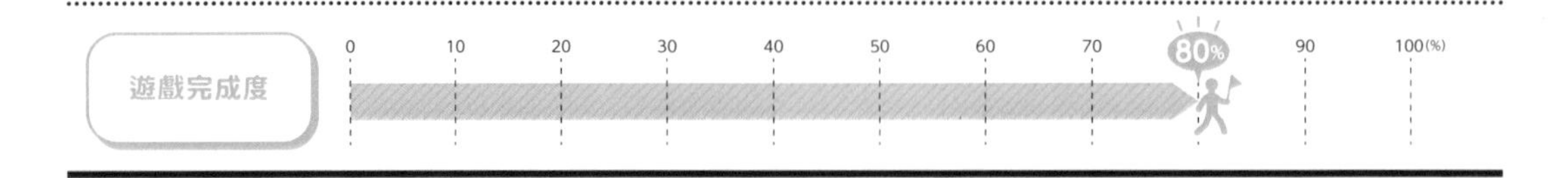

STEP 1 建立光束的分身

1 開始設計程式

請按照以下方式組合程式。

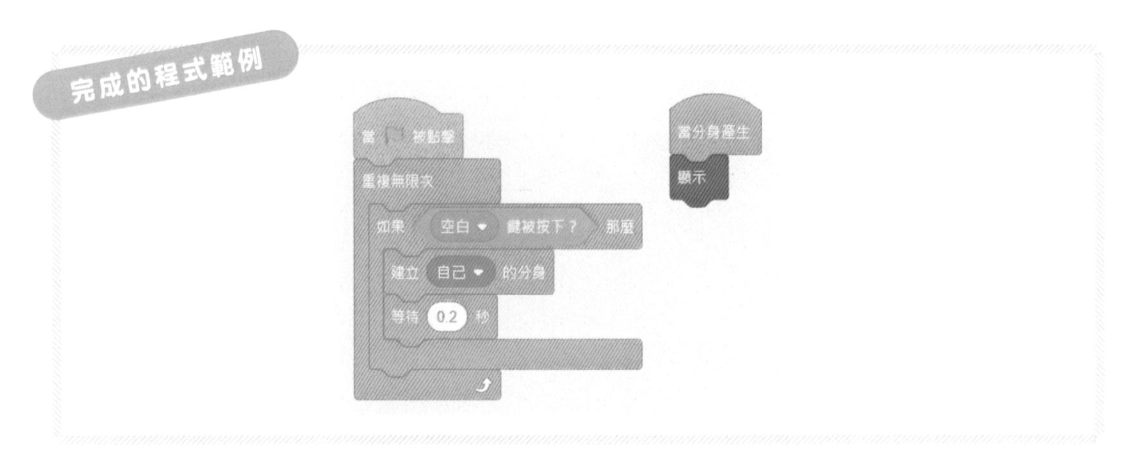

1 選取要設計程式的角色

2 新增「當 被點擊」積木

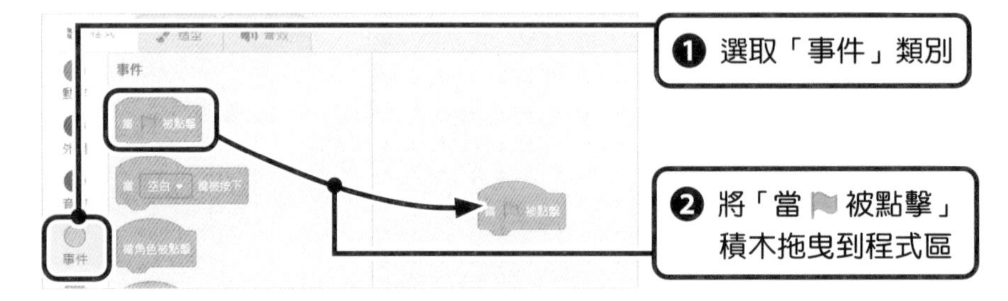

3 新增「重複無限次」積木

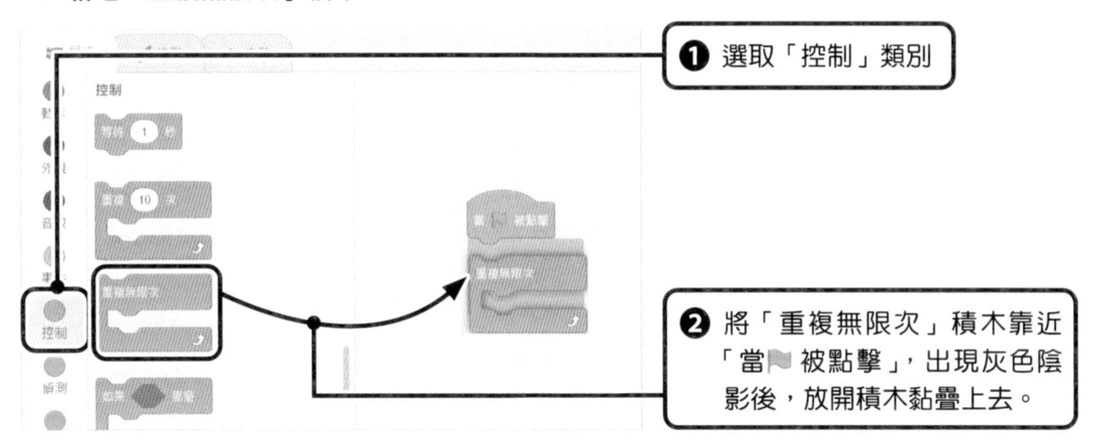

「當🏳被點擊」積木與「重複無限次」積木是很常用的組合。製作遊戲時，通常會從這種組合開始設計程式。

4 偵測是否按下按鍵

我希望能在按下空白鍵時射擊。

因此，必須偵測「空白鍵是否被按下」。在「偵測」類別裡，含有可以按照文字偵測角色或玩家輸入狀態的積木。

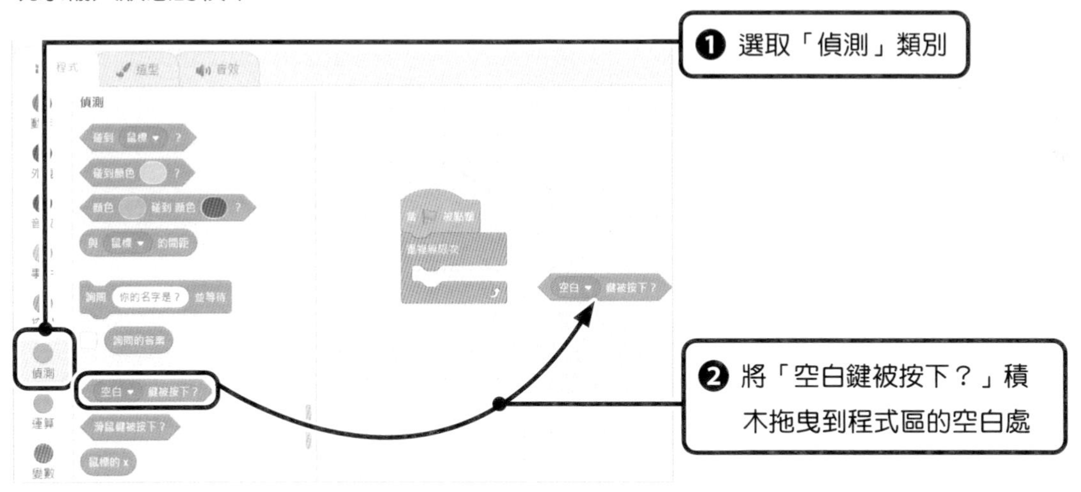

HINT

積木一定要連起來才能執行

如果沒有和上面為圓弧形的積木連在一起，如「當🏳被點擊」積木，即使放在程式區也不會執行。

設計程式時，也有「不連接積木，只先組合」或「暫時把想關閉的功能放在外面」的用法。

六角形積木是用來偵測值的真假。如果為真，代表「正確、符合」；若是假，則表示「錯誤、不是真的」。

這個積木常和「控制」類別的積木一起使用。

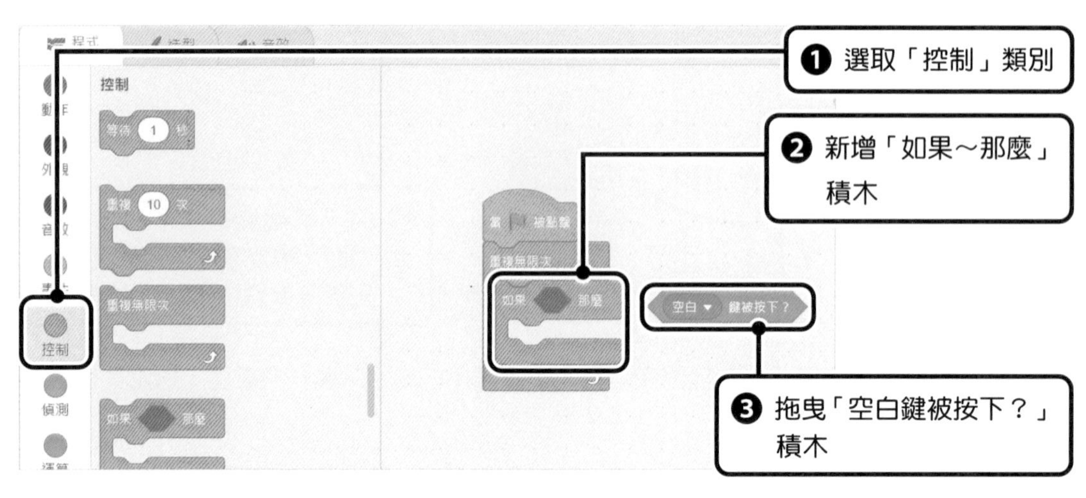

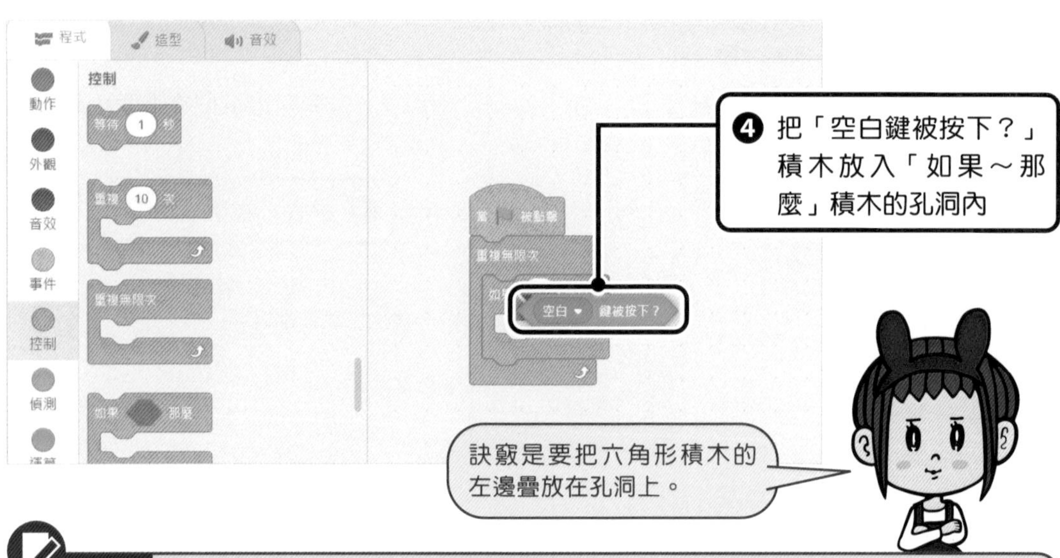

POINT

何謂真假值？

這是代表某個問題或判斷是正確還是錯誤的值。取得的值只有真（True）或假（False）兩種。

真	1. 這本書是用紙做的　2. 一般車輛是用鐵做的
假	1. 這本書是用鐵做的　2. 一般車輛是用紙做的

如上例，符合事實為真，不符合事實為假。「空白鍵被按下？」是按下目標按鍵為真，沒有按下為假。「如果～那麼」是控制當孔洞內的內容為真時，就執行包圍積木的內容。

5 製作光束的分身

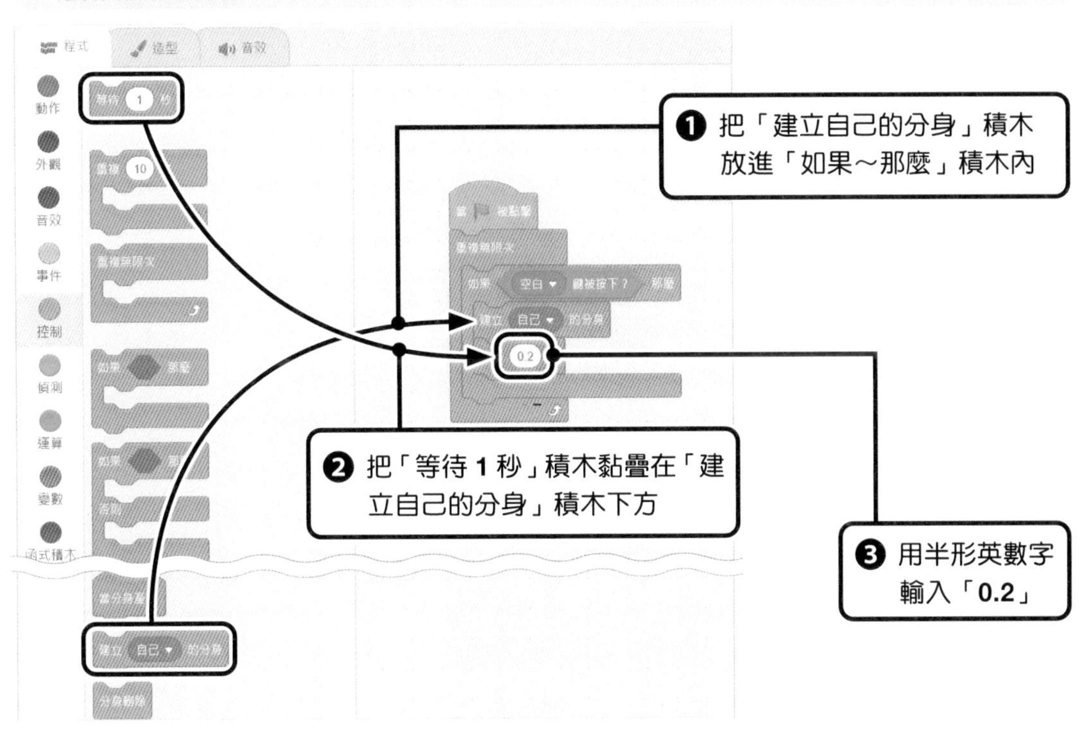

6 新增建立分身後的處理

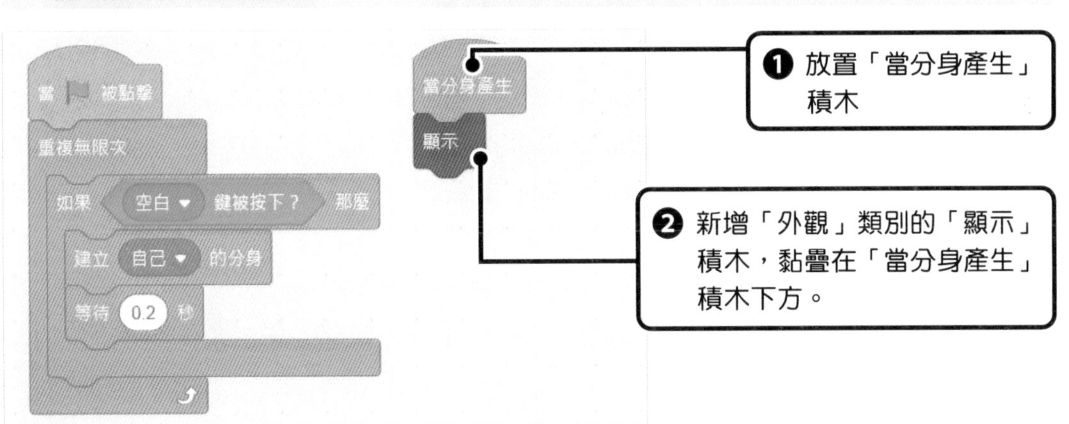

POINT

何謂分身？

遊戲常會出現多次執行相同動作的情況。例如史萊姆這種怪獸，或朝著角色飛過去的飛彈等。每次都得建立相同處理很麻煩，此時使用分身就很方便。

使用「建立分身」積木，可以複製出一模一樣的角色，座標、方向、變數等全都可以自原本的角色中拷貝出來。

這正好適合這次要大量顯示光束的情況。事實上，在這個遊戲裡，從天上掉落的隕石也使用了分身大量複製。

2 執行程式

組合程式之後，請確認會出現何種變化。

1 點擊舞台上的 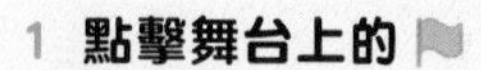

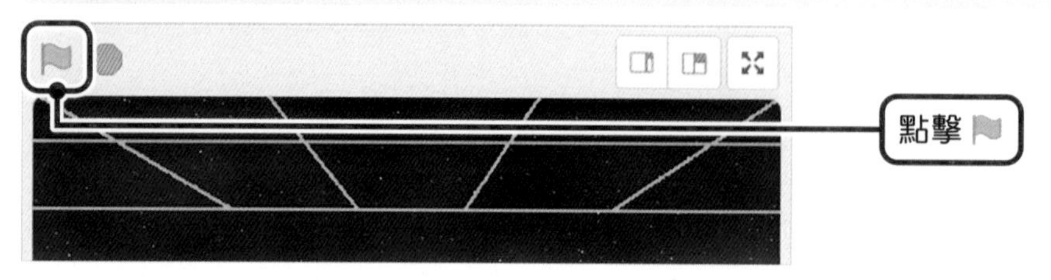

2 確認按下空白鍵是否顯示光束

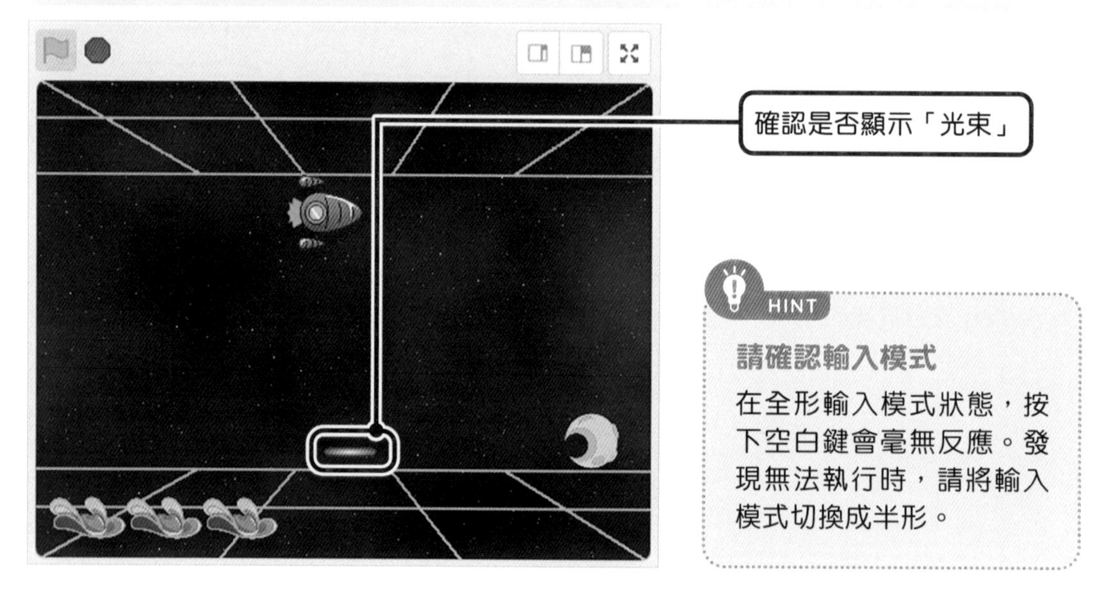

HINT

請確認輸入模式

在全形輸入模式狀態，按下空白鍵會毫無反應。發現無法執行時，請將輸入模式切換成半形。

你很厲害嘛！出現光束了呢。

只是出現了！卻不會移動！

因為還需要繼續設計程式啊！

STEP 3 STEP 4

STEP 2 讓光束前進

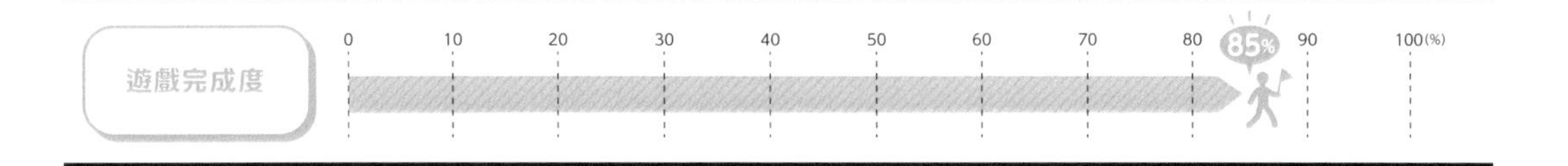

1 設計讓光束分身移動的程式

剛才已經顯示了光束，可是卻停止不動，這樣還無法擊碎隕石。請增加建立分身後的設定，讓光束動起來。

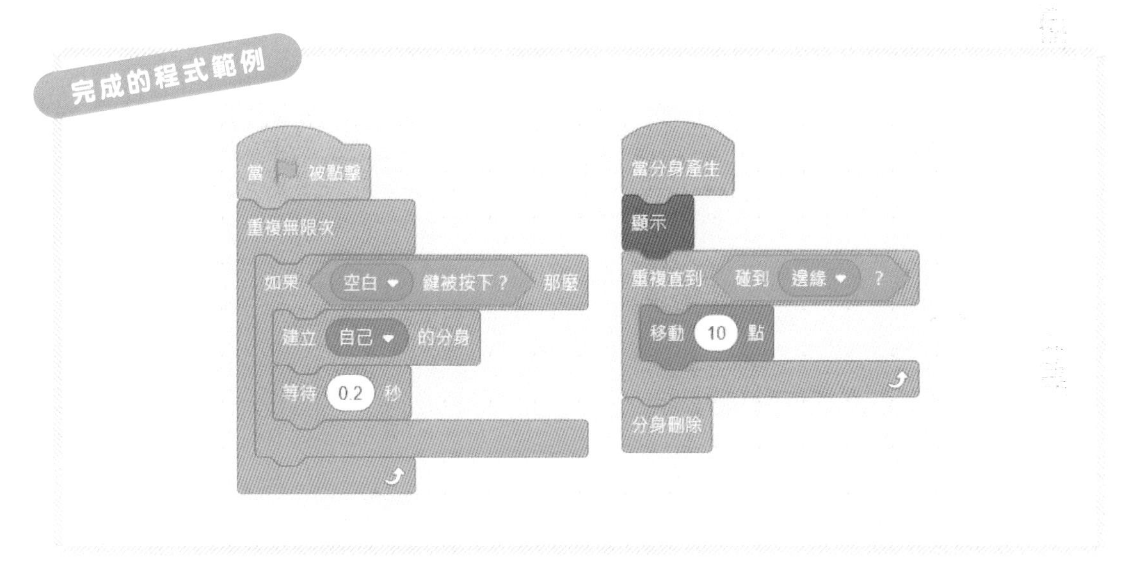

1 在「當分身產生」積木新增「重複直到～」積木

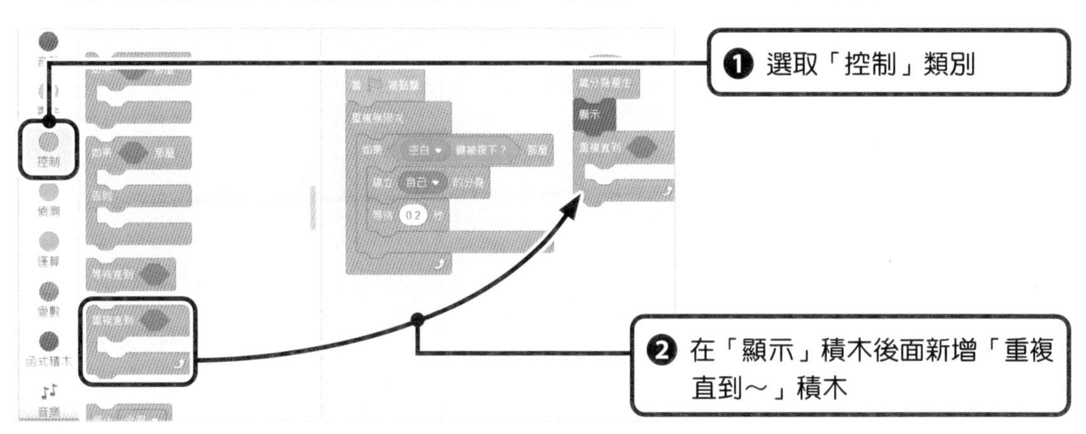

2 新增讓「重複直到～」積木結束重複的條件

「重複直到～」積木在條件「不一致」時，會重複積木內的動作。

這個範例是指當光束的分身沒有碰到邊緣時，重複積木內的動作設定。

❶ 選取「偵測」類別

❷ 在「重複直到～」積木新增「碰到～？」積木

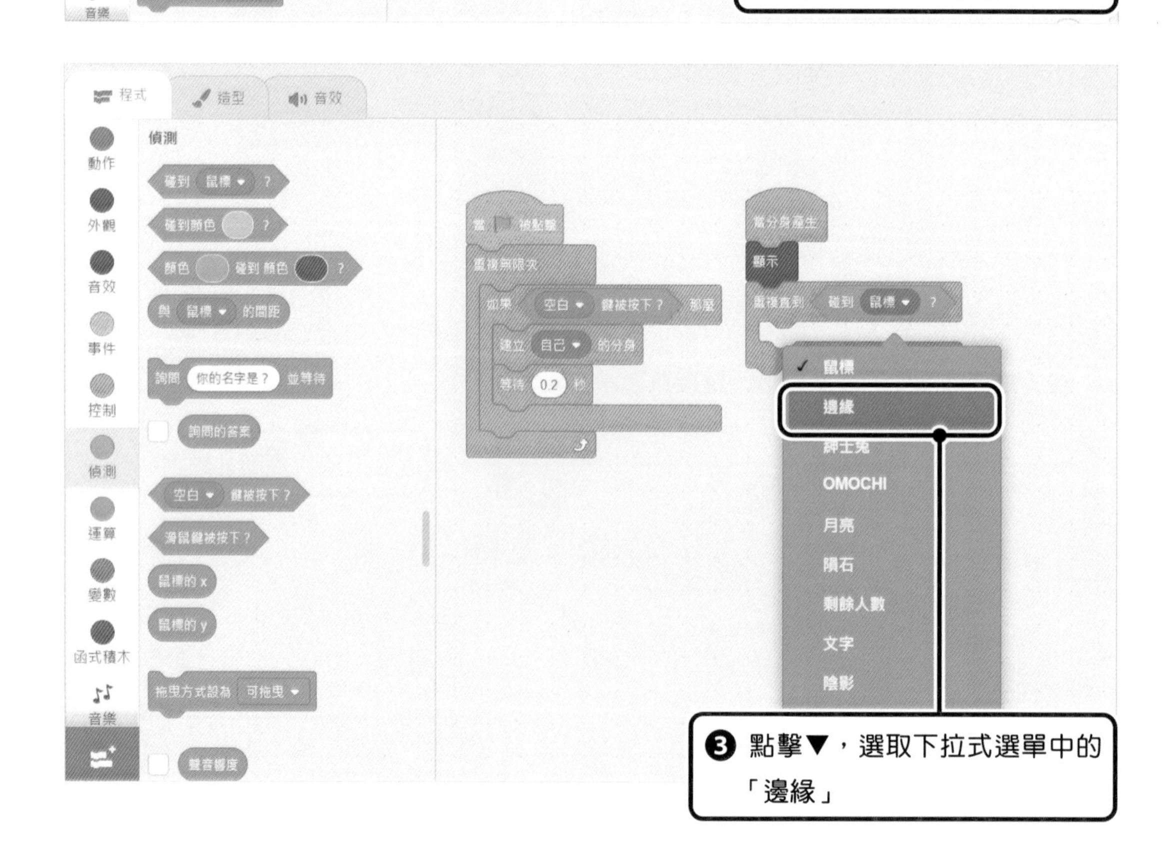

3 新增結束重複後的動作設定

有時會出現「重複無限次」沒有結束，但是「重複直到～」卻結束的情況。

積木下方有個凸起，可以新增結束後的動作設定。

這次在結束重複時，亦即光束分身碰到邊緣時，就「刪除分身」。

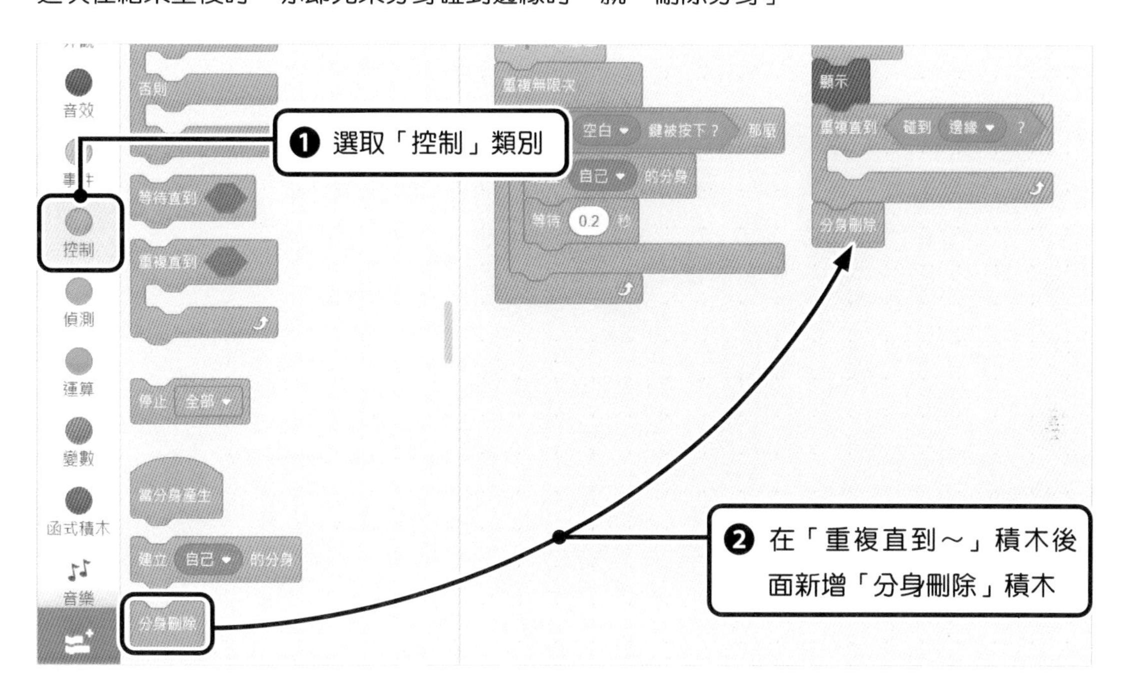

HINT

刪除多餘的分身

舞台上可以出現的角色數量是固定的，製作過多分身，就無法建立新的分身，因此當該分身不需要時，請利用「分身刪除」積木刪除。

4 新增重複動作的設定

光束碰到邊緣之前，應該執行何種動作？希望光束可以筆直前進。因此在「重複直到～」積木內，新增「移動 10 點」積木，執行往前進的動作。

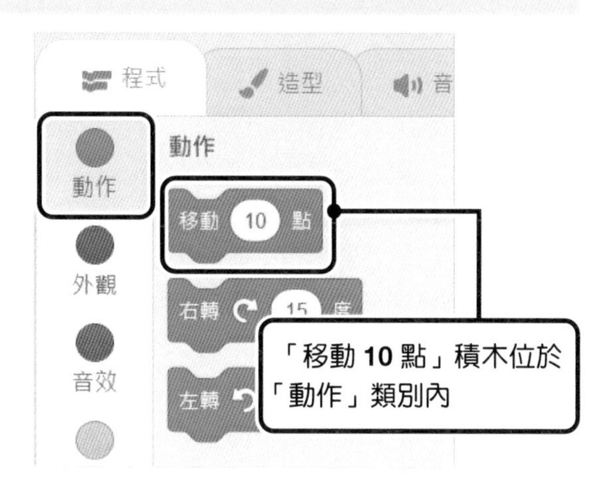

2 執行程式

程式組合完畢後，請試著執行遊戲，觀察出現何種變化。

1 點擊舞台上的

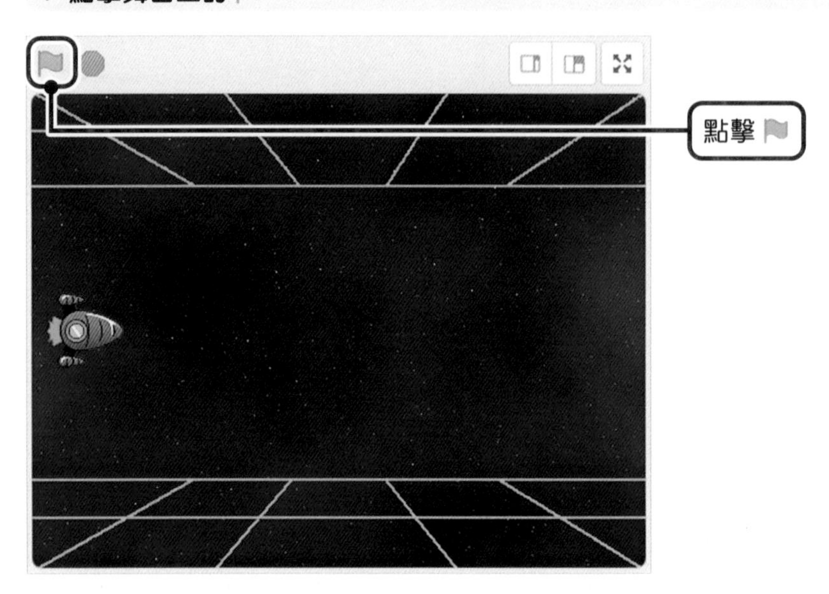

2 確認光束的動作

按下空白鍵，發射光束後，就會顯示光束並往前進。當光束碰到邊緣就會停止重複，刪除光束分身。可是這樣能擊破隕石嗎？

STEP 3 STEP 4

紳士兔發射光束

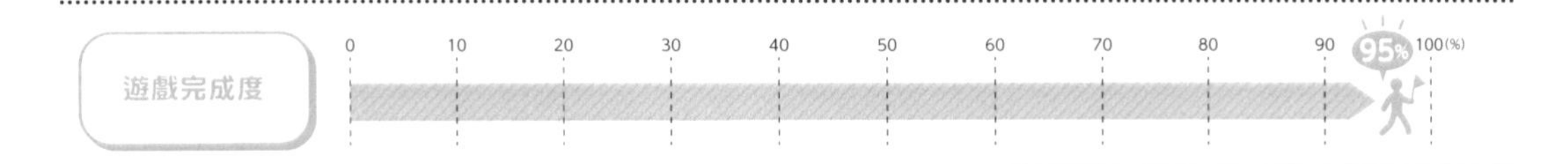

1 改變光束的分身位置

現在的光束是從產生分身前的位置開始發射。
如果要改成由紳士兔的位置發射，應該怎麼做呢？

在「動作」類別裡，有個可以移動角色座標的「定位到～位置」積木。
請新增這個積木，讓光束移動到紳士兔的位置。新增積木的位置是在產生光束分身之前。
請仔細思考，在執行過程中，增加「定位到紳士兔」的積木。只要從上開始，一個一個檢視每個執行步驟即可。

1 新增「定位到～位置」積木

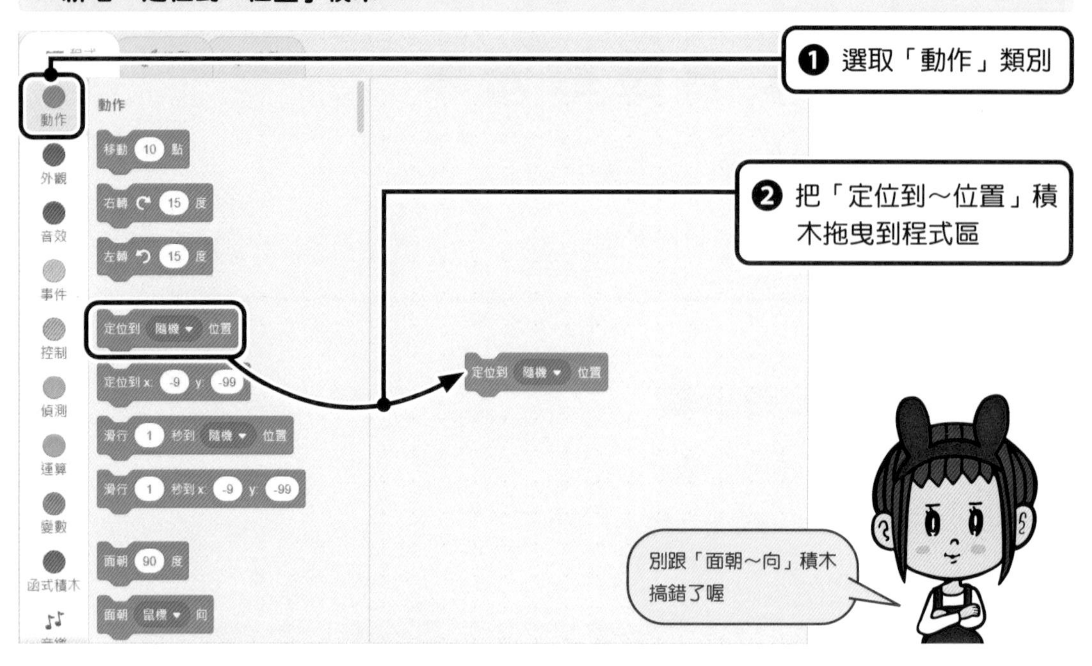

2 把光束的發射位置改到「紳士兔」

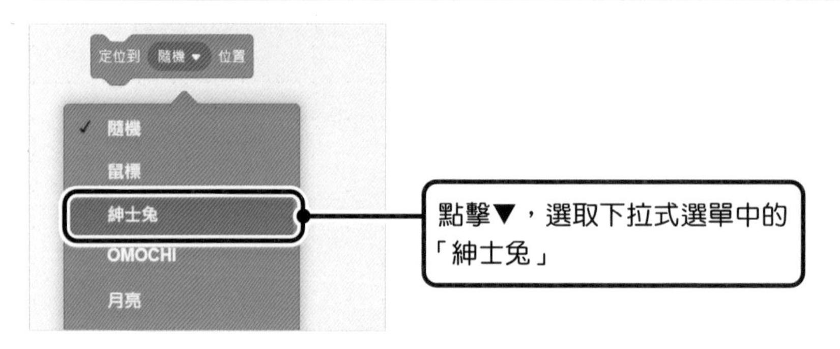

3 把「定位到紳士兔」積木組合到程式內

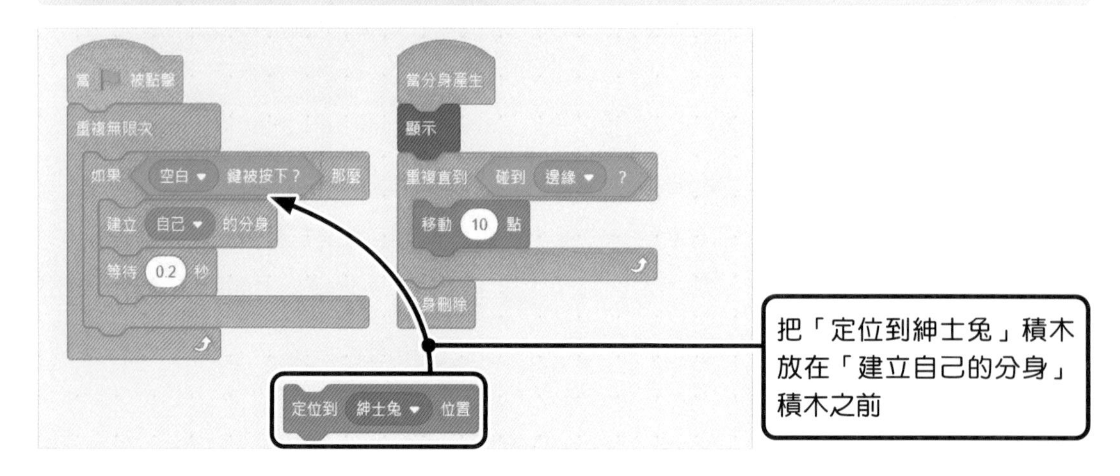

2 執行程式

完成程式之後，請試著執行遊戲，確認是否正確執行。

是否從紳士兔的位置發射了光束？如果沒有問題，請試玩看看，確認能不能過關。

1 點擊舞台上的

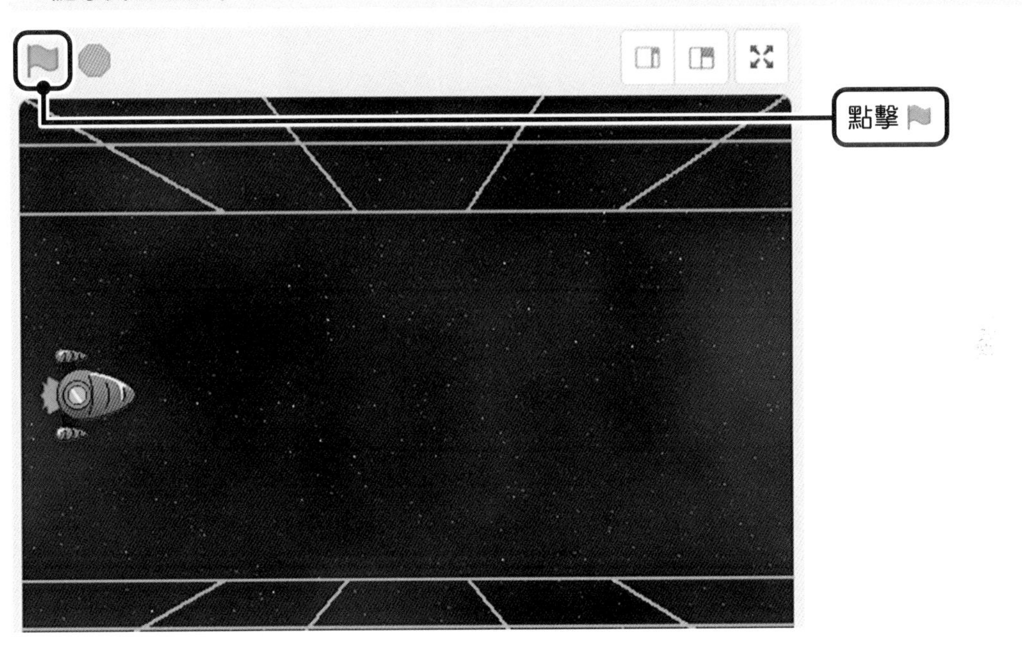

2 確認是否從紳士兔的位置發射光束

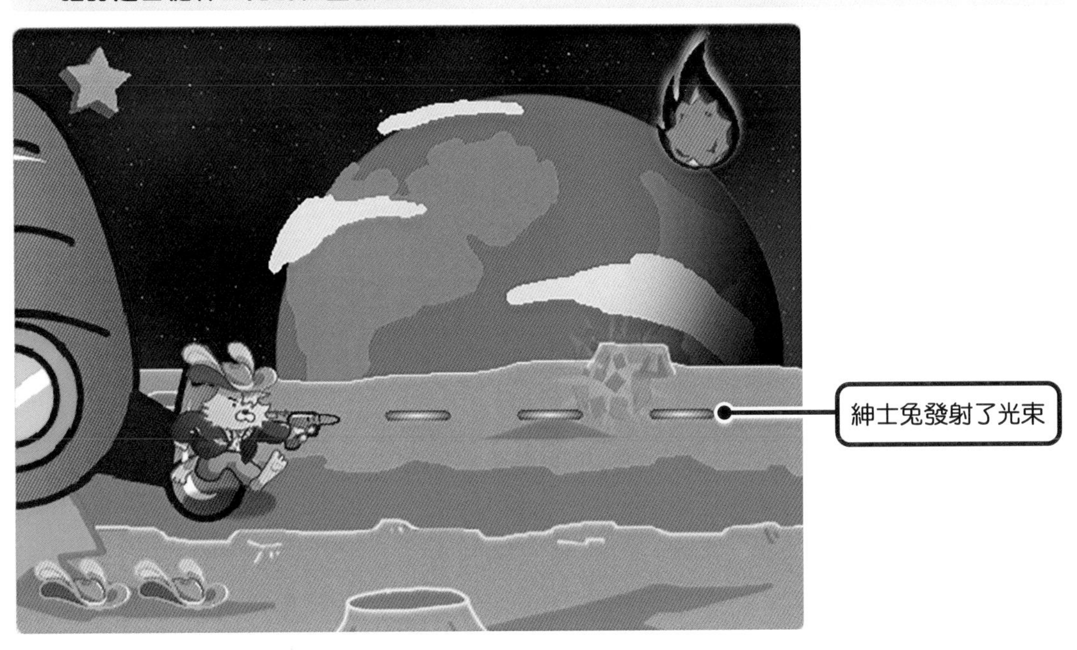

3 變成從紳士兔的背後發射光束

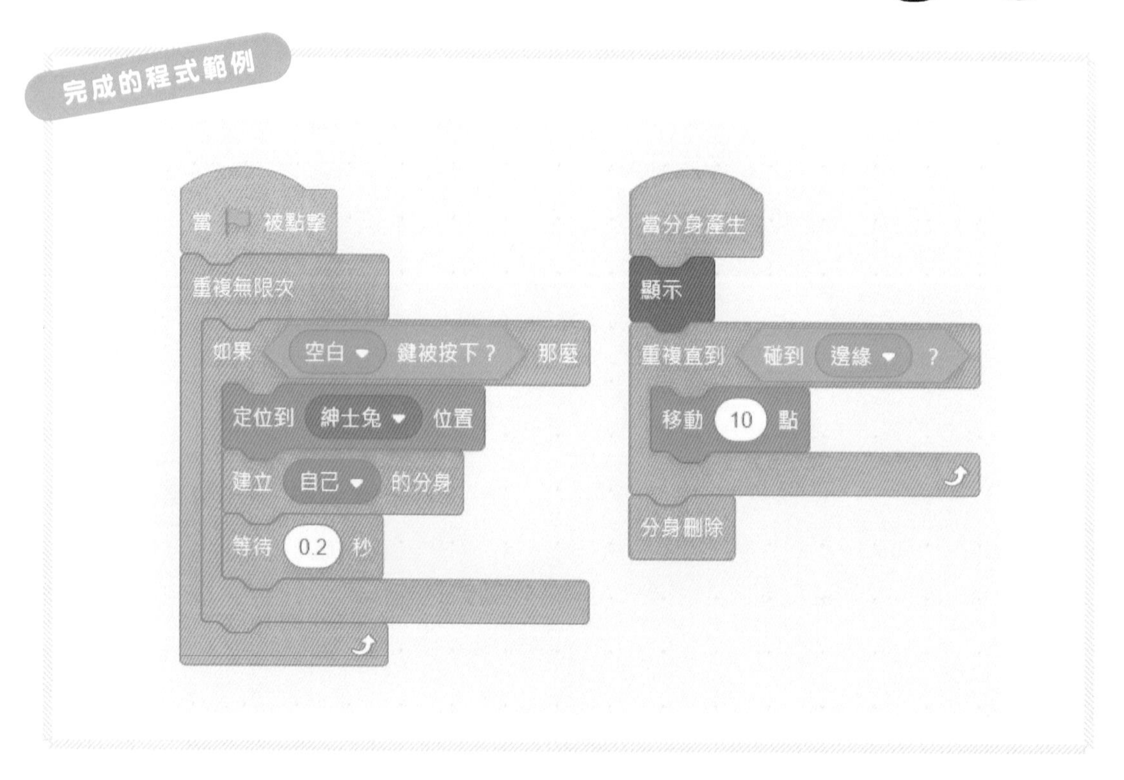

STEP 4 依照紳士兔調整光束的方向

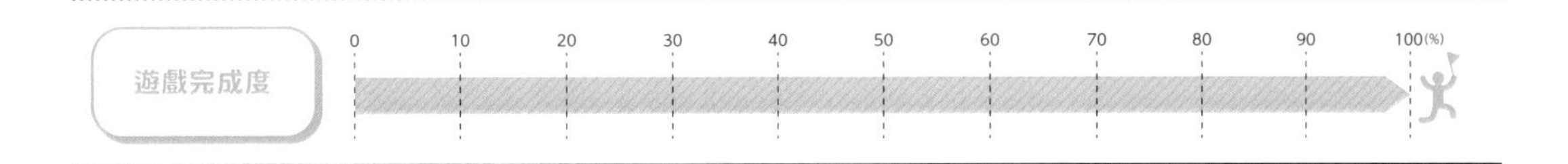

1 偵測紳士兔的方向

以為完成了光束的動作，沒想到回頭時，卻發現光束的發射方向有問題。

這是因為光束的方向仍維持在往舞台右側發射。光束必須與紳士兔朝相同的方向發射才行。

1 偵測紳士兔的方向

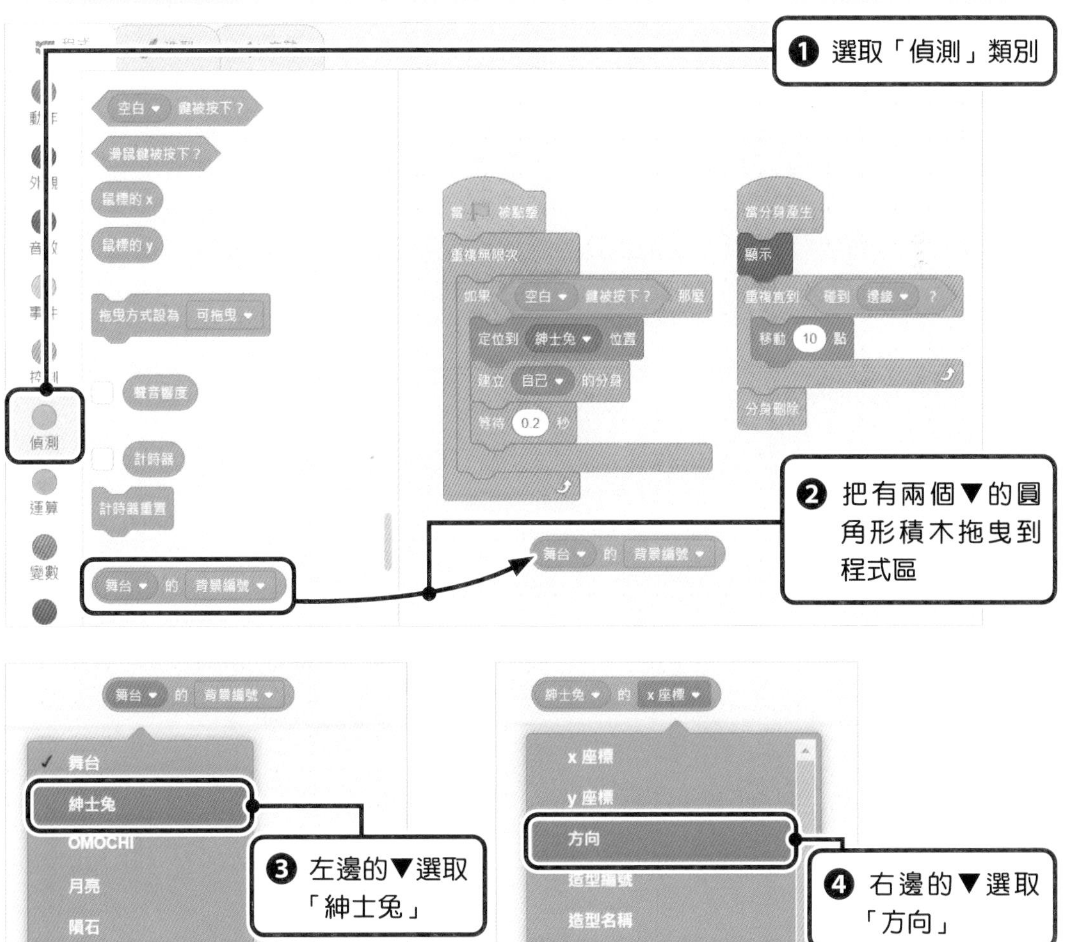

「偵測」類別中的積木除了偵測真假值的六角形積木外，還有可以偵測各種值的圓形積木。

有兩個「▼」的「偵測」積木可以偵測角色擁有的值、座標、方向、造型編號。

2 依照紳士兔的方向調整光束

利用角度數值偵測「紳士兔的方向」。朝右是「90」，朝左是「-90」。

與「動作」類別中，依照指定角度改變方向的積木組合起來，完成「面朝紳士兔的方向」積木。

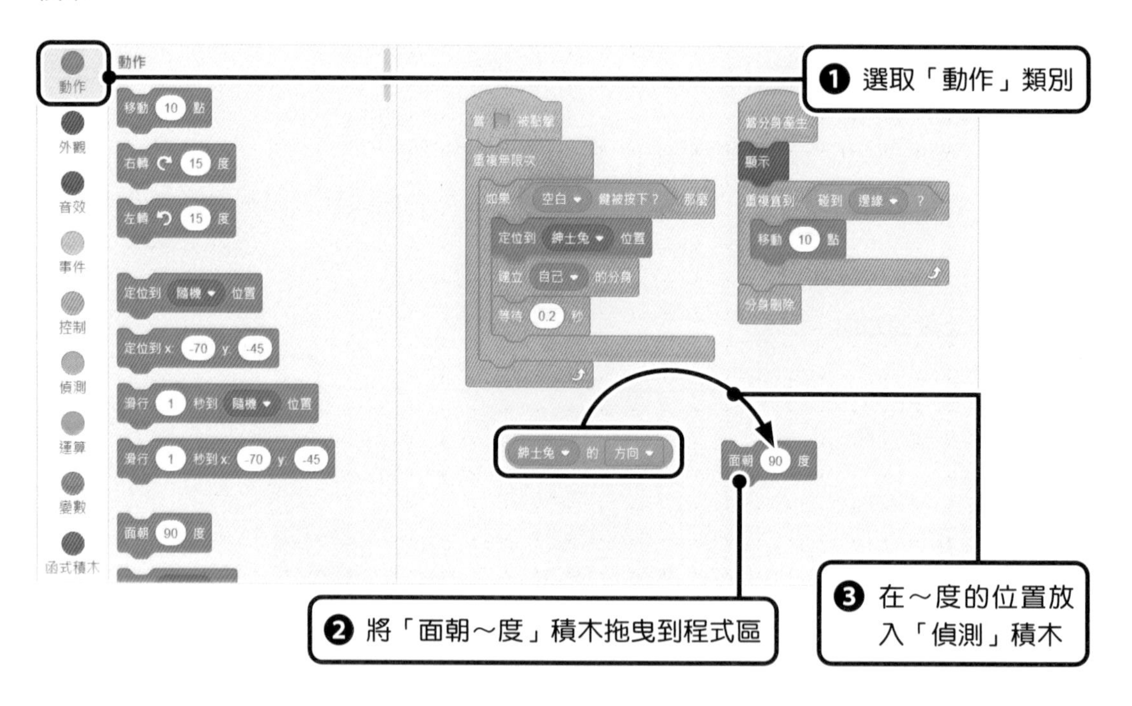

3 新增改變方向的積木

完成「面朝紳士兔的方向」積木之後，請新增至建立分身之前。你知道要加在哪裡嗎？

POINT

偵測值積木

圓角形積木是偵測各種值的積木。「動作」、「外觀」類別中的部分積木可以嵌入其他積木的白色圓形部分。

這裡所謂的值包括數值或文字。例如，偵測座標可以獲得「120」這種數值。也可讓玩家輸入文字，偵測輸入「答案」的積木。使用這種積木，可以取得玩家輸入的文字。

2 執行程式

到此遊戲就完成了。請實際執行看看，確認是否依照紳士兔的方向發射光束。

1 點擊舞台上的

2 確認光束的發射方向與紳士兔的方向一致

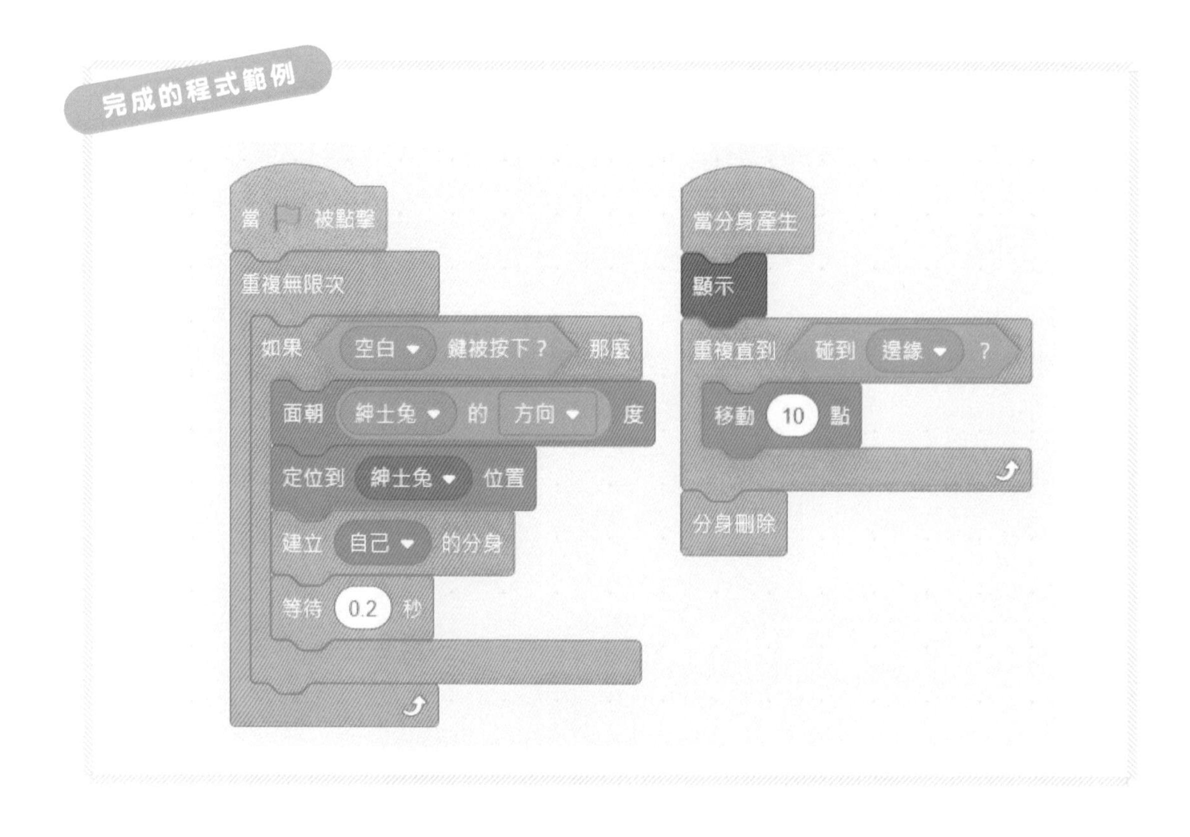

3 重點整理

通常遊戲是透過玩家的輸入操作來移動角色，因此「偵測」→「與條件一致時執行動作」是最基本的程式，請先記住這一點。

這個遊戲的程式組合也一樣，偵測按下某個按鍵後，與條件一致時，就執行處理。

初次使用的「建立分身」功能在許多遊戲都會用到。遊戲中會大量出現的物體，如小嘍囉或子彈等，使用這個功能就很方便。

從開頭的積木依序執行。有時就算只改變一個順序，動作也會產生大幅變化，請多多嘗試。

改造遊戲，挑戰完美破關！

完美挑戰！

Perfect 條件 破關到DAY10以上

破關時，會依照破關的舞台（DAY）數量給予評價。

請努力獲得最高評價 Perfect，當然你也可以改造遊戲。

剛開始很簡單，可是隕石的數量愈來愈多了！
可惡，中計了！

如果你覺得遊戲很難，就改造程式，程式設計師都會這麼做喔！

儲存遊戲的副本

如果你擔心「改造光束以外的角色，遊戲可能無法執行」，可以先儲存、拷貝遊戲檔案。

改造提示①

如果覺得剩餘命數太少，遊戲一下子就結束時，不妨增加剩餘命數。剩餘命數可以設定「最大剩餘命數」變數，調整每個地方的數值（關於變數的說明請參考 P167）。

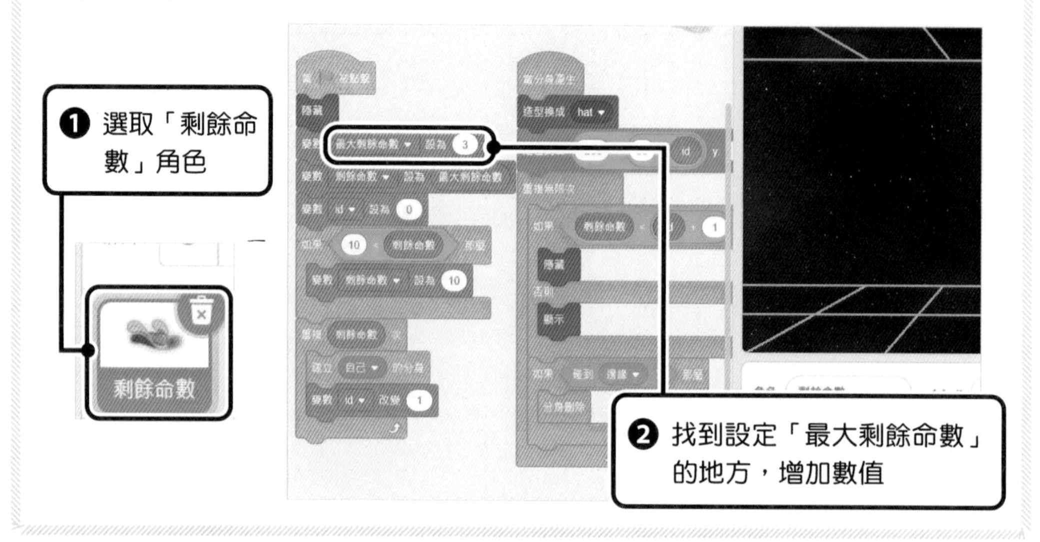

改造提示②

隕石掉落著火會形成阻礙，所以提早擊碎比較好，你可以試著強化光束。在「光束」角色的程式內，執行「建立自己的分身」時，就會發射光束。請思考如果重複執行這項動作數次的話會如何？

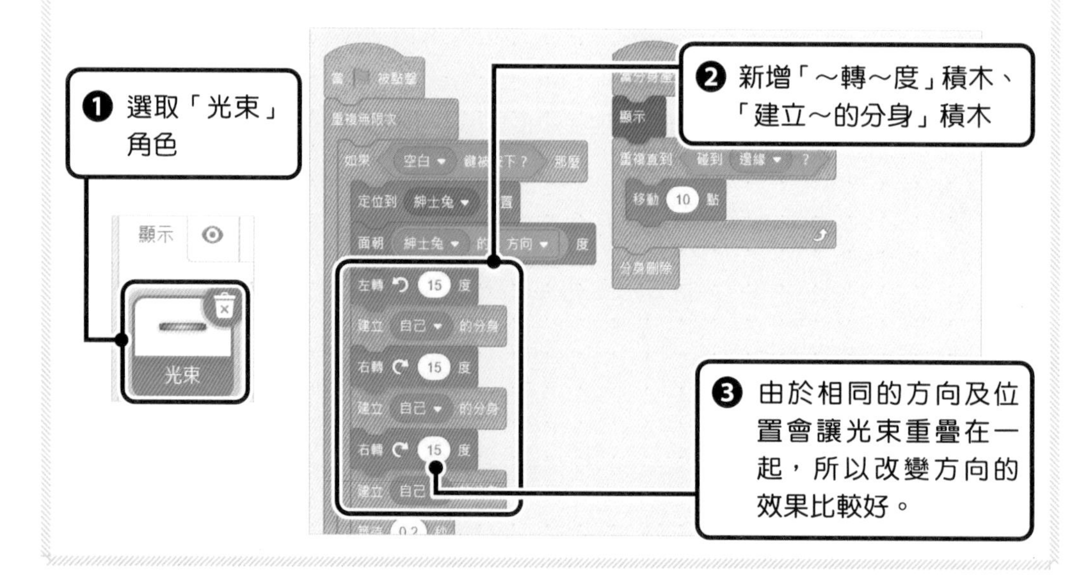

改造提示③

假如仍無法過關，也可以加快紳士兔的速度。紳士兔與太空船的動作是在「紳士兔」角色裡設計程式。在月球表面按下 [↑]、[↓] 時，會執行移動處理。

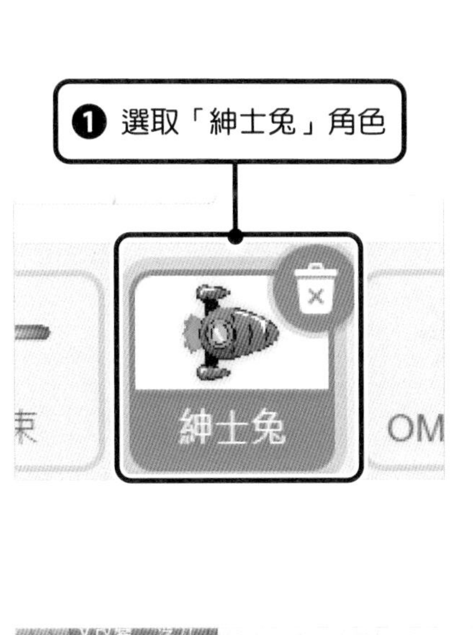

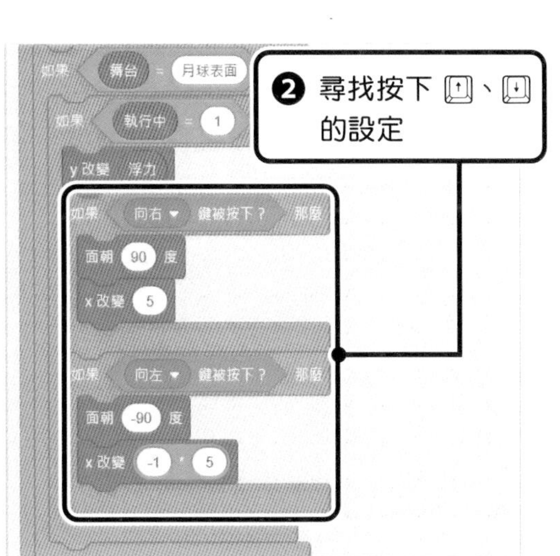

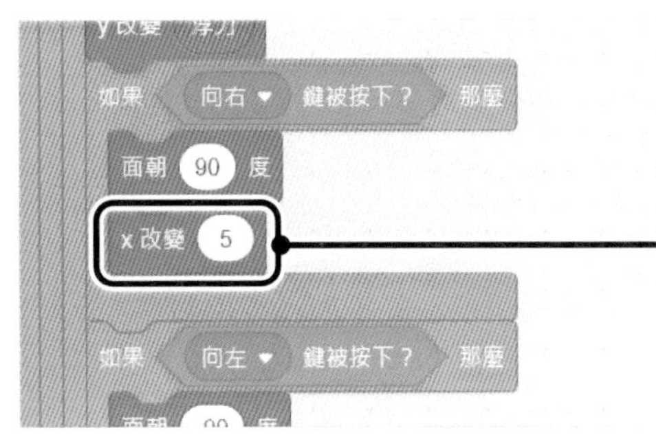

增加剩餘命數，大量發射光束，已經可以達到 DAY9 了！

哇！那不是快到 Perfect 了嗎？好厲害！

這個遊戲可以持續到 DAY10 以上，你可以破幾關呢？

製作難度★★☆☆☆

遊戲 3

轟炸獵人

學習重點

- 運用前面學過的技巧
- 善用「建立分身」

遊戲畫面

化身成公雞飛行員，轟炸出現的敵人！
在限制時間內努力得分。

操作方法

往右移動	往左移動	投下炸彈

→	←	space

請開啟「轟炸獵人」遊戲，
進行挑戰！

範例線上下載網址：http://books.gotop.com.tw/download/ACG006000

顯示編輯器後，請點擊 ，開始玩遊戲。

咦？怪物雖然會移動，但是我不曉得如何控制公雞飛行員的移動方向，所以？

這裡要設計公雞飛行員的程式才能完成遊戲喔！

從下一頁開始一起完成這個遊戲吧！

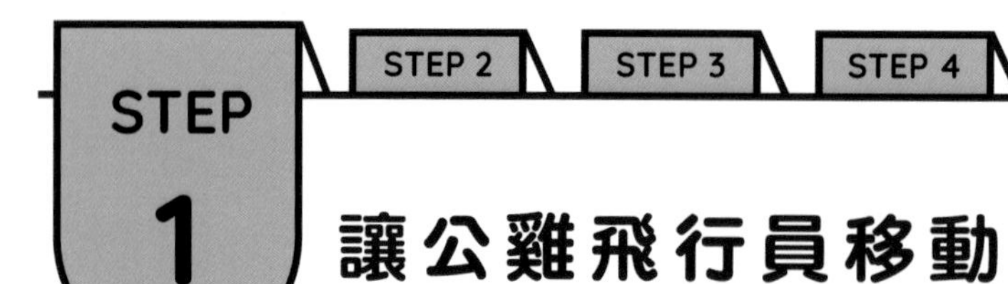

STEP 1 讓公雞飛行員移動

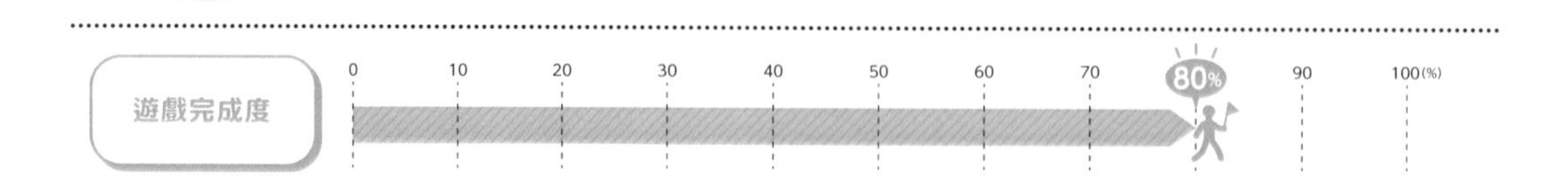

1 開始設計程式

利用鍵盤的 ← 鍵及 → 鍵，左右移動公雞飛行員。請參考完成的程式範例，試著設計程式。

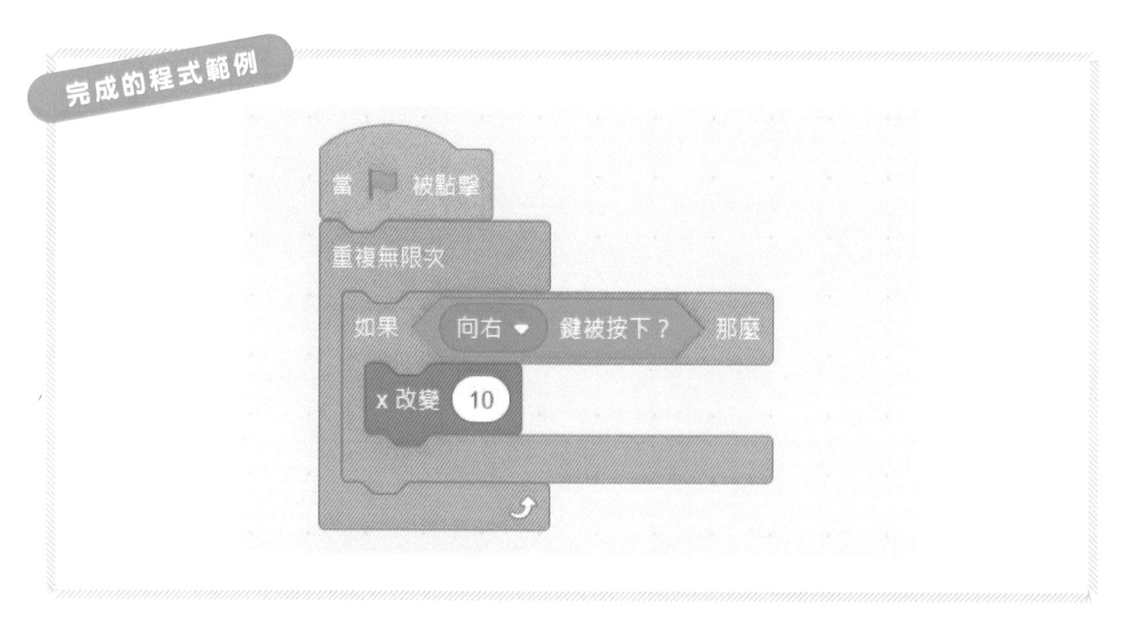

1 選取要設計程式的角色

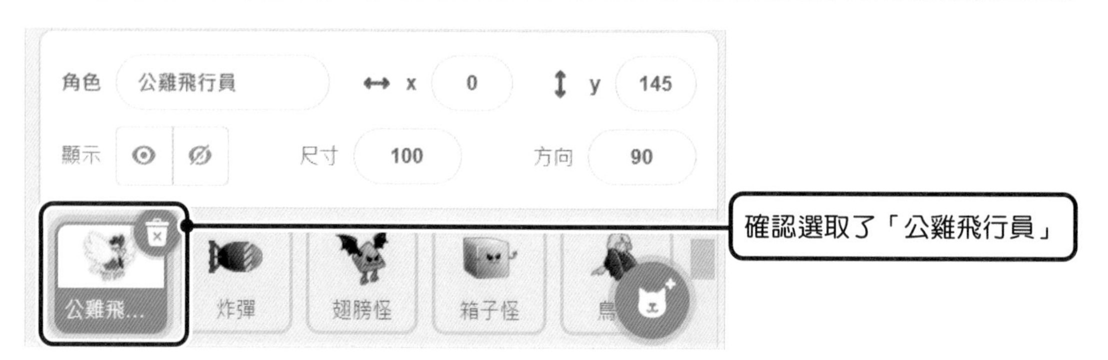

2 新增「當 🏳 被點擊」積木

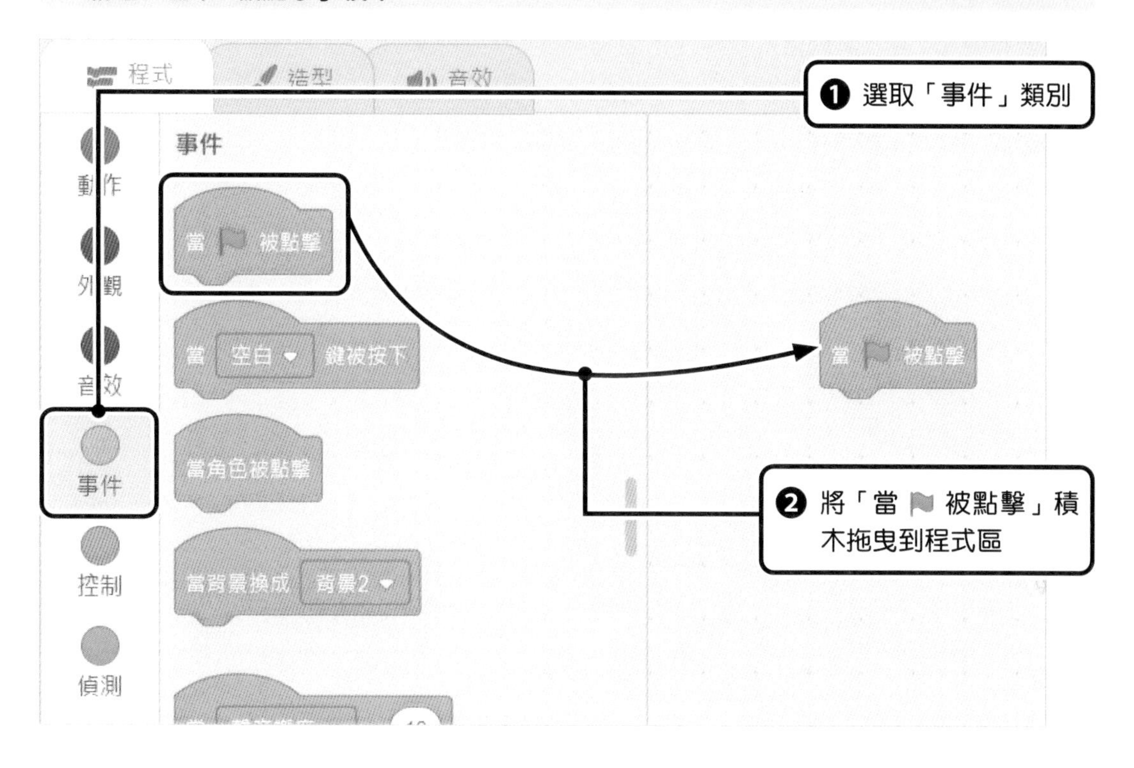

3 新增「重複無限次」積木

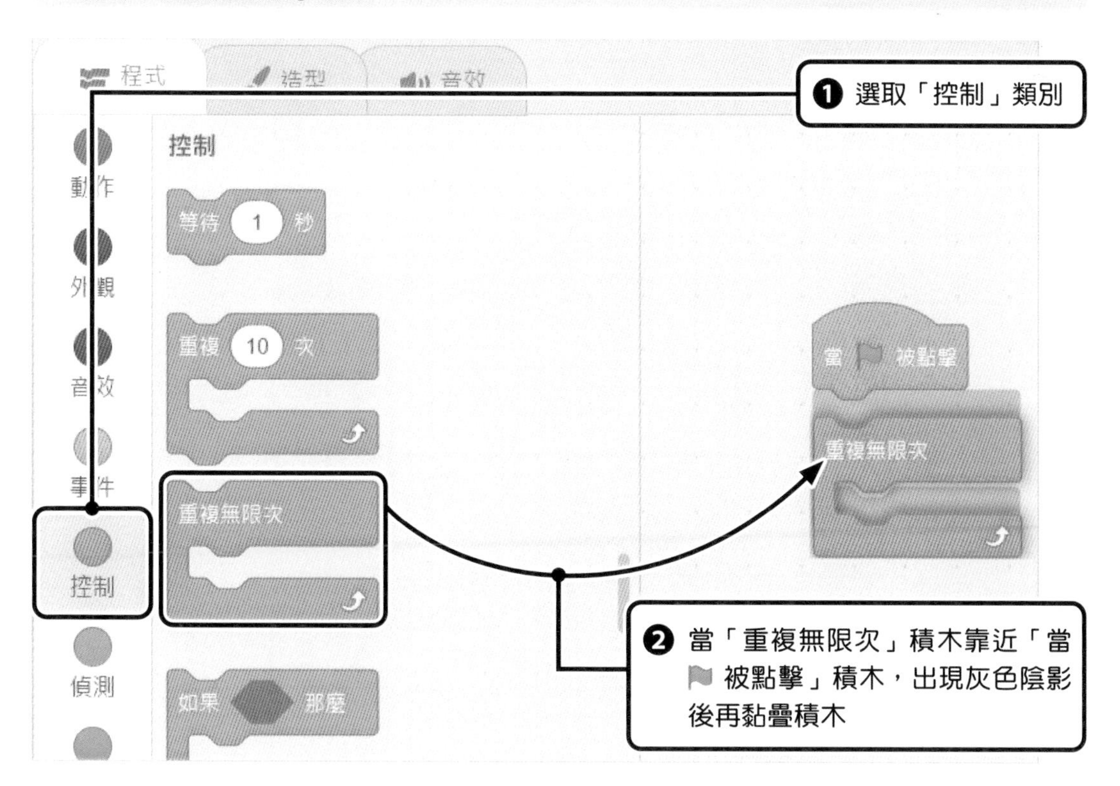

4 偵測按下按鍵

如果要利用 → 鍵，讓公雞飛行員往畫面右側移動，必須偵測是否「按下向右方向鍵」。在「偵測」類別裡，有可以偵測角色或玩家輸入文字的積木。

六角形的「偵測」積木可以與「控制」類別的積木組合。

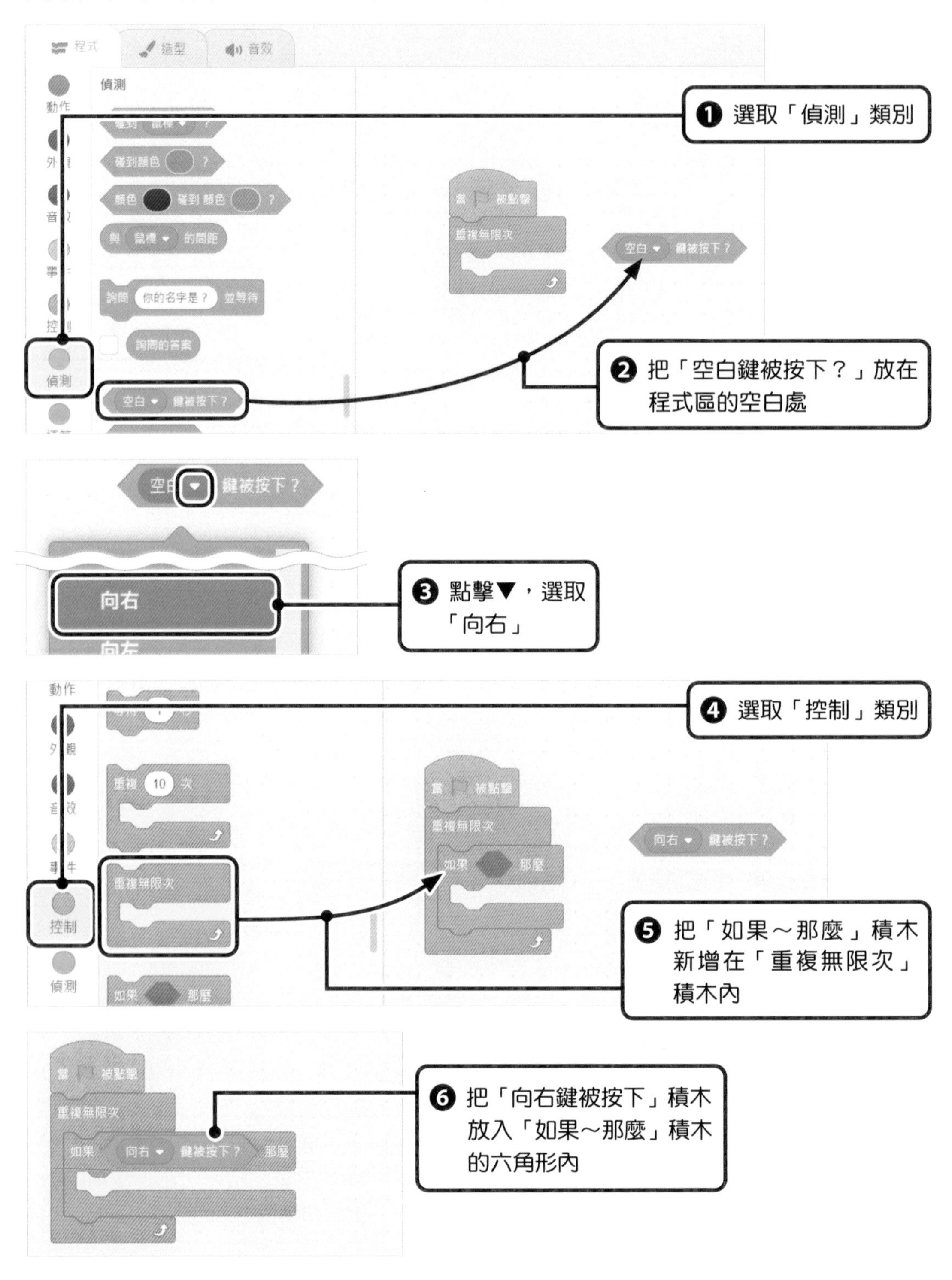

5 往畫面右側移動

按下 [→] 鍵之後，公雞飛行員會往右側移動。由於角色會移動，所以使用「動作」類別中的積木，改變角色的「x 座標」數值，這樣就能移動左右的位置。

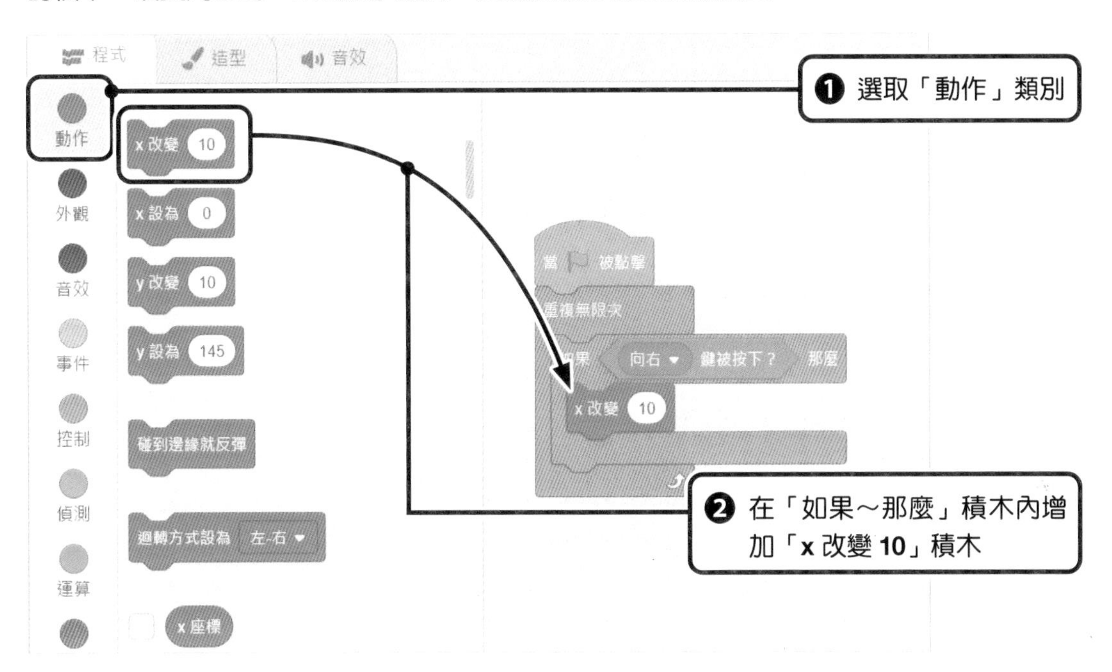

POINT

何謂座標？

舞台上的位置是用座標的數值表示。每個角色有各自的座標，舞台上的左右方向為 x 座標，上下是 y 座標，舞台中央為「x 座標 = 0」、「y 座標 = 0」。往右移動，x 座標的數值增加，往左移動，x 座標的數值減少。往上移動，y 座標的數值增加，往下移動，y 座標的數值減少。使用「動作」類別內可以改變座標的積木，就能往舞台上的任何方向移動。

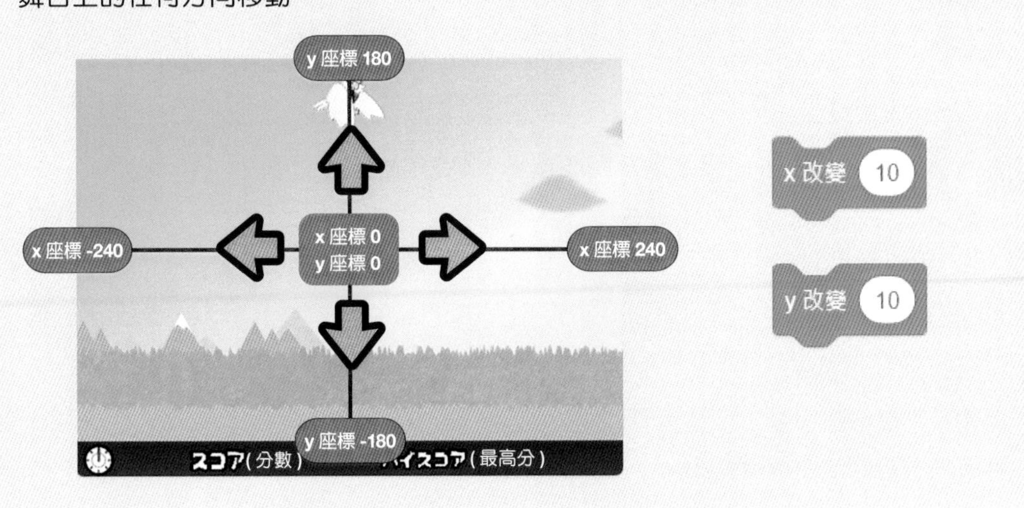

2 執行程式

組合程式之後，請執行遊戲，確認會如何變化。

1 點擊舞台上的

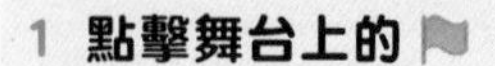

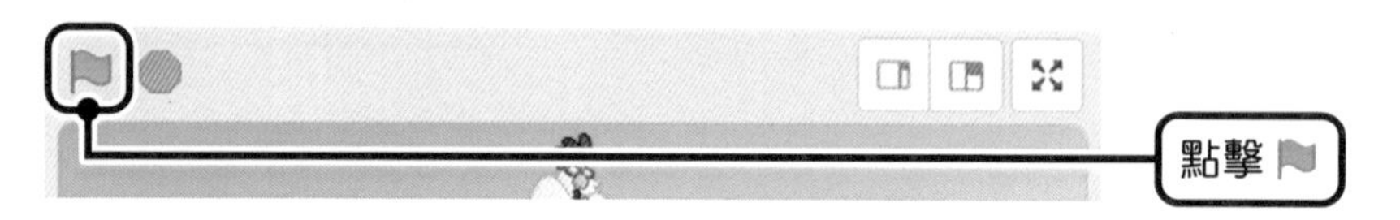

2 按下 [→] 鍵，確認公雞飛行員會往右移動

太好了！可以動了耶！可是無法往左移動哩？

你啊！你忘了還沒完成按下 [←] 鍵的程式設計嗎？

HINT

沒有黏疊就不會動！

假如「不會往右移動！」請重新檢視程式。
確認積木之間是否確實黏疊。

3 讓角色可以往左移動

公雞飛行員已經可以往右移動了，但是按下 ← 鍵卻不會往左移動，必須新增「按下 ← 鍵之後」的設定。

和目前組合的程式一樣，請新增偵測按下 ← 鍵的動作，然後往左移動的積木。如果要往左移動，必須減少 x 座標。把數值改成「**-10**」，就能減少 x 座標。請試著完成按下 ← 鍵之後，公雞飛行員往左移動的程式。

4 執行程式

程式組合完畢後，請執行遊戲，確認是否可以正確移動。

2 利用 [←] 鍵確認公雞飛行員會往左移動

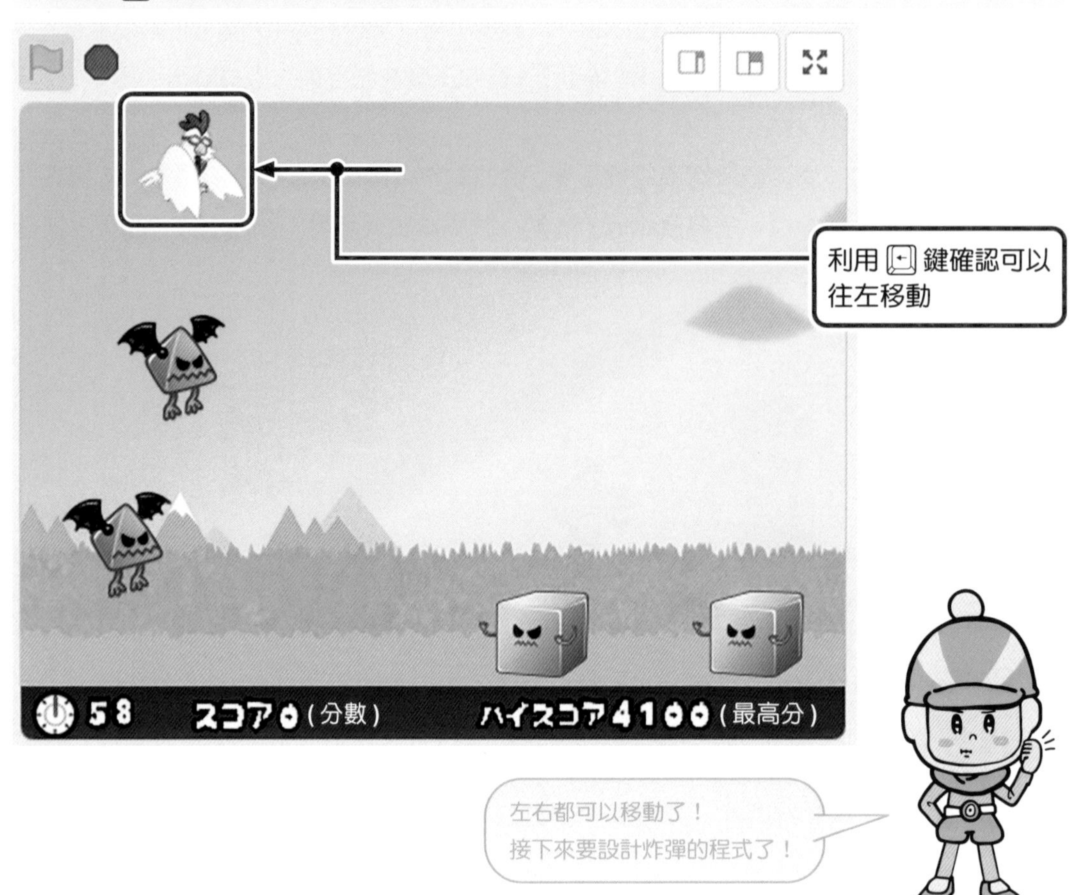

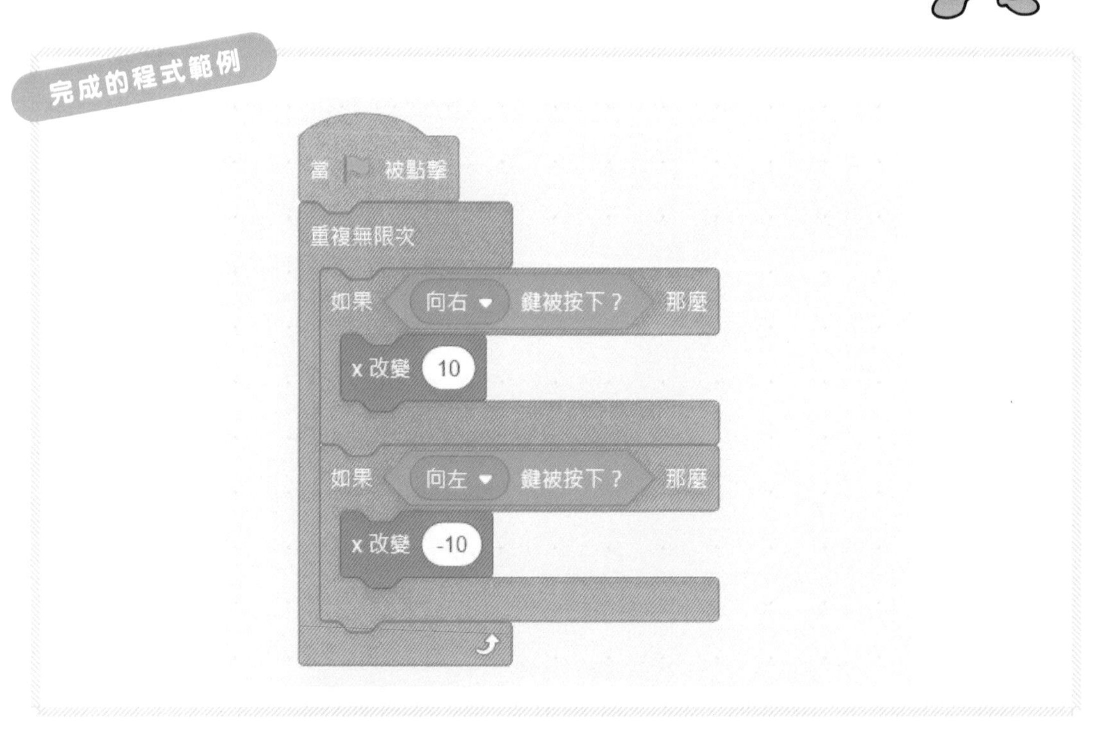

STEP 2 投下炸彈

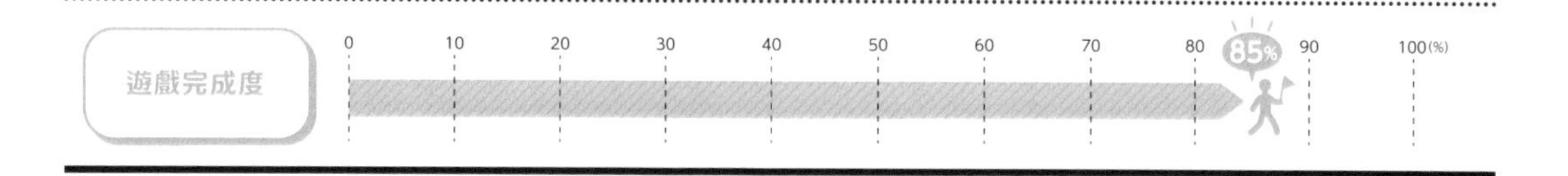

1 按下空白鍵，讓炸彈落下

雖然公雞飛行員已經能左右移動了，但因為不能投下炸彈，所以還沒法兒玩。請試著完成按下空白鍵，建立炸彈分身的程式。

完成的程式範例

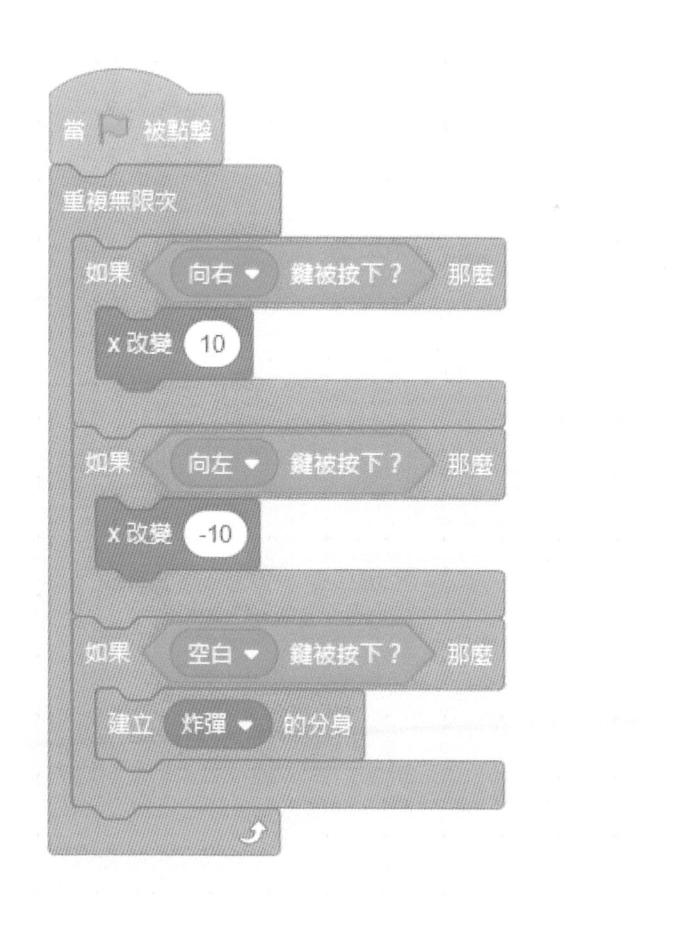

一開始先在剛才完成的程式新增積木，然後組合條件（按下空白鍵時）與判斷（如果）積木。

1 偵測按下空白鍵的動作

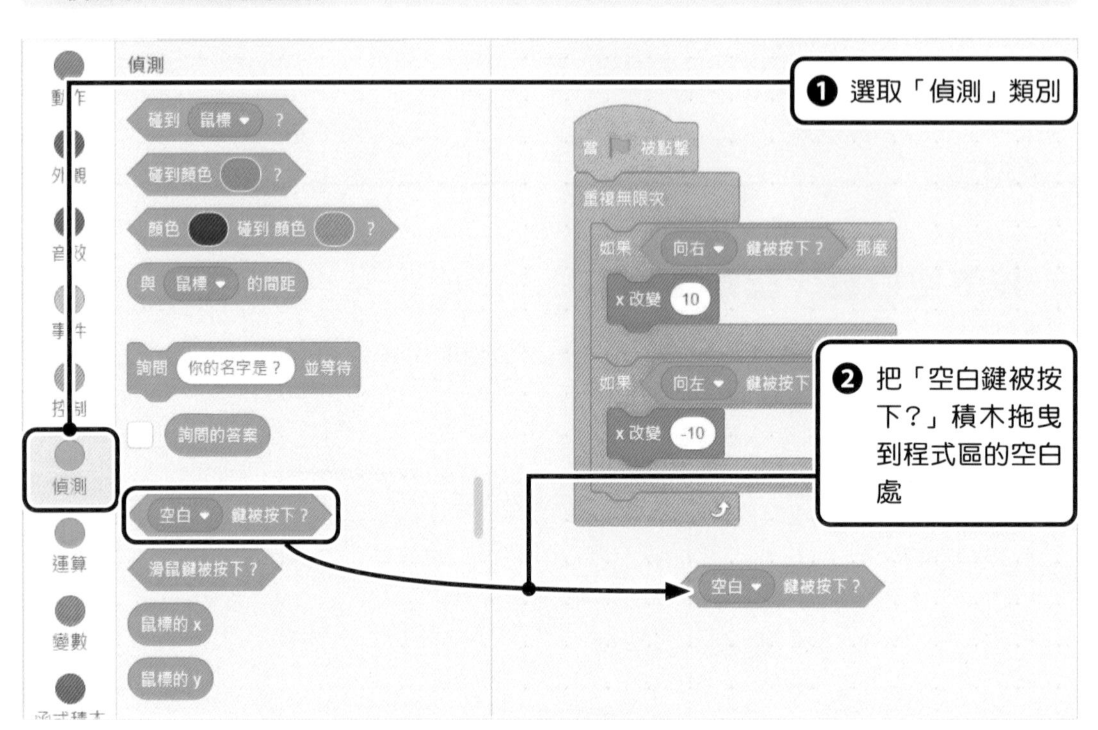

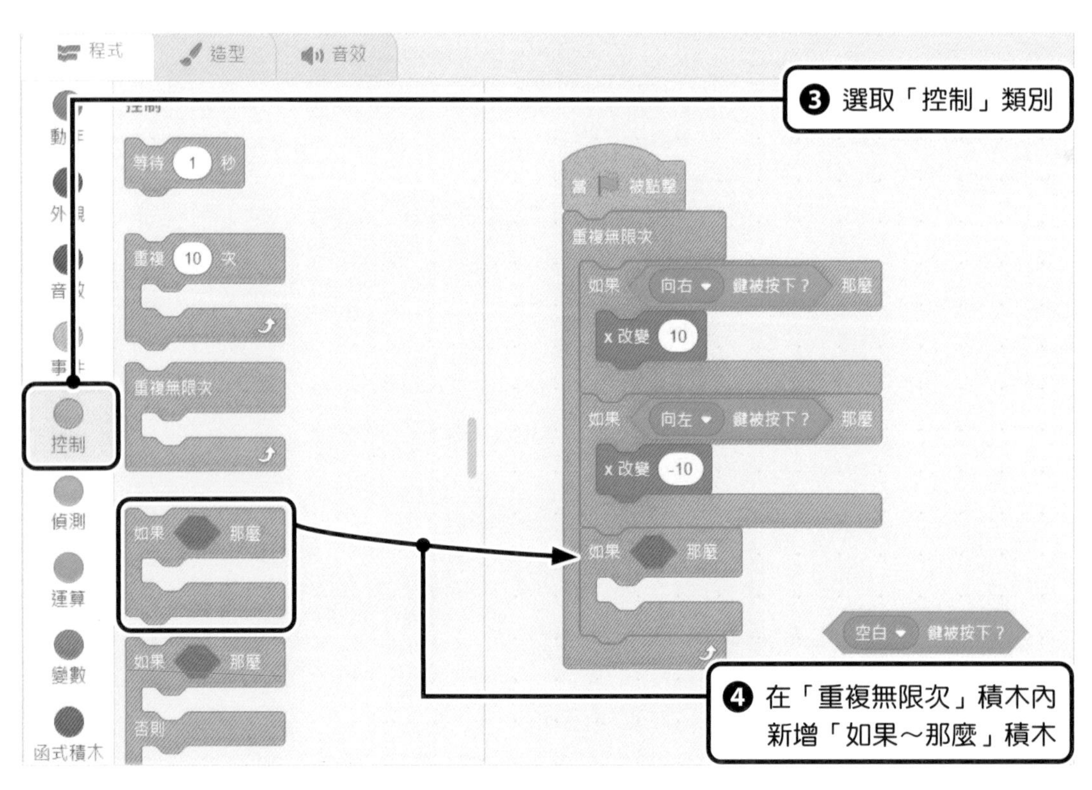

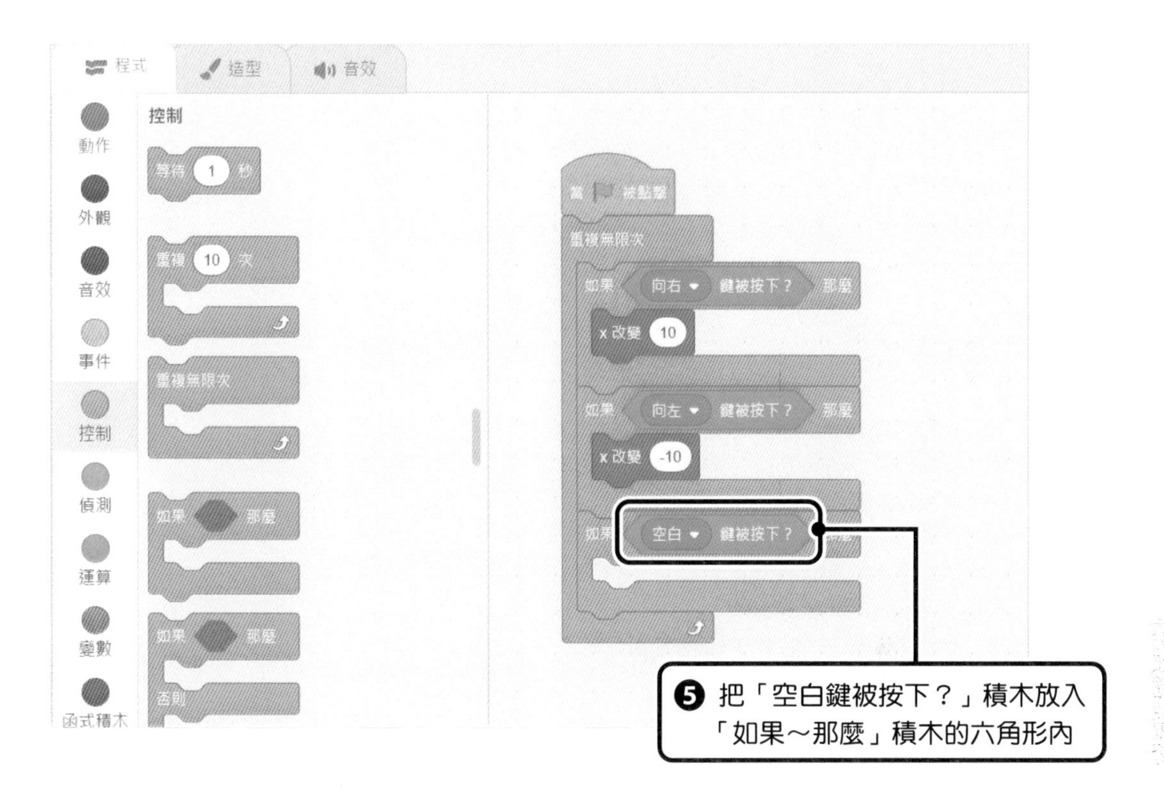
程式
造型
音效
動作
外觀
音效
事件
控制
偵測
運算
變數
函式積木
控制
等待 1 秒
重複 10 次
重複無限次
如果 那麼
如果 那麼
否則
當 被點擊
重複無限次
如果 向右 鍵被按下？ 那麼
x 改變 10
如果 向左 鍵被按下？ 那麼
x 改變 -10
如果 空白 鍵被按下？ 那麼
❺ 把「空白鍵被按下？」積木放入「如果～那麼」積木的六角形內

2 建立炸彈分身

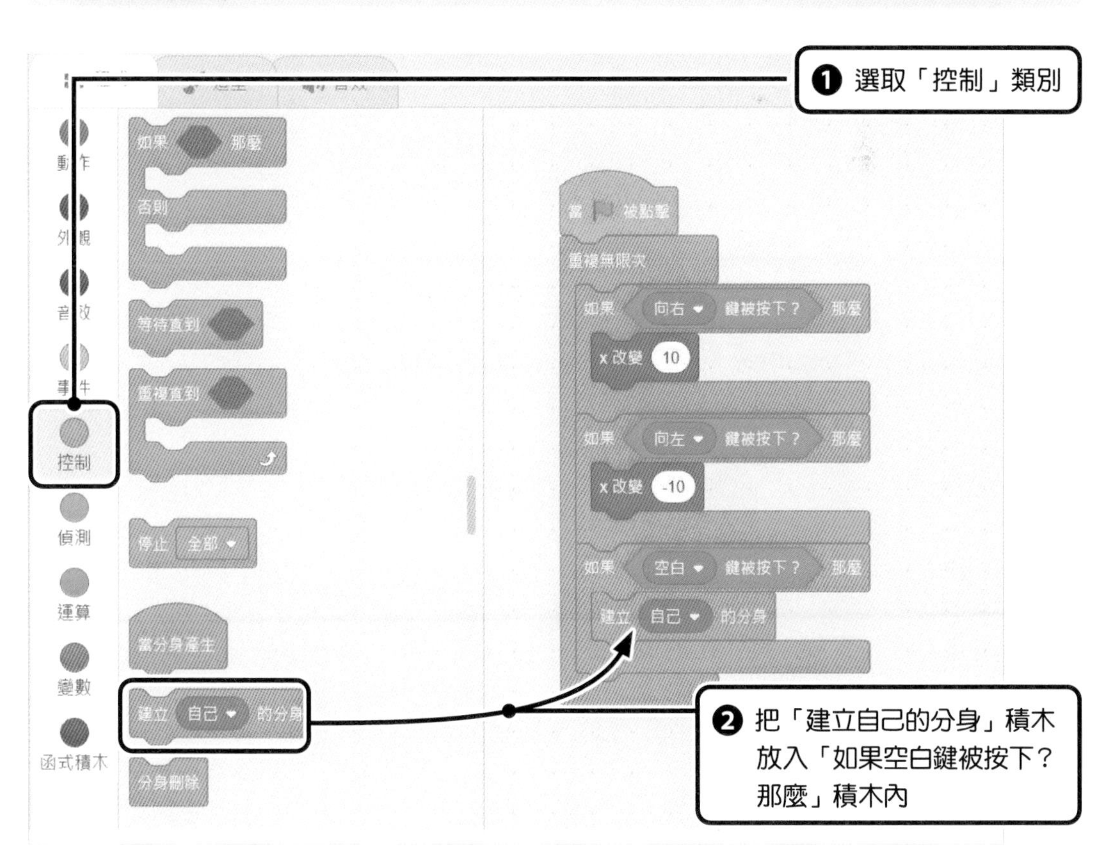
❶ 選取「控制」類別
動作
外觀
音效
事件
控制
偵測
運算
變數
函式積木
如果 那麼
否則
等待直到
重複直到
停止 全部
當分身產生
建立 自己 的分身
分身刪除
當 被點擊
重複無限次
如果 向右 鍵被按下？ 那麼
x 改變 10
如果 向左 鍵被按下？ 那麼
x 改變 -10
如果 空白 鍵被按下？ 那麼
建立 自己 的分身
❷ 把「建立自己的分身」積木放入「如果空白鍵被按下？那麼」積木內

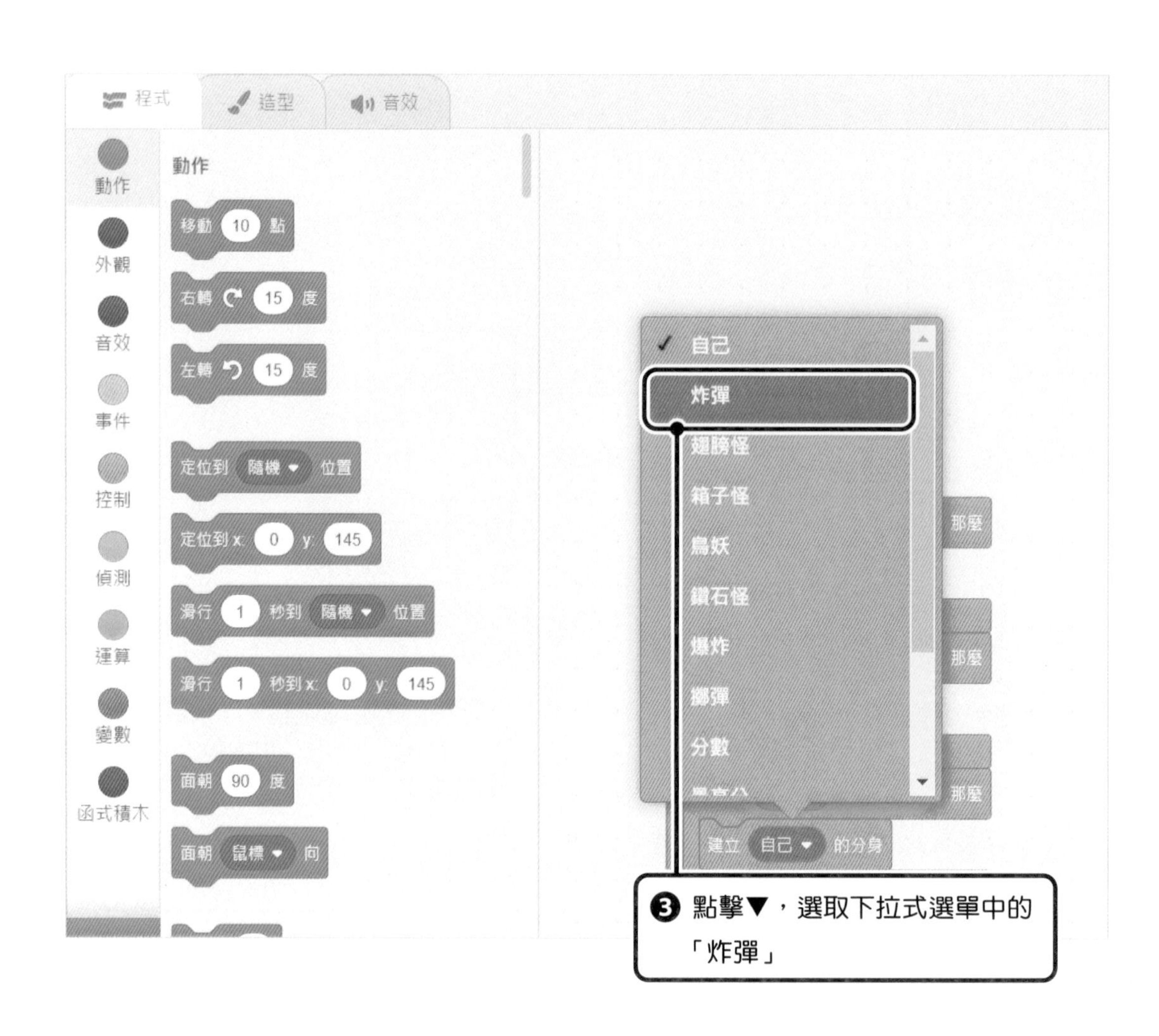
程式
造型
音效
動作
外觀
音效
事件
控制
偵測
運算
變數
函式積木
動作
移動 10 點
右轉 15 度
左轉 15 度
定位到 隨機 位置
定位到 x: 0 y: 145
滑行 1 秒到 隨機 位置
滑行 1 秒到 x: 0 y: 145
面朝 90 度
面朝 鼠標 向
自己
炸彈
翅膀怪
箱子怪
鳥妖
鑽石怪
爆炸
擲彈
分數
那麼
那麼
那麼
建立 自己 的分身
❸ 點擊▼，選取下拉式選單中的「炸彈」

2 執行程式

程式組合完畢後，請試著執行遊戲，確認出現何種變化。

1 點擊舞台上的

2 確認公雞飛行員會投下炸彈

可以丟炸彈了！這樣就完成了吧！

是這樣嗎？有些動作還是怪怪的吧？

STEP 3 STEP 4

讓炸彈轉向並攻擊

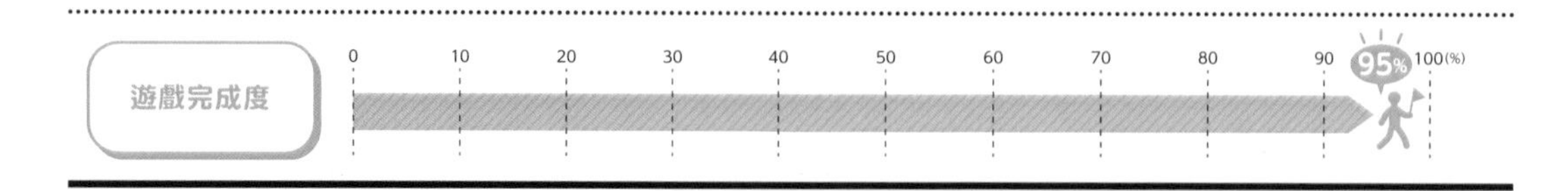

1 讓炸彈轉向落下

往右轉向攻擊

往左轉向攻擊

一邊移動炸彈，一邊發射，就可以讓炸彈轉到公雞飛行員面對的方向再落下。

而且轉向攻擊的掉落速度比較快，較容易命中。玩過遊戲之後，你可能會注意到，往右移動時，可以轉向攻擊，但是往左移動時，卻無法投下炸彈。這是因為原本的程式設計成公雞飛行員沒有朝著移動方向時，炸彈就不會出現。

2 面朝移動方向

確認公雞飛行員可以依按鍵方向轉向。

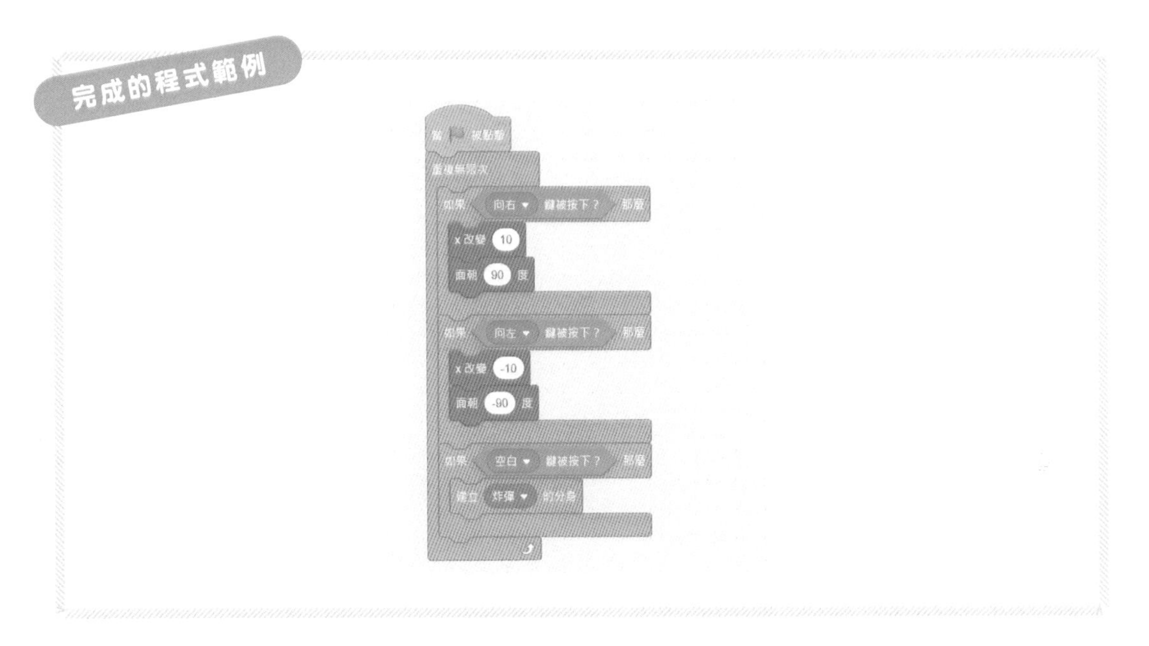

這裡要在前面組合的程式新增積木。在按下左右按鍵時的動作中，新增面朝相同方向的積木。

1 新增 鍵被按下時，改變方向的積木

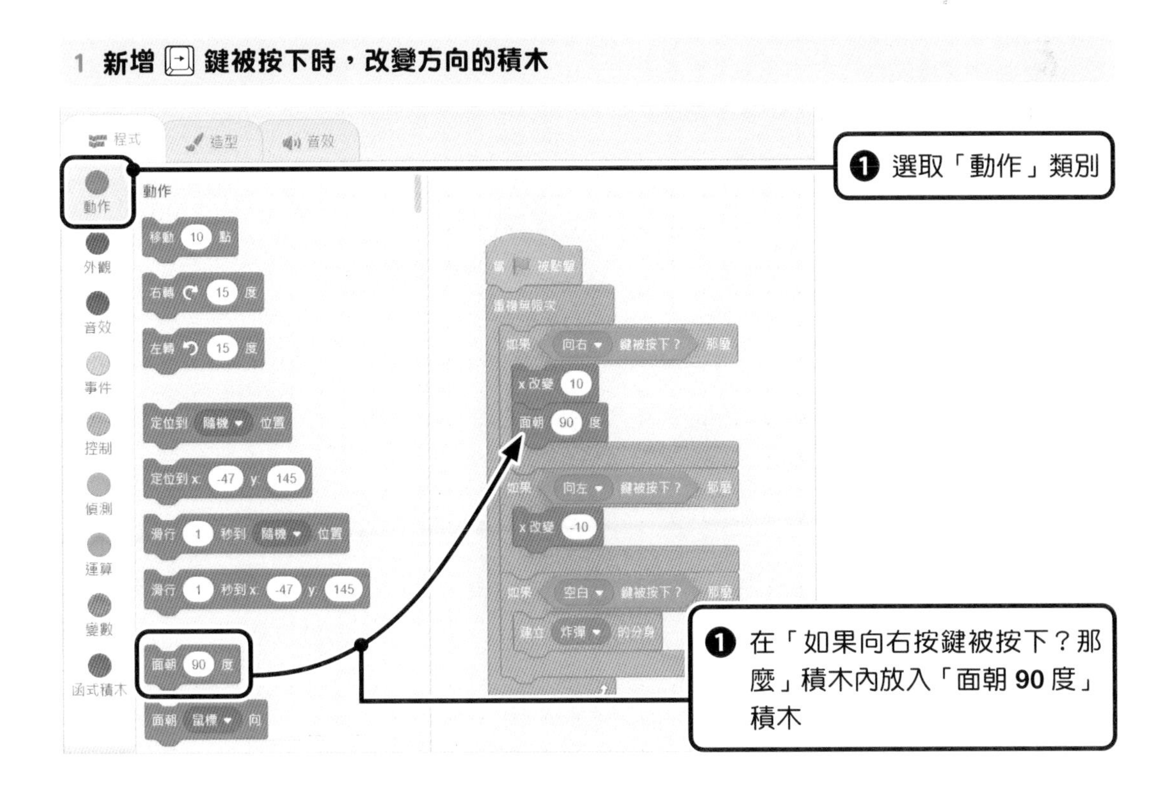

2 新增 [←] 鍵被按下時，改變方向的積木

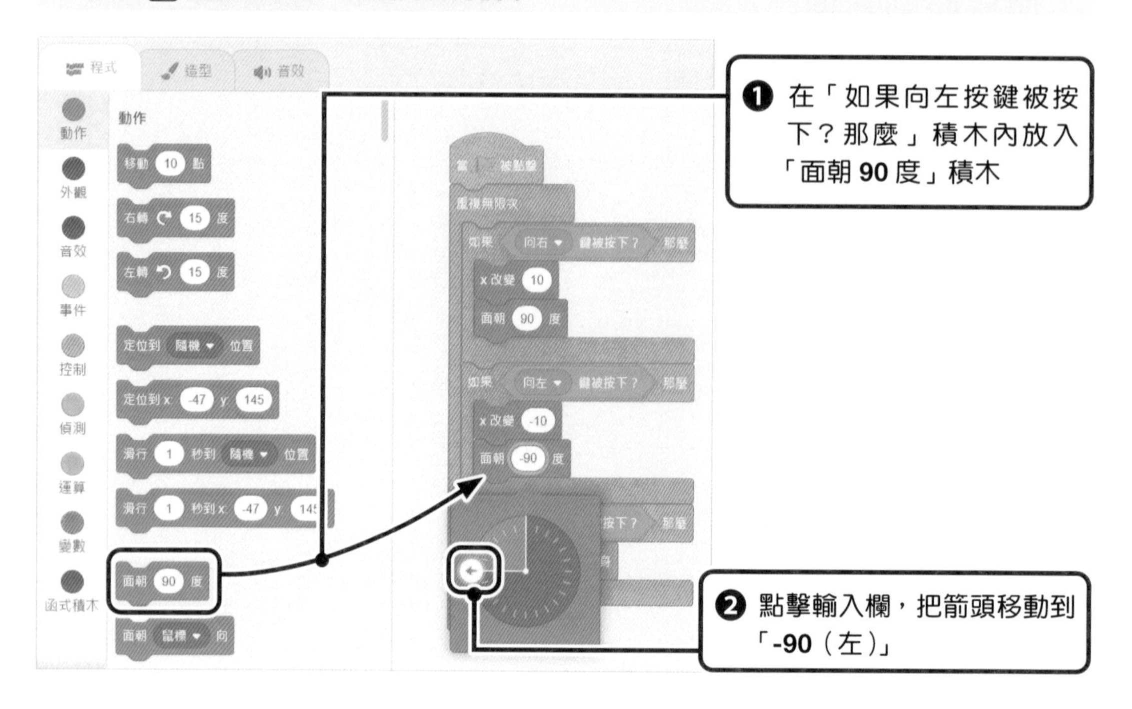

3 執行程式

程式組合完畢後，請試著執行遊戲，確認出現什麼變化。

1 點擊舞台上的 [旗子]

2 確認可以往左右轉向攻擊

STEP 4

讓公雞飛行員拍動翅膀

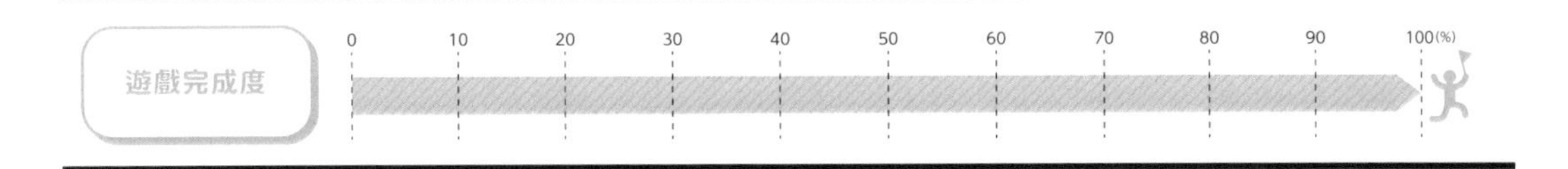

1 改變造型，增加動畫

雖然已經可以讓炸彈落下殺死怪物，但是遊戲時間還剩很久，卻不會出現怪物了。

這是因為程式設計成，如果沒有改變公雞飛行員的造型產生動畫，怪物就不會再出現。所以請加入切換公雞飛行員的「飛 1」與「飛 2」造型，讓翅膀拍動的動畫。

請另外新增「當 ⚑ 被點擊」積木，注意別弄錯了。

1 新增「當 ⚑ 被點擊」積木

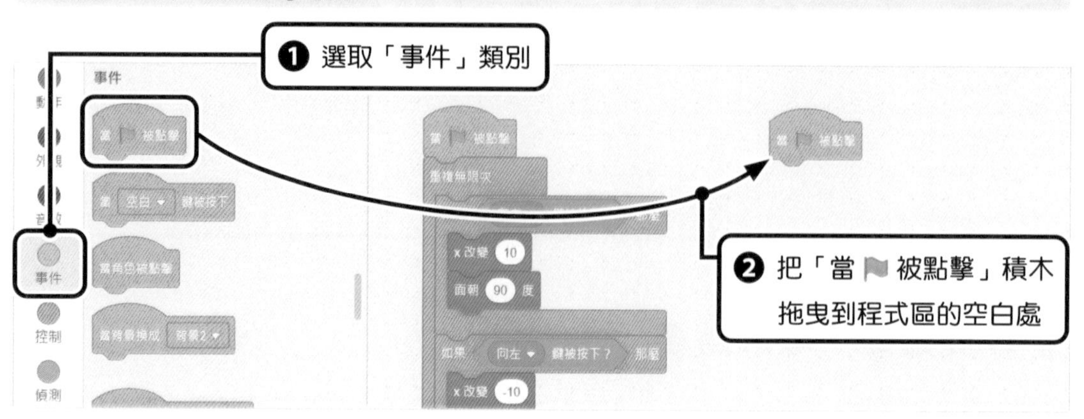

2 新增「重複無限次」積木

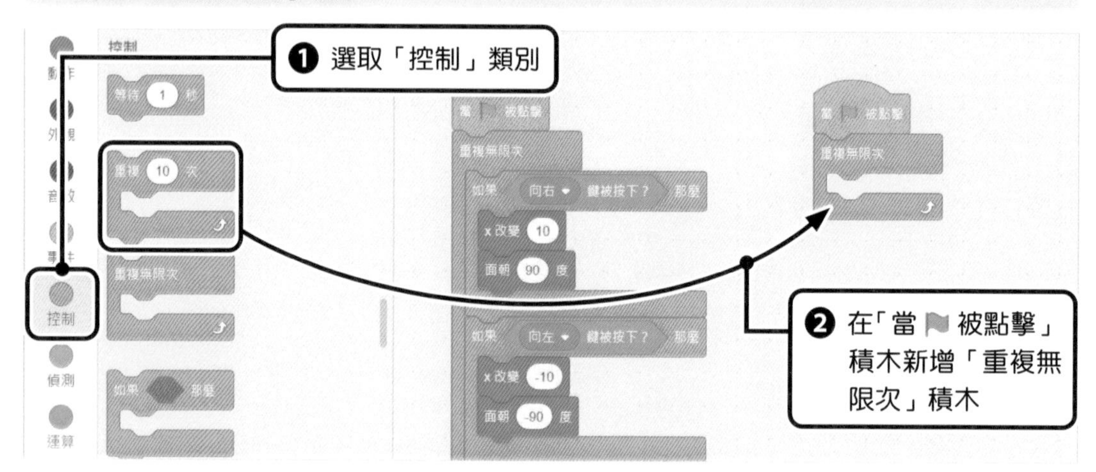

3 新增「造型換成飛 2」積木

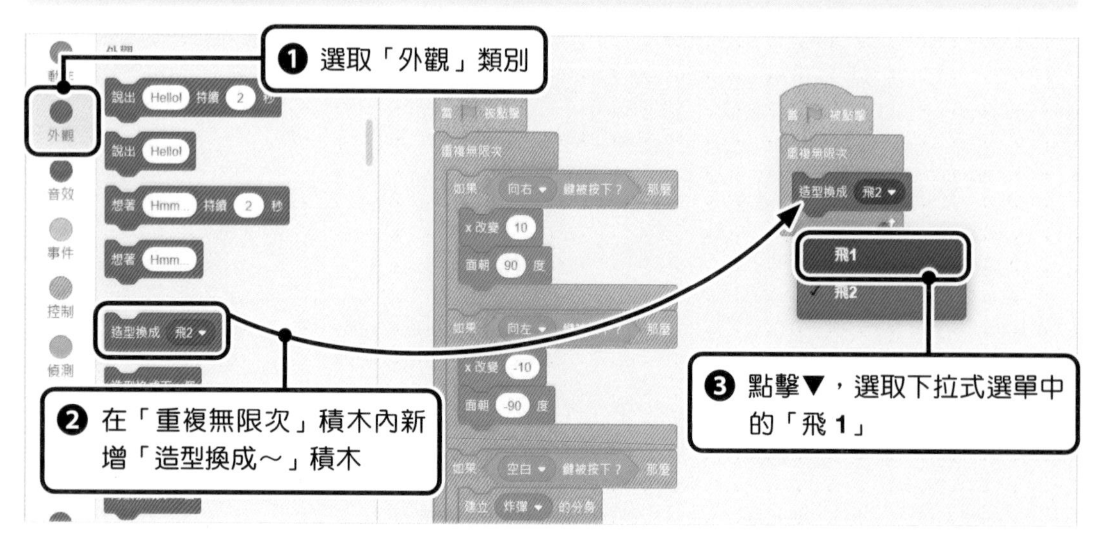

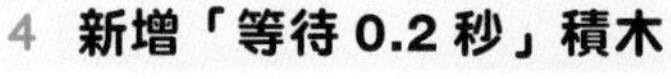

4 新增「等待 0.2 秒」積木

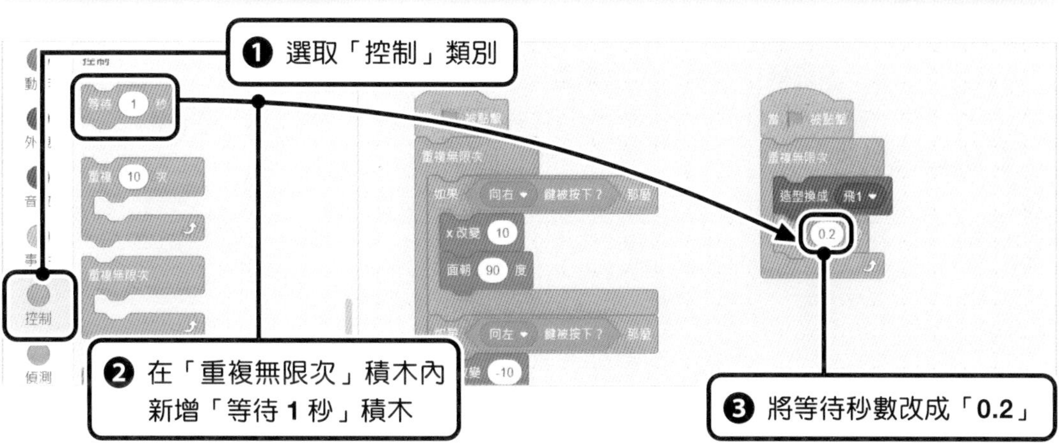

5 新增「造型換成飛 2」積木

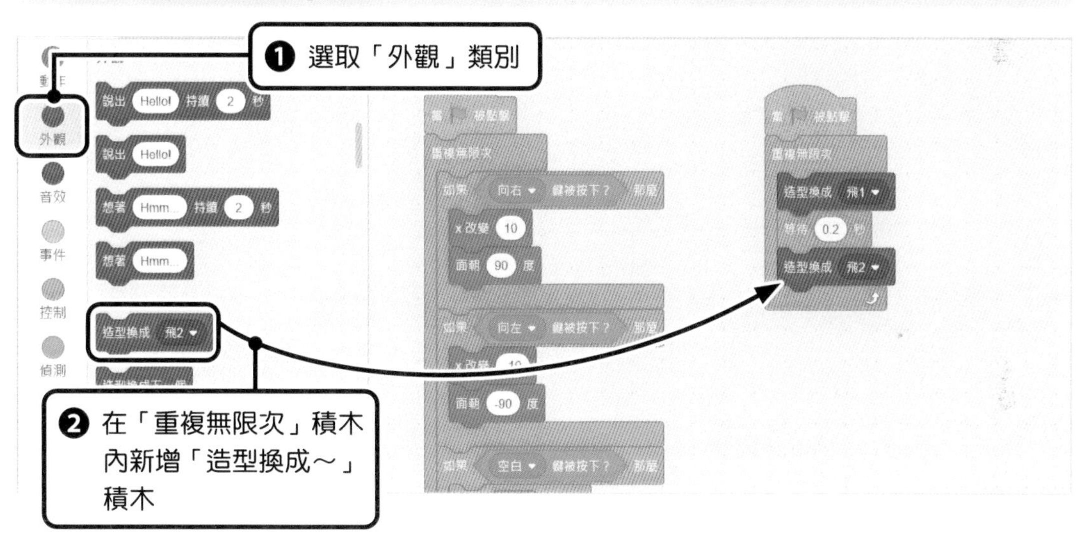

6 再新增一個「等待 0.2 秒」積木

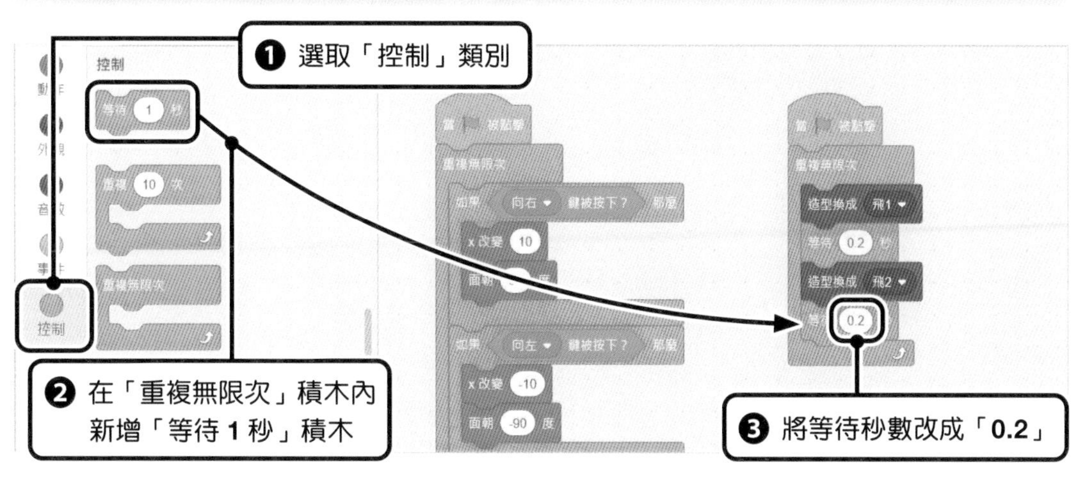

2 執行程式

這樣遊戲就完成了，請執行遊戲，試玩看看。

1 點擊舞台上的

2 確認公雞飛行員會拍動翅膀

為什麼要把程式分開？

為什麼改變造型的程式要另外加上「當 🏳 被點擊」積木？用來調整造型切換速度的「等待～秒」積木會讓後續相同程式內的動作停止，假如把「～鍵被按下」等偵測輸入鍵的設定放在後面，這些動作全都會進入「等待」狀態。

因此使用「等待～秒」積木時，請特別注意執行順序。

完成的程式範例

```
當 🏳 被點擊
重複無限次
  如果 〈向右 ▾ 鍵被按下？〉 那麼
    x 改變 10
    面朝 90 度
  如果 〈向左 ▾ 鍵被按下？〉 那麼
    x 改變 -10
    面朝 -90 度
  如果 〈空白 ▾ 鍵被按下？〉 那麼
    建立 炸彈 ▾ 的分身
```

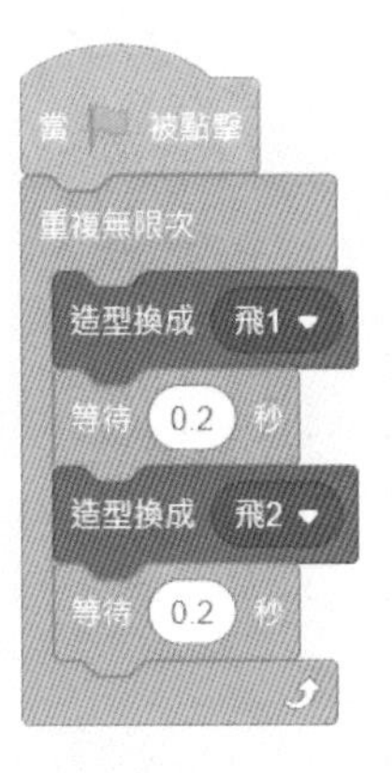

3 重點整理

這個遊戲包括了切換造型、按下某個鍵的動作、建立分身等 Chapter 1 出現過的元素。即使不用詳細研讀解說內容，你應該也可以組合程式。從下一章開始，難度會略微提高，假如不明白該如何操作，請重新溫習 Chapter 1 的說明。

改造遊戲，挑戰完美破關！

完美挑戰！

Perfect 條件 獲得超過3000分

根據時間停止時的分數給予評價。

請努力獲得最高評價 Perfect。當然你也可以改造遊戲，改造之後，請務必執行遊戲，確認變化。

好的！立刻就來改造吧！

看來你愈來愈瞭解了嘛！改造後的遊戲一定比較好玩。

改造提示①

如果炸彈無法順利命中，就降低怪物的移動速度！

「移動速度」應該與動作類別的藍色積木有關。試著找出移動箱子怪的積木，發現移動速度似乎與「速度」變數有關。此時，只要移除橘色的變數積木，就能直接更改數值。這樣箱子怪的速度變慢了嗎？變數積木可以先放在空白處。若想恢復原狀，請重新放入「移動～點」積木。依照這個概念，如果提高鳥妖的速度的話……？

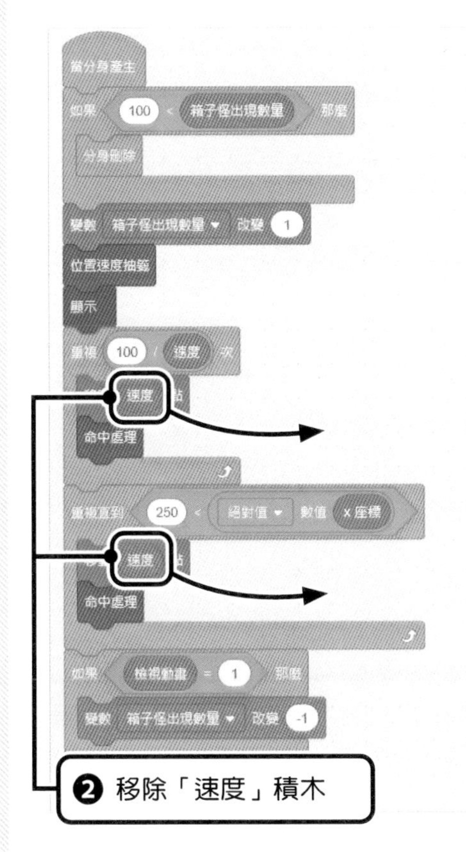

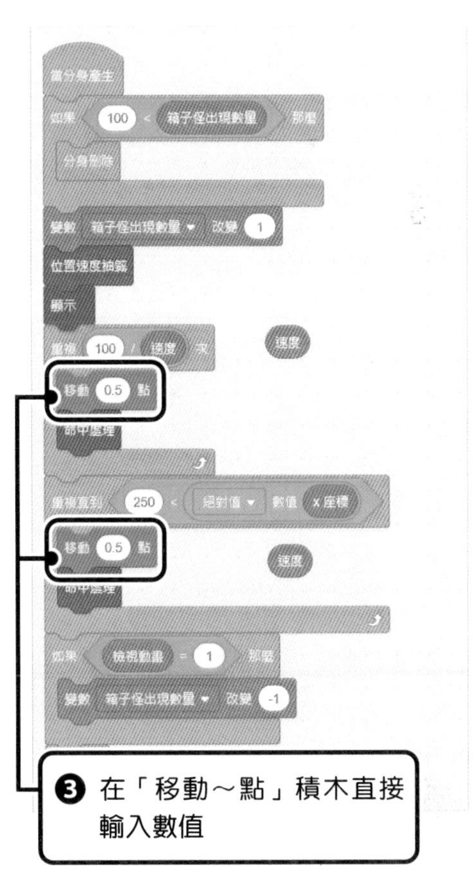

改造提示②

假如還是無法命中，乾脆就接近怪物吧！

我們已經在公雞飛行員設計了按下 [→] 鍵及 [←] 鍵時，改變 x 座標，左右移動的程式。如果同樣利用 [↑] 鍵與 [↓] 鍵，讓公雞飛行員可以上下移動呢？往上移動是增加 y 座標，往下移動是減少 y 座標。一旦可以上下移動，就能接近並攻擊怪物了。

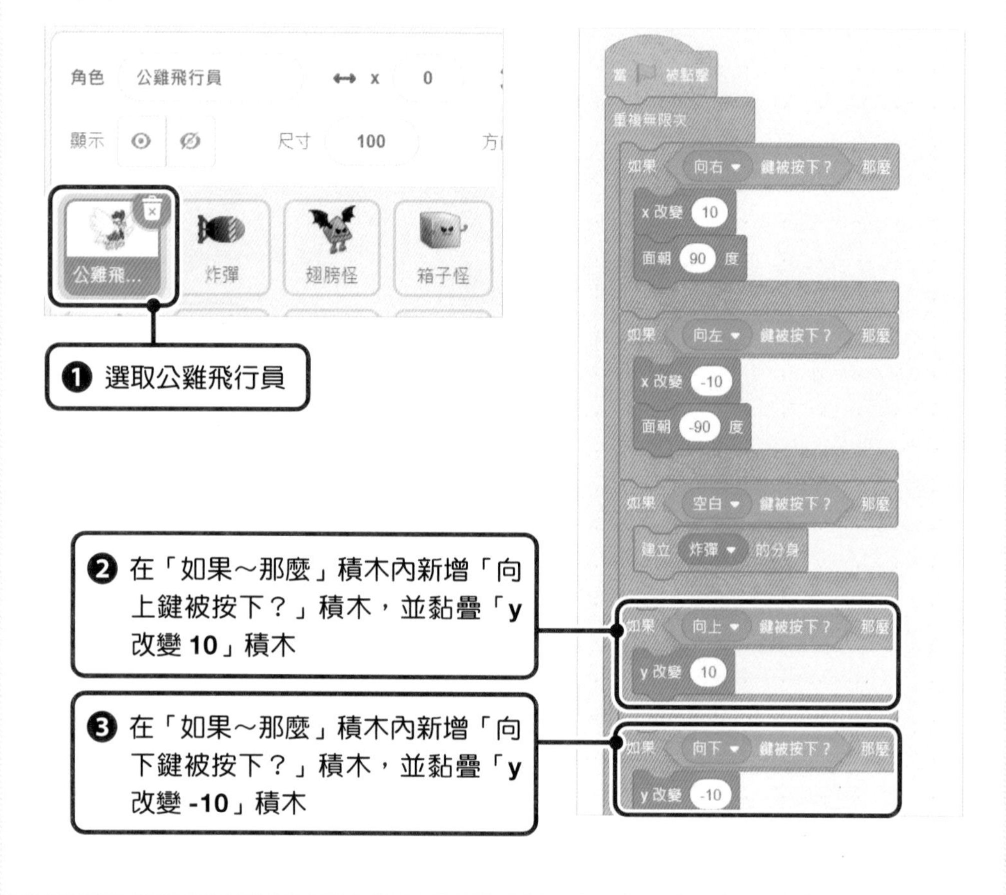

改造提示③

若想獲得高分，只要讓怪物大量出現即可！

請找出控制怪物出現的部分。同時出現在舞台上的怪物數量是固定的，分別由「○○怪出現數量」變數控制。怪物出現的命令是「建立自己的分身」。以下就以翅膀怪的程式為例來說明。

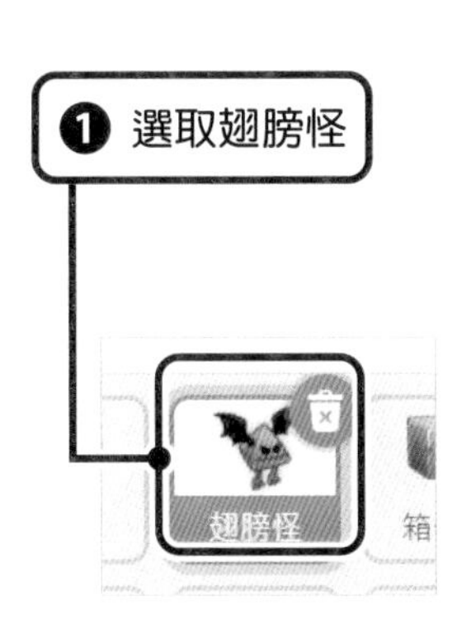

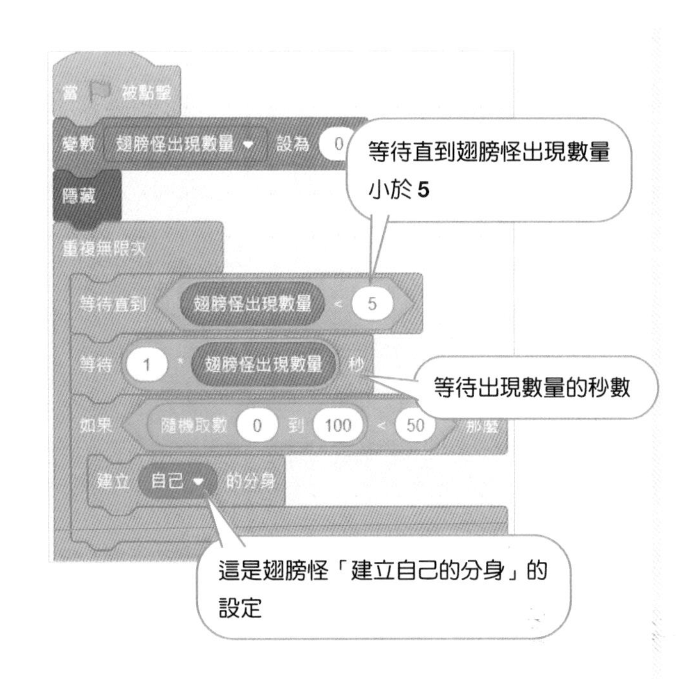

到目前為止，翅膀怪一次最多只會出現 **4** 個，出現的數量愈多，等待下次出現的時間愈久。如果要增加最大出現數量，立刻出現大量翅膀怪的話，該怎麼做呢？

請先把控制積木移開，全部移開之後，就只剩「建立自己的分身」。請記得上面沒有連接圓形積木（「當 🏳 被點擊」等）時，就不會執行任何動作。

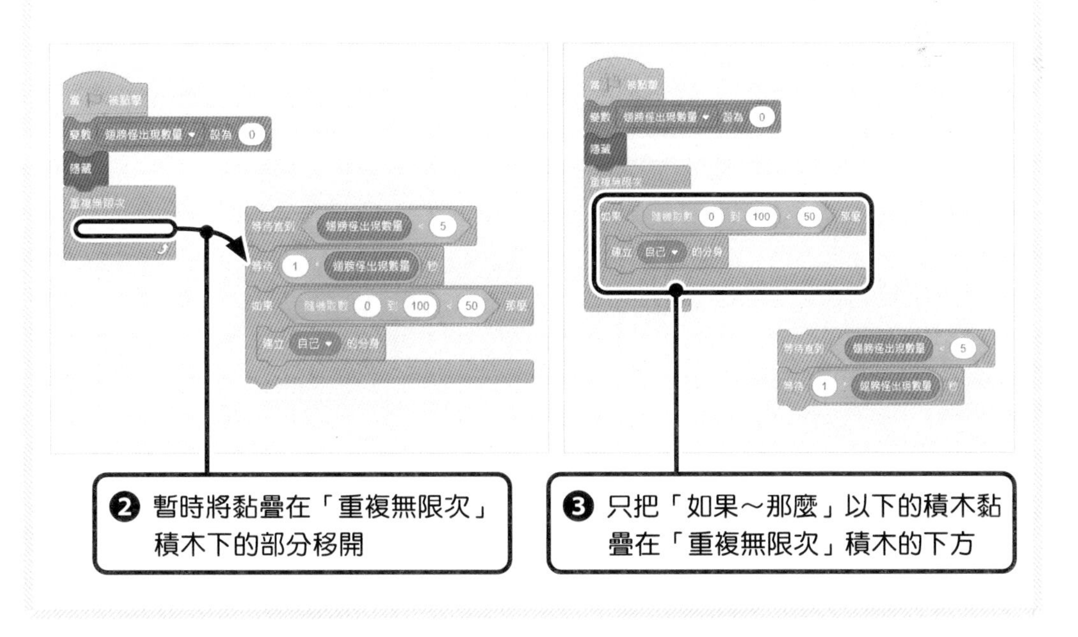

改造後就能讓遊戲分數輕鬆獲得 **3000** 分以上了。此外，還有許多改造方法。請與朋友比賽，看看可以獲得幾分，或能做出什麼樣的改造。

嘿嘿
完成了！

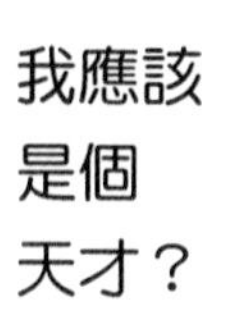

我應該
是個
天才？

馬上就
得意忘
形了
好！
Kosaku
來煮
咖哩吧！

咖哩？
蛤!?
呆掉

為…為什麼
現在要做咖哩？
算了，可能因為
他肚子餓了吧…？
好
那就來做吧～！

好的！
登登
咖哩
食譜

不用食譜啦
首先拌炒咖哩粉…

然後
紅蘿蔔
削皮

接著把洋
蔥煮到焦
糖色？
沒有糖耶，現
在去買好了…
咦？
焦掉了…

登
楞

這是什麼
東西啊…

唉—

咚

好…好…
好像很好吃!!
欸！
不論做菜或寫程式，
順序都很重要，
知道嗎？

我知道，我知道了啦
讓我吃那盤咖哩好嗎～

不行
好好吃喔
跌倒
怎麼這樣！

到遊戲公司探險！

之二

怎麼找到製作遊戲的靈感？

創作遊戲的過程要思考的東西很多，是件辛苦的事呢！平常這些遊戲製作者究竟如何尋找靈感的呢？

咦？Asobism 製作的遊戲內容是很多人一起討論的啊！大家會用畫圖或動作來說明如何讓遊戲變得更有趣，討論得很熱烈呢！遊戲公司是大家一起提出點子，然後思考內容的喔！

什麼！工作時有人在玩遊戲！

我還以為他們在偷懶，其實是一邊玩桌遊，一邊分析哪裡比較有趣。不是單純的在玩遊戲，而是愉快地思考究竟怎樣才好玩。仔細觀察，到處都有一群人在討論遊戲要怎麼做才好玩及人物角色。

分組討論決定遊戲的結構及角色

請和團隊成員討論，思考如何讓遊戲變有趣！

Chapter 2

一起製作遊戲！

中級篇

中級篇的遊戲

P128

對決競技場

格鬥遊戲

這是犬劍士與對戰犬士在競技場上戰鬥的遊戲。請把對戰犬士打出場外！

P154

叢林釣魚

釣魚遊戲

這是精靈釣魚的遊戲。每種魚的分數不一樣，一起以釣到高分的魚為目標吧！

P176

忍者居合術

計時遊戲

這是拔刀砍樹的遊戲。根據基準線，在適當時機一刀把樹砍斷。

請回想前面學過的技巧，創造出新的遊戲吧！

製作難度★★★☆☆

遊戲 1

對決競技場

重點提示

- 由必要的動作思考程式
- 試著使用「如果～那麼否則」積木

遊戲畫面

操作方法

左右移動

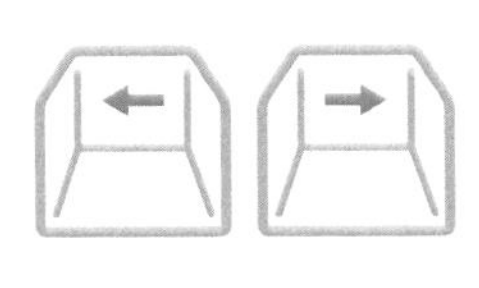

跳躍

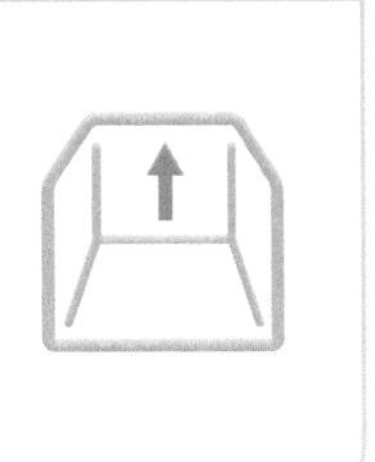

攻擊

防禦

下段攻擊

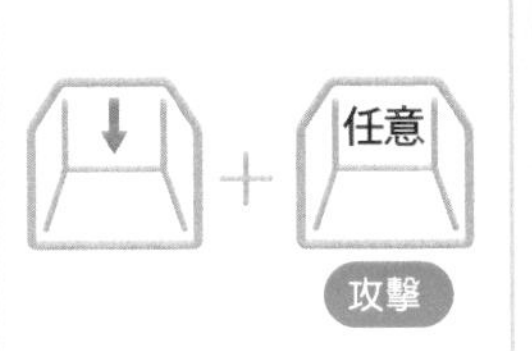

下段防禦

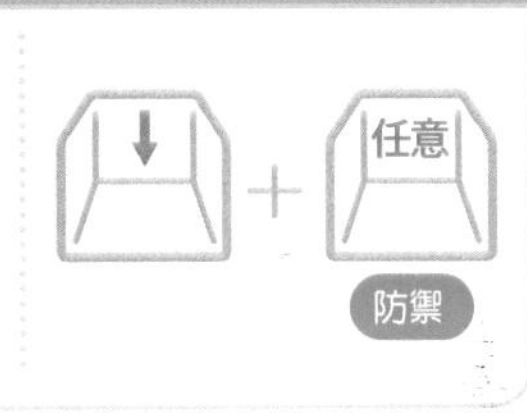

操作方法

進行攻擊

對手掉到洞裡就獲勝

上段攻擊

對上段防禦無效！

下段攻擊

對上段防禦有效！

頭上的體力會

隨著攻擊或防禦減少

找機會讓它自然恢復

出現在觀眾席的道具

並不是都是好的

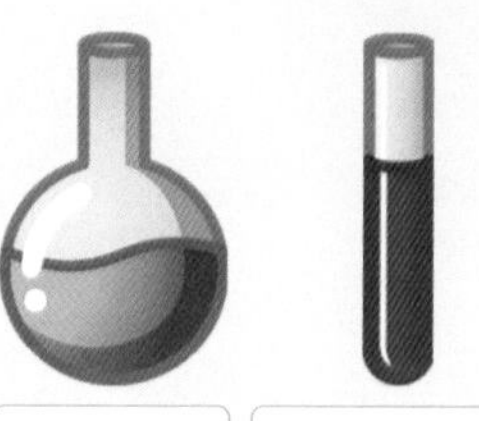

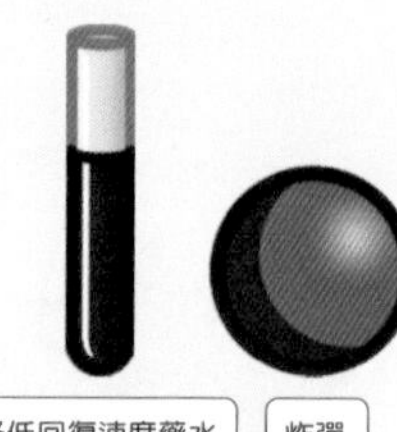

體力回復藥水　提高回復速度藥水　降低回復速度藥水　炸彈

請看清楚再取得道具！

請開啟「對決競技場」遊戲，
進行挑戰！

範例線上下載網址：http://books.gotop.com.tw/download/ACG006000

我試玩了一下，果然無法操作犬劍士。

我要改造犬劍士，在競技場贏得勝利！

從下一頁開始
一起完成這個
遊戲吧！

Let's GO

STEP 1 STEP 2 STEP 3

讓犬劍士可以移動

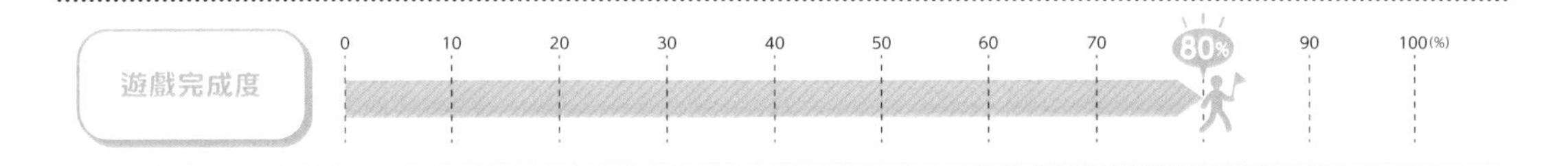

1 自行思考如何設計程式

自行思考

讓犬劍士可以往右移動

現在完全無法操作犬劍士，很快就會被打倒。因此請先讓犬劍士可以到處走動。選取犬劍士，依序組合以下程式。犬劍士本身已經設定了一些程式，請在空白處新增程式。

1. → 鍵被按下往右移動
2. ← 鍵被按下往左移動
3. ↑ 鍵被按下廣播訊息跳躍

思考 1 選取角色開始設計程式

在犬劍士新增「當 ⚑ 被點擊」與「重複無限次」積木

❶ 選取犬劍士

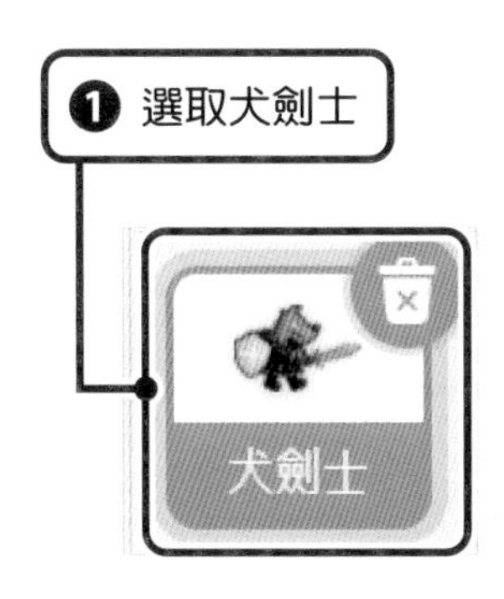

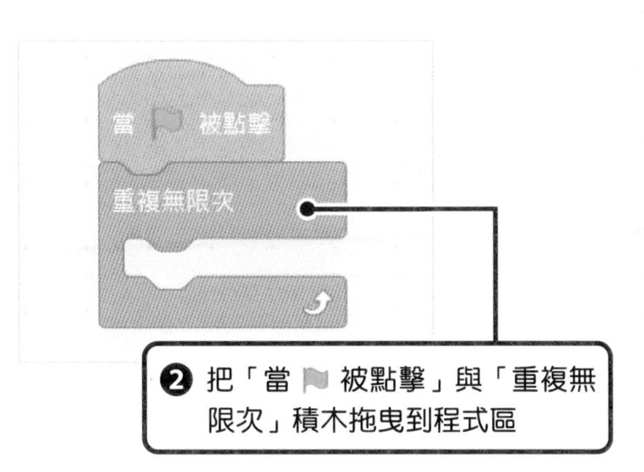

❷ 把「當 ⚑ 被點擊」與「重複無限次」積木拖曳到程式區

思考 2 新增「如果向右鍵被按下？那麼」積木

在「重複無限次」積木新增判斷 ⊡ 鍵被按下的積木。

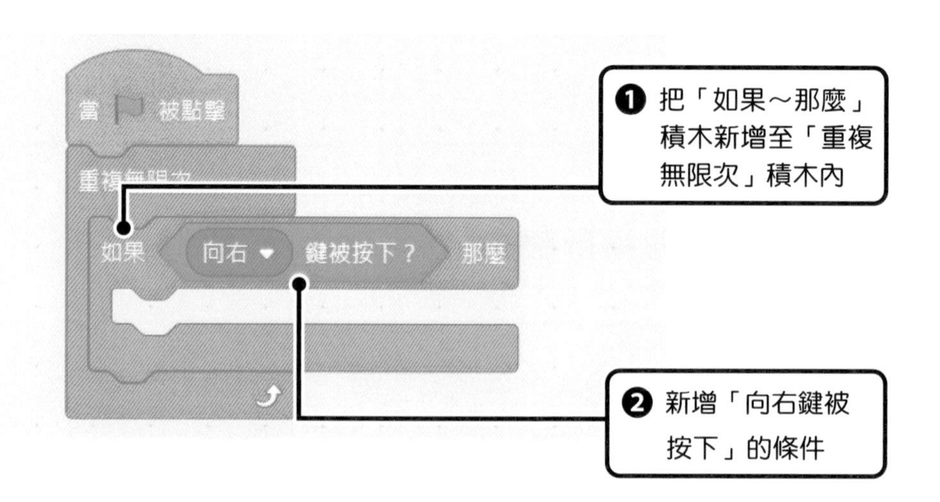

思考 3 新增往右移動的積木

新增 ⊡ 鍵被按下就往右移動的積木。增加 x 座標的數值就會往右移動。

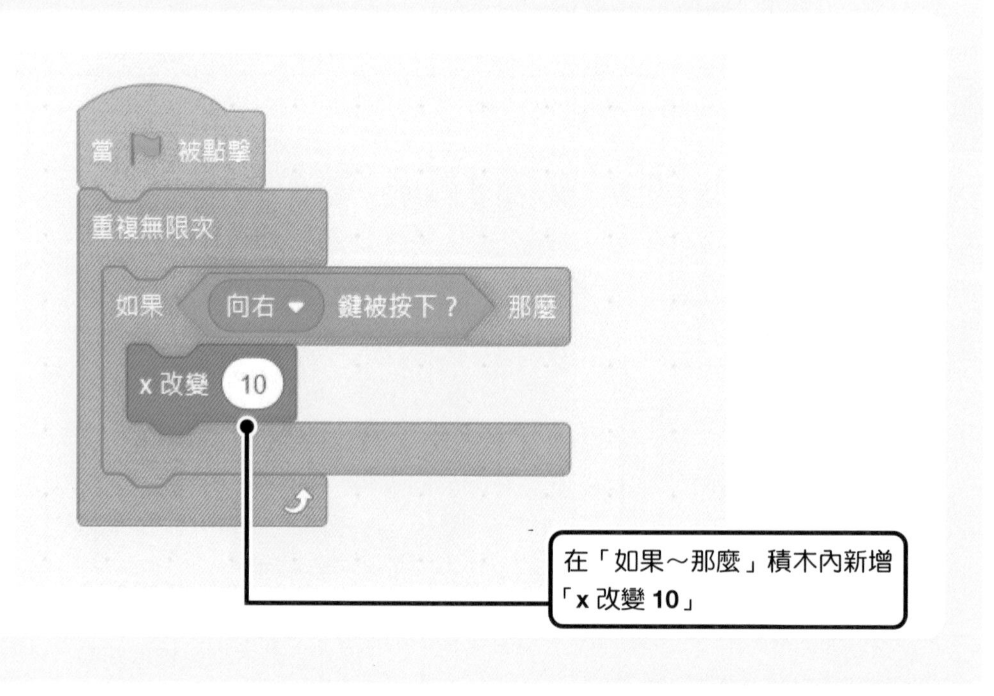

2 執行程式

目前已組合了「1. [→] 鍵被按下往右移動」的程式，請實際執行看看。

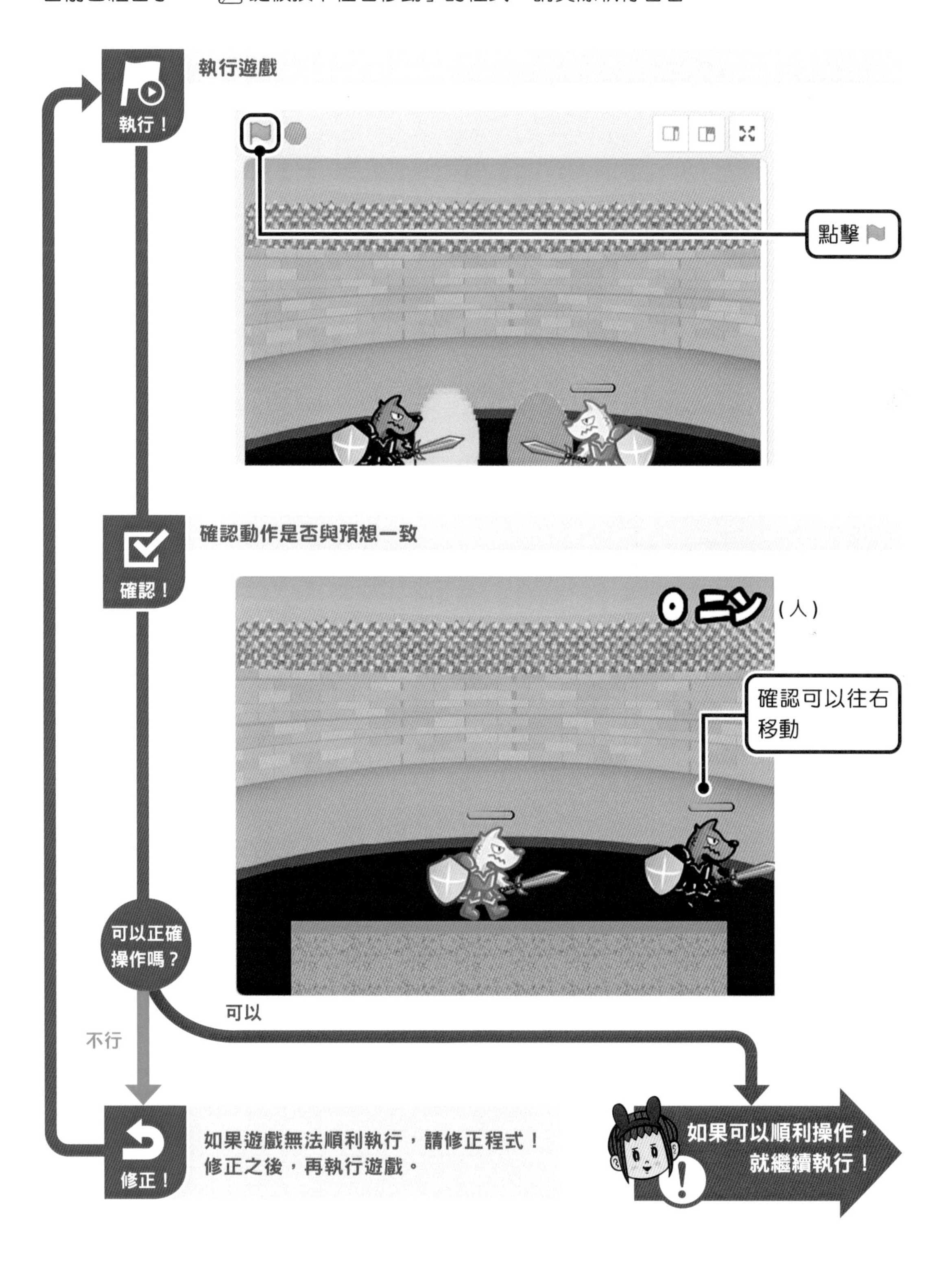

雖然可以往右移動，卻無法回到左邊！

咦？真的嗎？怎麼會這樣？

到目前為止你學了什麼啊？
遊戲沒有設計程式就不會動啊！

對耶！也得設計「往左移動」的程式才行！

3 自行思考設計程式

自行思考 讓犬劍士可以往左移動

犬劍士可以往右移動，卻仍無法往左移動，請自行思考如何增加程式設定動作。

1. [←] 鍵被按下往左移動
2. [↑] 鍵被按下就廣播訊息跳躍

思考 1 如果要往左移動，x 座標要…

往右移動時，增加了 x 座標的數值。若要往左移動，就把 x 座標的數值改成「-10」。

嘗試！

提示 使用的積木如下所示。

思考 2 如何跳躍

犬劍士也可以有跳躍的動作，請使用「事件」類別中的「廣播訊息～」積木。

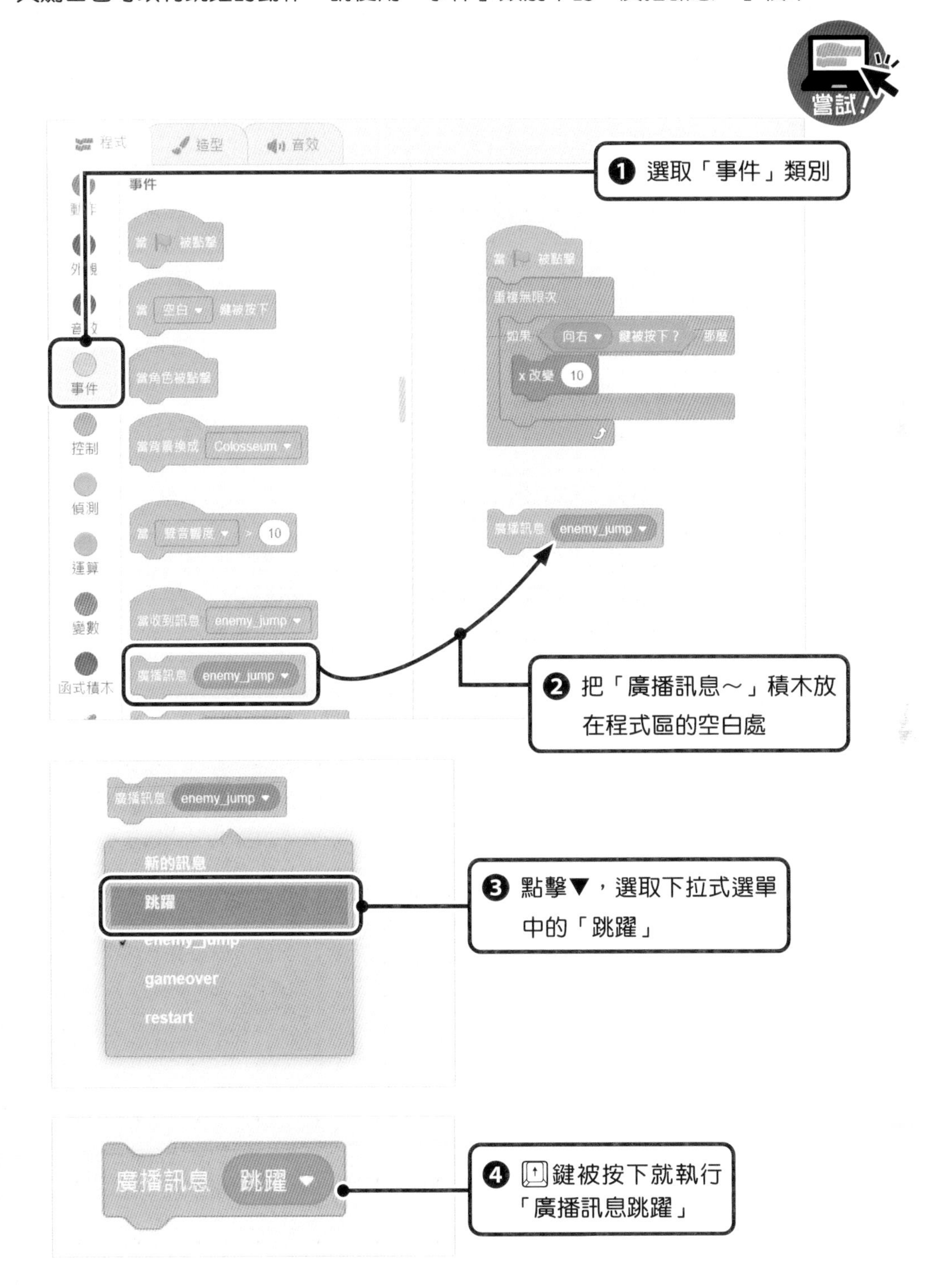

4 再次確認

程式組合完畢後，請確認結果。

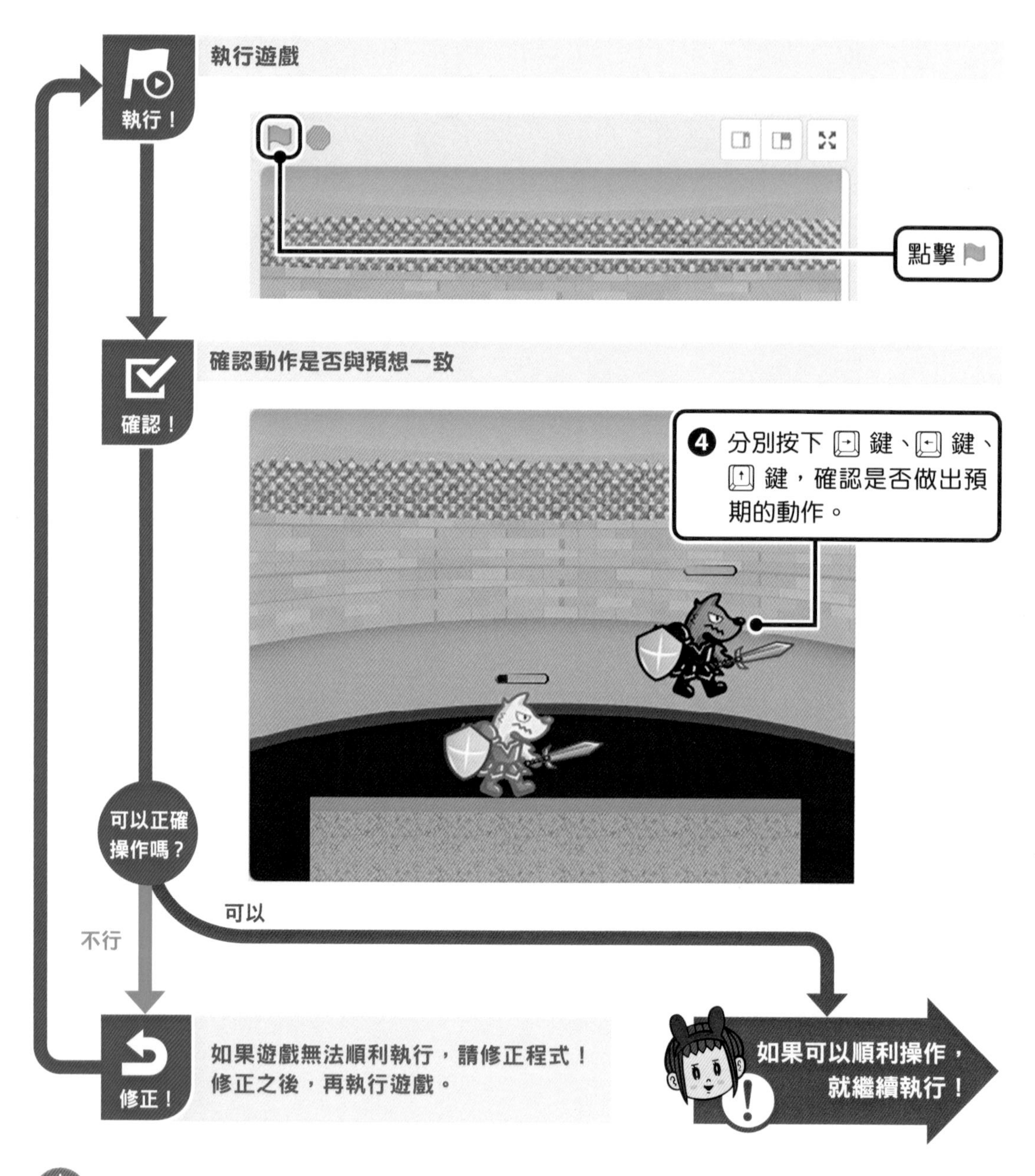

確認其他動作是否正常執行

有時原本可以正常執行的動作在改造之後，可能變得無法執行，因此每次改造程式時，也要確認其他動作是否正常。

完成的程式範例

當 🏴 被點擊
重複無限次
如果 向右 ▾ 鍵被按下？ 那麼
x 改變 10
如果 向左 ▾ 鍵被按下？ 那麼
x 改變 -10
如果 向上 ▾ 鍵被按下？ 那麼
廣播訊息 跳躍 ▾

何謂「廣播訊息～」積木？

跳躍設定使用的「廣播訊息～」積木是傳送「訊息」的積木，另外還有一個接收訊息的「當收到訊息～」積木。收到訊息之後，相對應的「當收到訊息～」積木會開始執行。由於可以將訊息傳遞給不同角色，因此若需要向另一個角色傳遞某個處理，就可以使用這種積木。

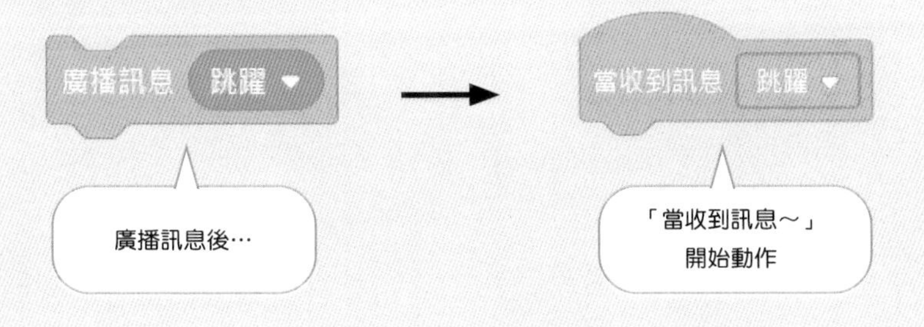

好了！現在犬劍士已經可以在競技場上移動了。

可是只會移動還是無法獲勝啊！？我想發動攻擊！

STEP 3

STEP 2 可以防禦與攻擊

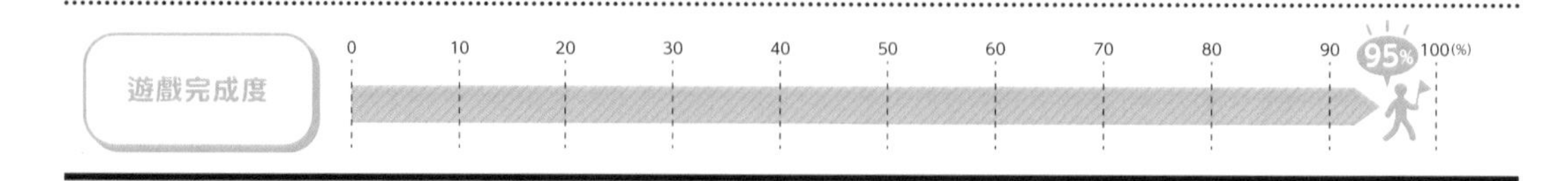

1 自行思考設計程式

可以防禦

這個遊戲在「函式積木」類別準備了「防禦」積木。執行這項設定，就可以進行防禦。請試著設計「按下某個鍵就進行防禦」的程式。防禦加入了動畫，動畫使用的「等待～秒」積木會讓其他動作也停止，所以最好分別使用「當 🏳 被點擊」積木。

思考 1 新增「當 🏳 被點擊」與「重複無限次」積木

請新增「當 🏳 被點擊」與「重複無限次」積木。

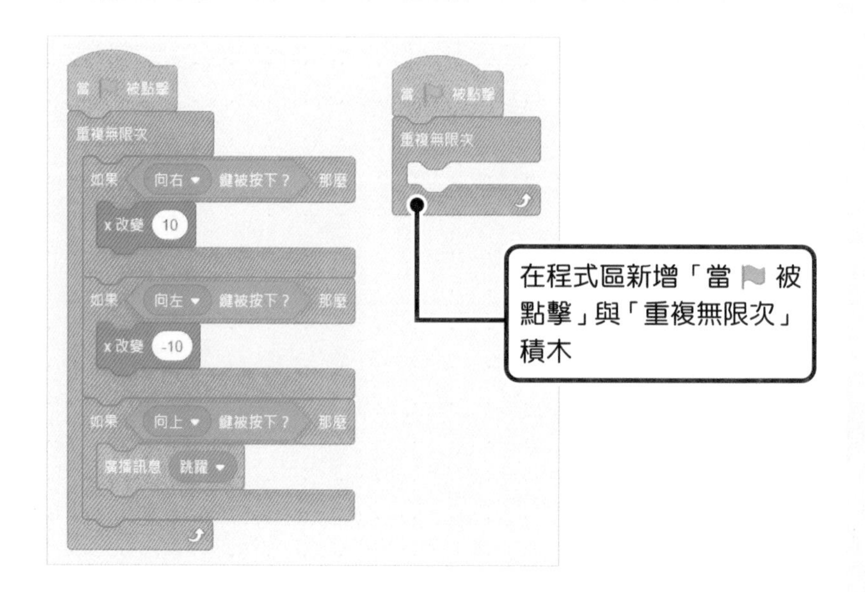

思考 2 新增「～鍵被按下？」積木

請觀察鍵盤，思考要分配哪個按鍵進行「防禦」操作。你可以新增覺得容易操作的按鍵當作條件，不用與範例一樣也沒關係。

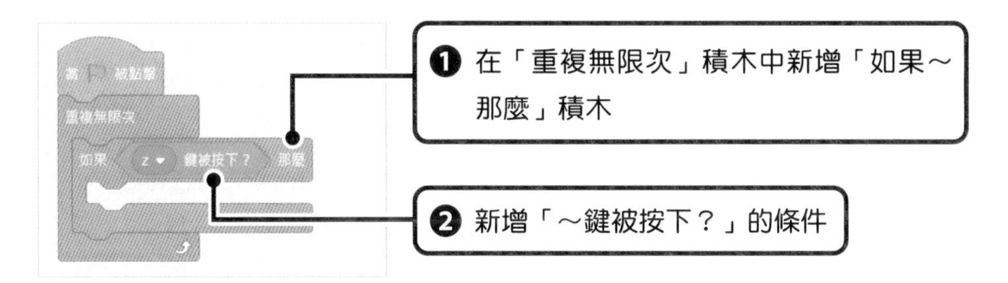

思考 3 新增「防禦」

請新增函式積木類別中的「防禦」積木。

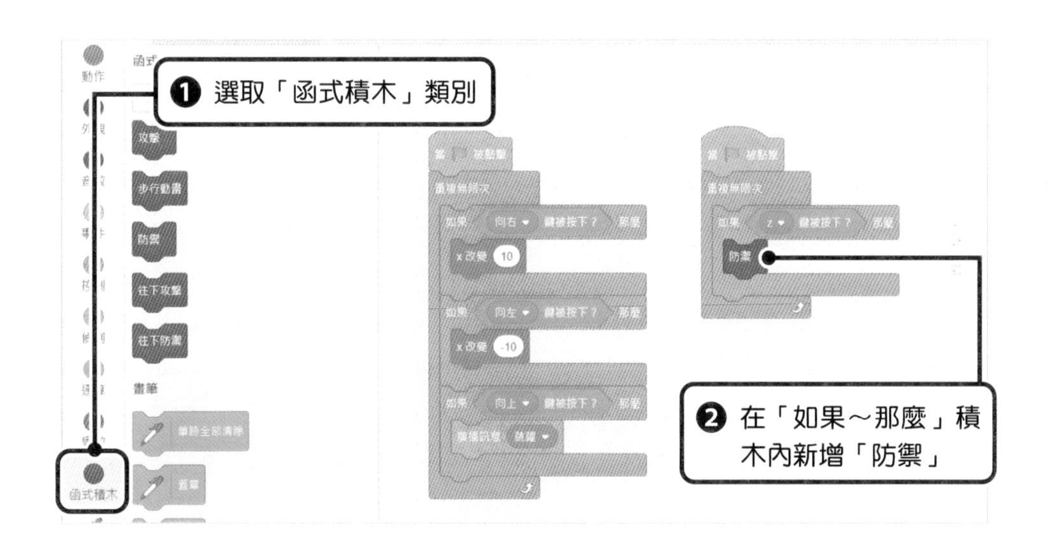

POINT

何謂函式積木？

在函式積木使用「建立一個積木」按鈕，可以把整個處理「定義」成一個積木。「防禦」積木的內容是確認能否防禦，如果可以就「改變造型」。其實找出在哪裡執行這些處理也很有趣。

2 執行程式

這樣應該可以進行防禦了，請實際執行看看。

請按下你設定成條件的按鍵，確認狀況。按下按鍵時，如果會採取防禦姿勢，就代表成功了。

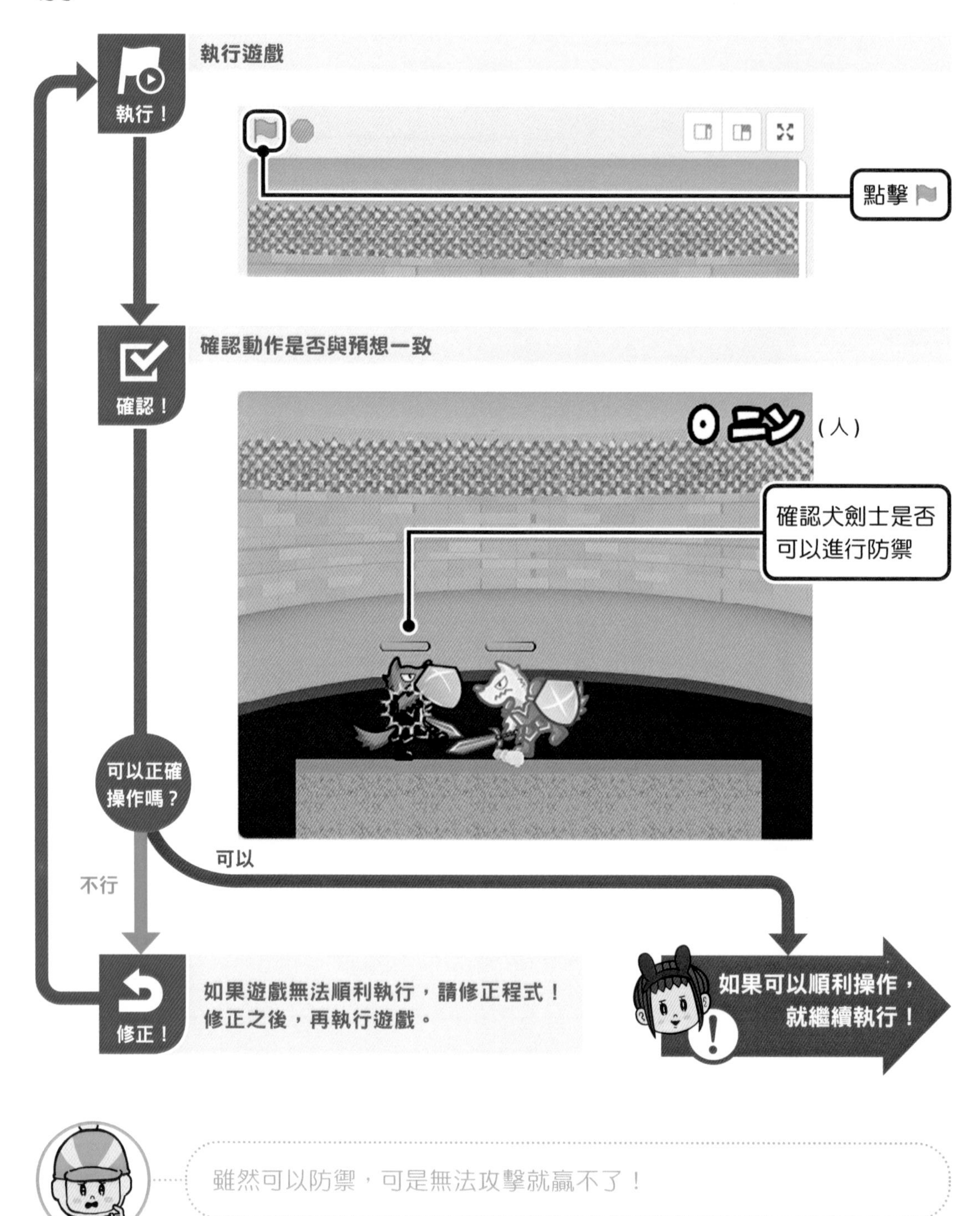

雖然可以防禦，可是無法攻擊就贏不了！

3 自行思考設計程式

攻擊

請參考防禦設定，試著新增可以採取攻擊的積木。為了能用同一隻手進行防禦與攻擊，最好使用鍵盤位置相近的按鍵。利用「函式積木」類別中的「攻擊」積木，就可以進行攻擊。

4 再次確認

程式組合完畢後，請確認看看。

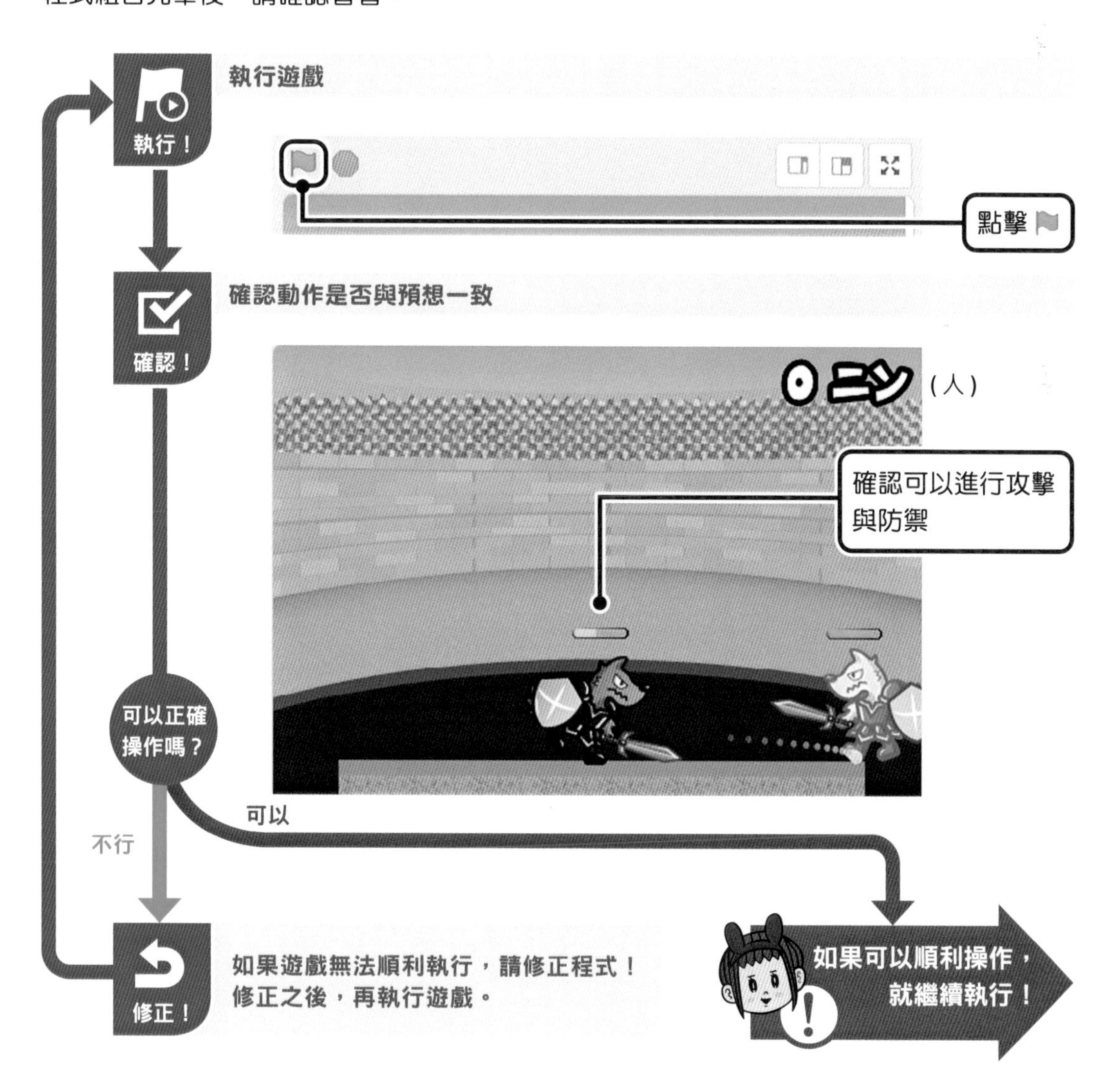

5 自行思考設計程式

隨時都面向對戰犬士

雖然可以攻擊與防禦，卻仍有一個問題。當犬劍士因跳躍而跳過對戰犬士，變成在畫面右側時，就會背對著對戰犬士而無法發動攻擊，這樣很不利。

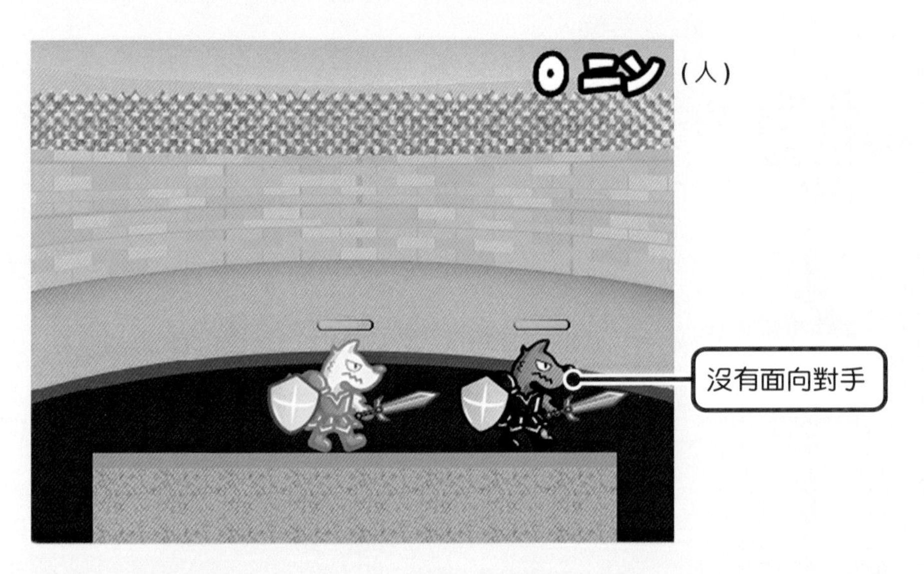

讓犬劍士可以隨時面向對戰犬士吧！在「動作」類別中，有個「面朝～向」，讓角色朝向特定方向的積木。請「隨時」執行這項動作設定，這樣你知道應該新增在哪裡了嗎？請新增在你認為正確的「地方」！

提示 使用的積木如下所示。

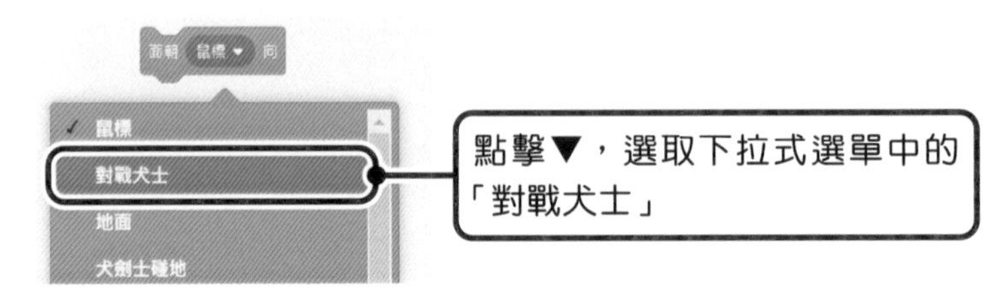

6 再次確認

程式組合完畢後，請確認狀態。

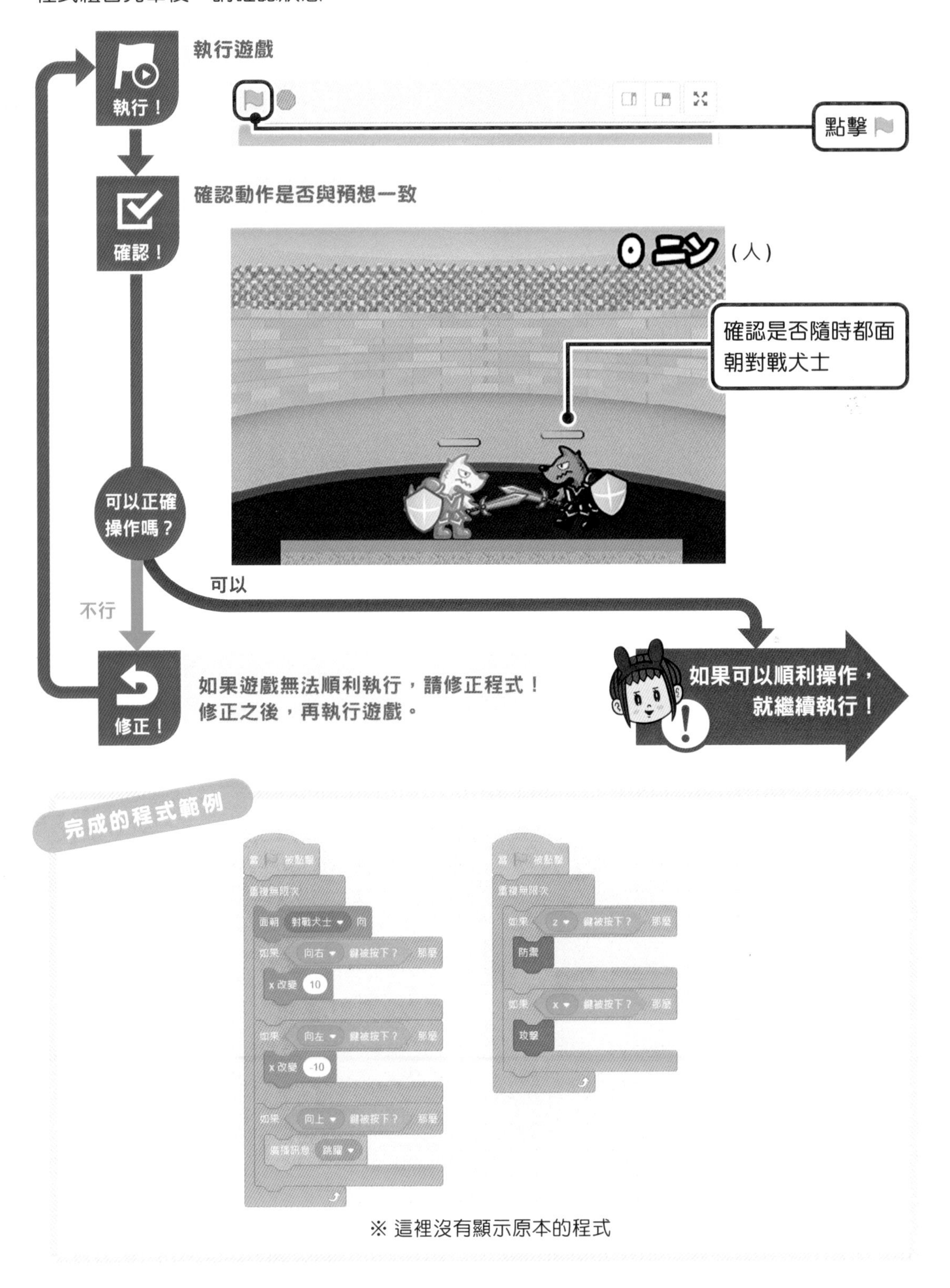

※ 這裡沒有顯示原本的程式

STEP 3

使用下段技術

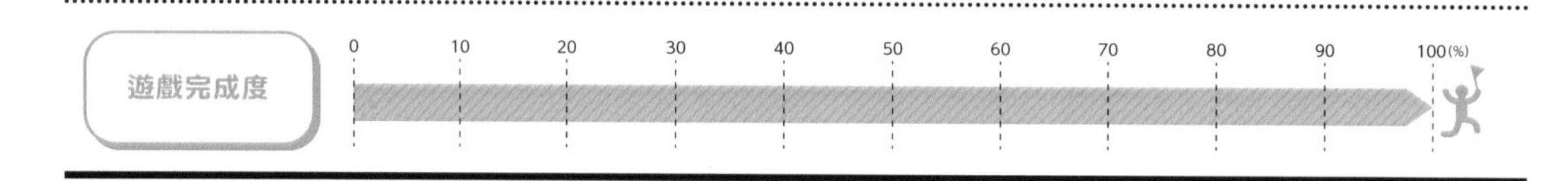

1 自行思考設計程式

組合多個條件完成下段動作

你是否注意到在「函式積木」類別中，包括了下段攻擊與下段防禦的積木？這個遊戲不論是攻擊或防禦，若能根據對戰犬士的動作來使用下段動作會比較有利。請設計出按下 ↓ 鍵，進行攻擊或防禦時，就會產生下段技巧的程式。

思考 1 分成 ↓ 鍵被按下與沒有按下時

「如果～那麼～否則」積木當條件一致（真）時，會進行上面的動作，不一致（假）時，則進行下面的動作。我們希望按下 ↓ 鍵時，做出下段動作，所以把一般的動作放在「否則」。

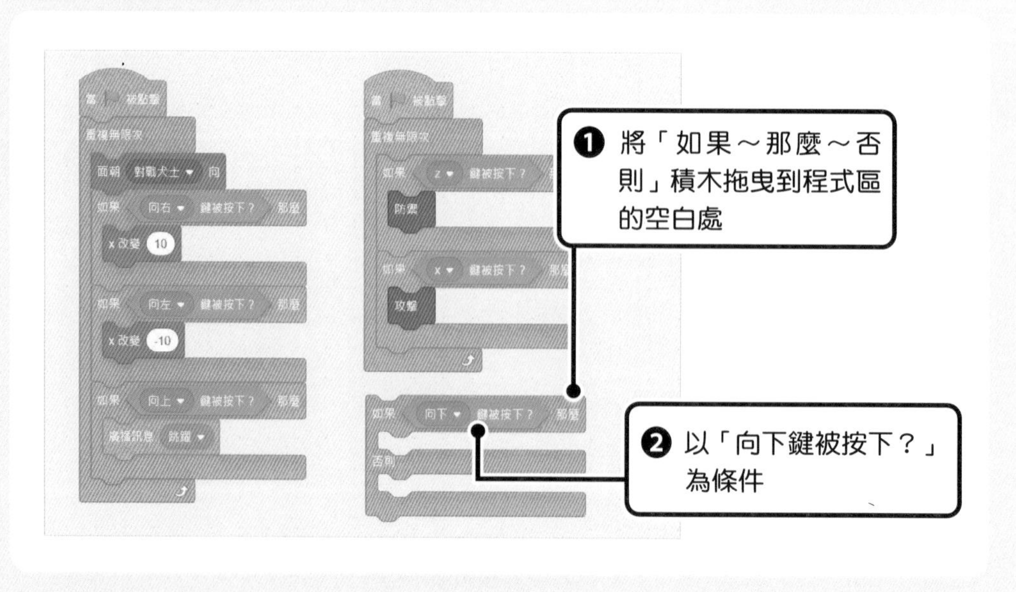

思考 2　將一般設定移動到「否則」

請把前面建立的攻擊與防禦設定移動到「否則」的下方。

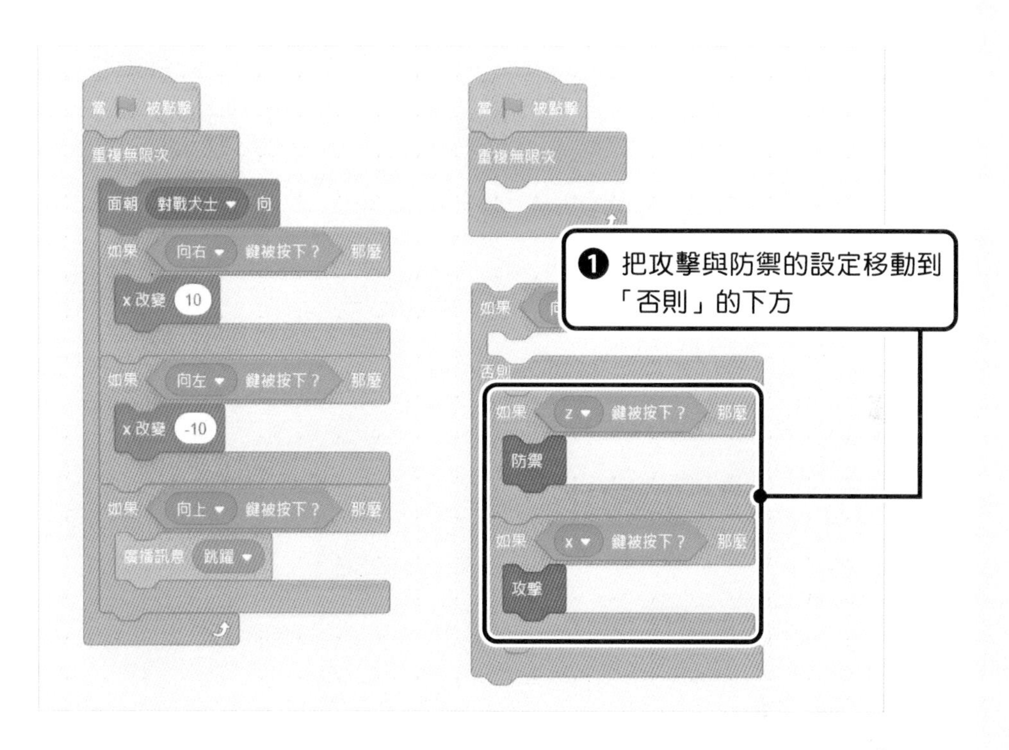

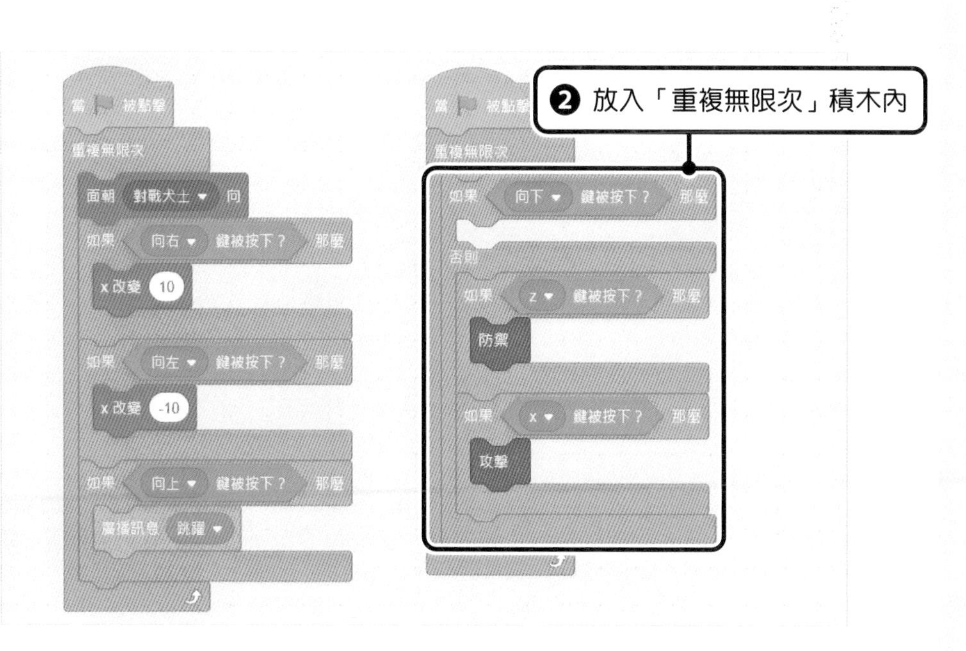

思考 3

新增 [↓] 鍵被按下的設定

請在「向下鍵被按下？」的條件一致(真)的括弧中，新增下段防禦與下段攻擊的動作設定。

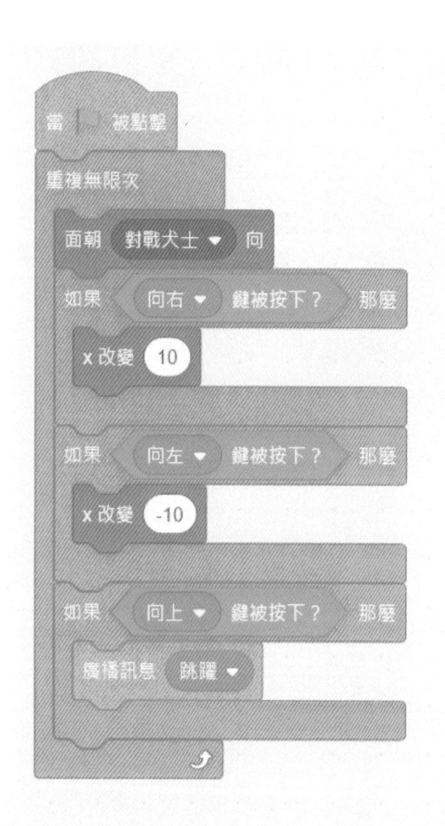

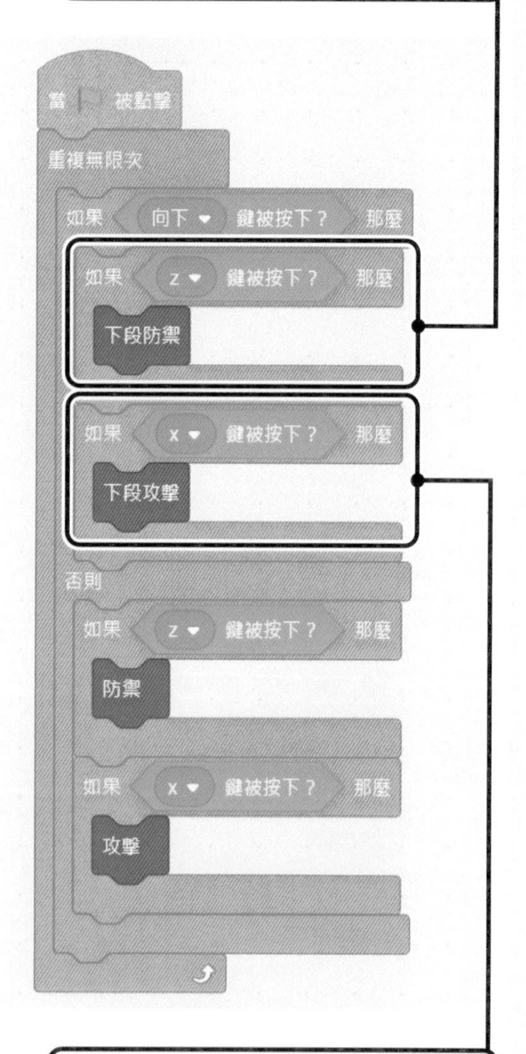

POINT

使用「如果」中的「如果」，設定多個條件

就像這裡介紹的程式一樣，我們可以在「如果～那麼」積木放入「如果～那麼」積木。如此一來，就能設計第一個條件為「真」，第二個條件也為「真」時，就執行動作，設定可執行多個條件的程式。

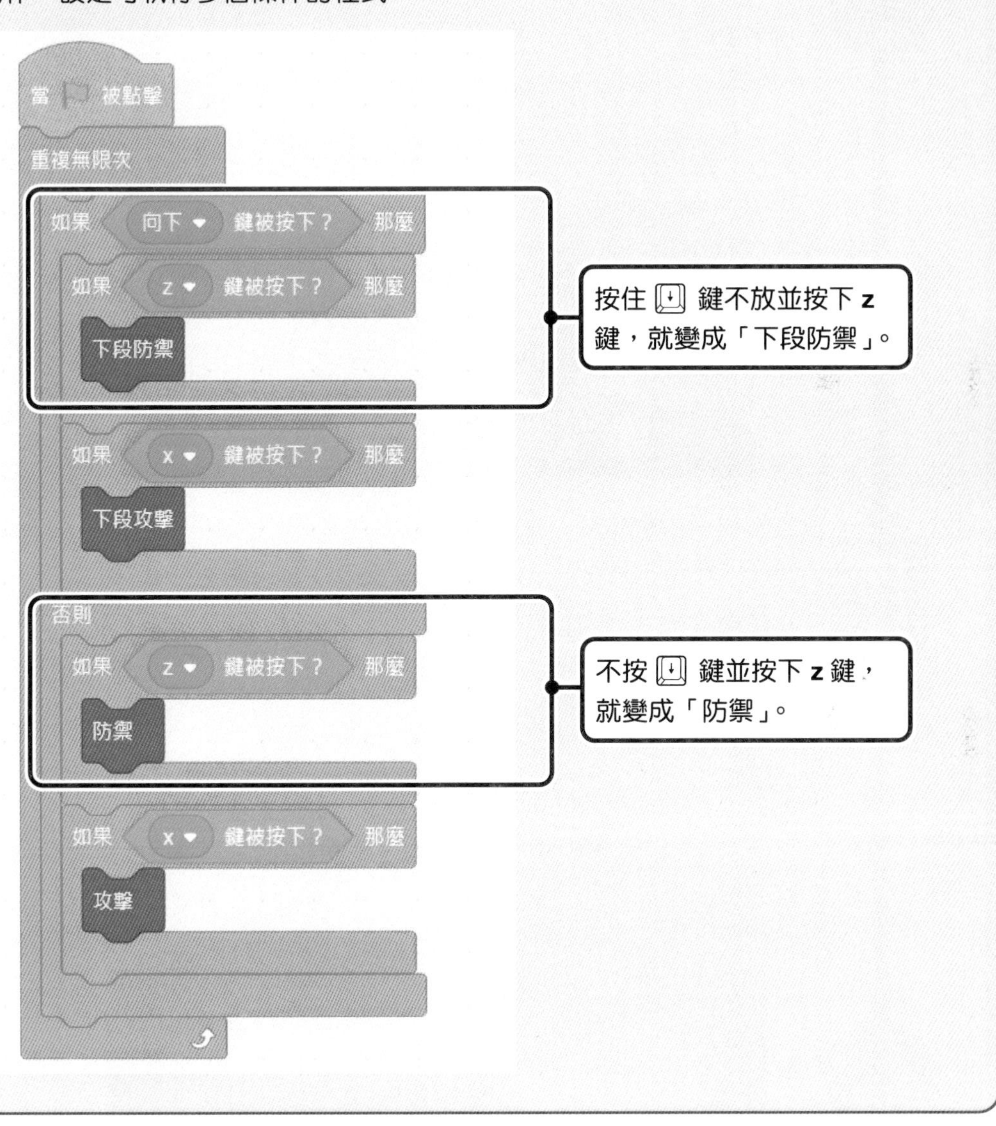

HINT

用雙手玩遊戲

我們增加了移動、跳躍、防禦、攻擊等操作按鍵，可是只用單手操作會來不及，所以請用右手移動、跳躍，用左手防禦、攻擊，利用雙手來玩遊戲。

2 執行程式

程式組合完畢後，請實際操作確認。

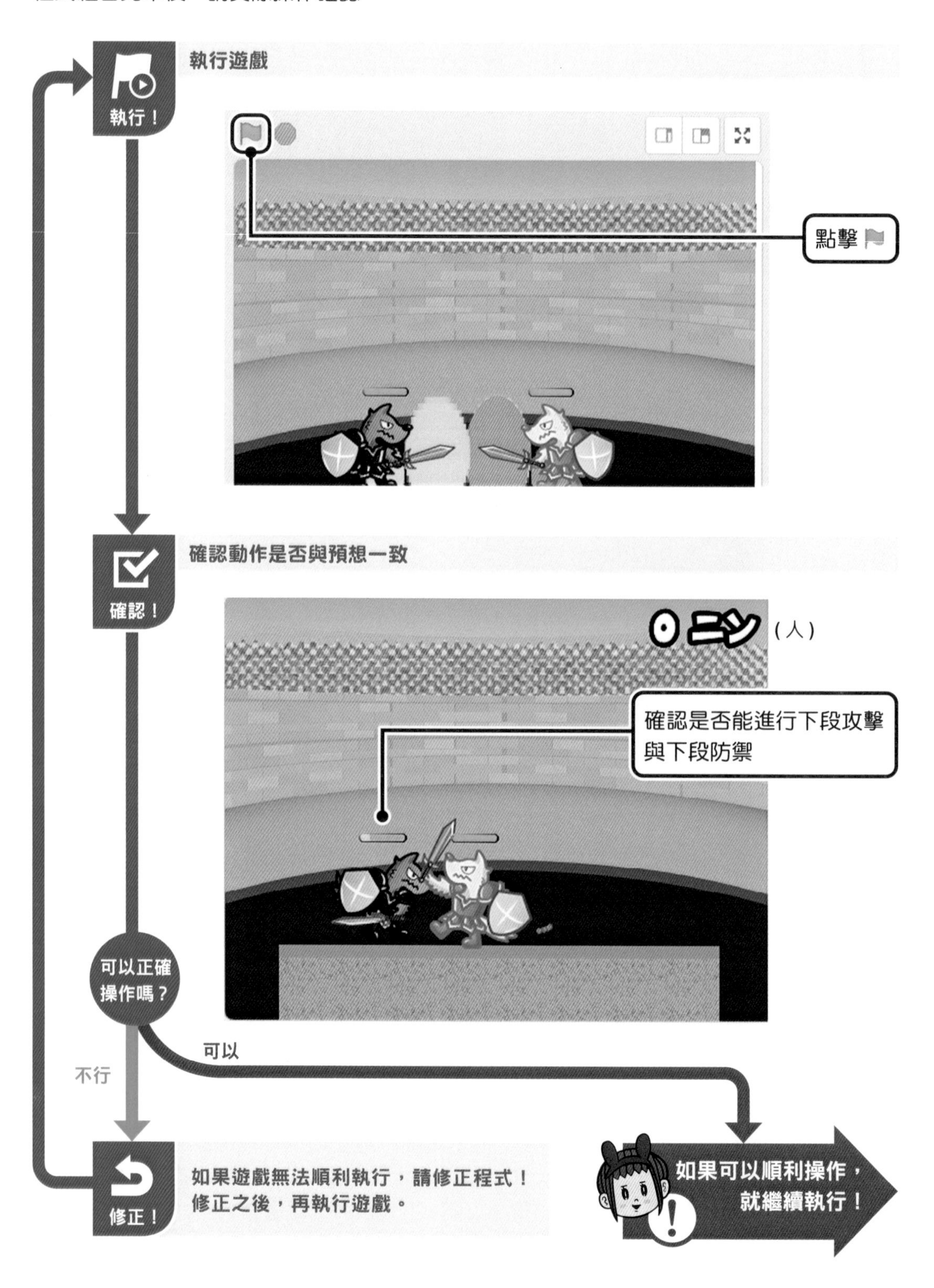

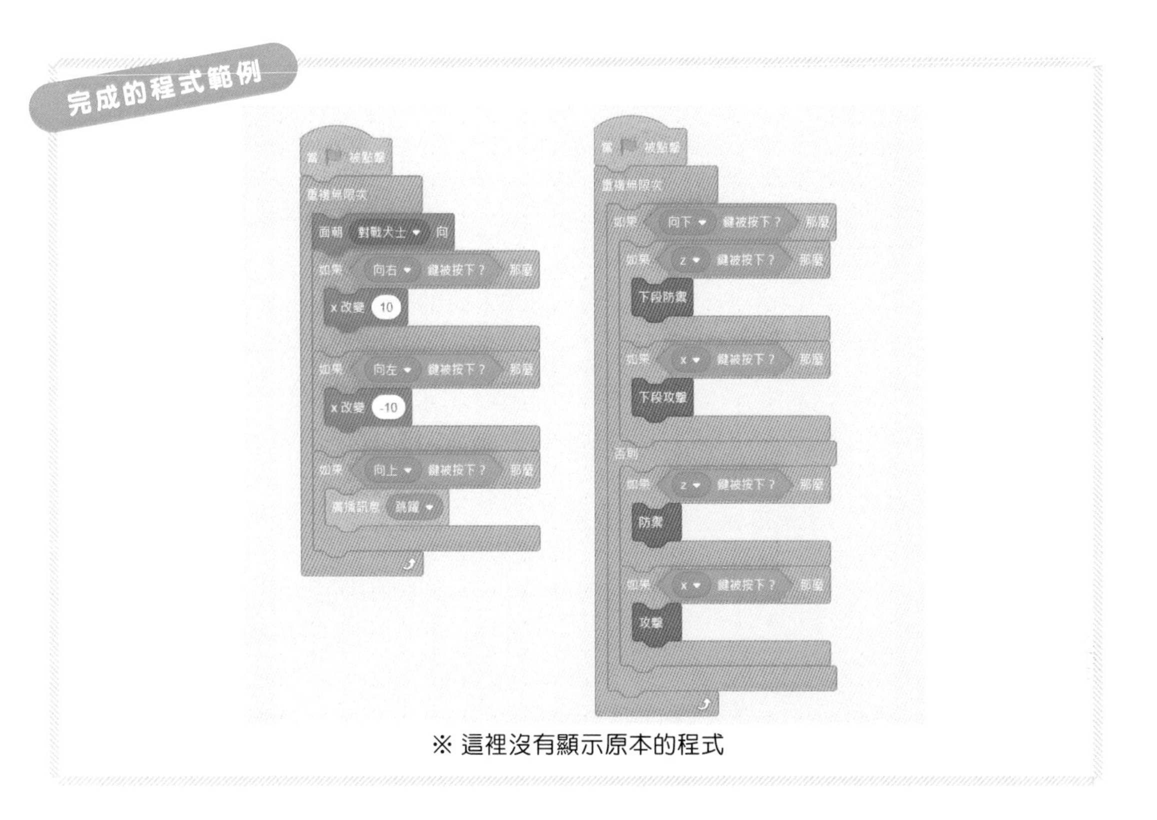

※ 這裡沒有顯示原本的程式

3 重點整理

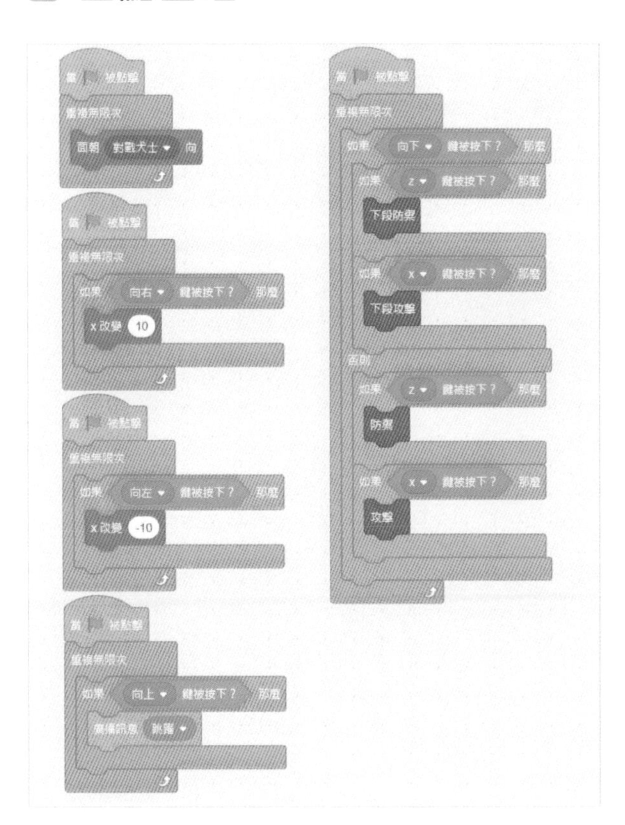

與初級篇不同，這一章要自行思考如何組合程式的情況變多了。你想到的程式可能與範例不一樣，但是若能執行和說明一樣的動作，就算與範例不同也沒關係。比方說，這個遊戲的犬劍士程式組合成左邊這樣也能正確操作。別認為只有範例才是標準答案，請利用自己的作法，找出可以實現目標的方法。

下一個遊戲也請思考用哪個按鍵可以執行何種動作來設計程式。

改造遊戲，挑戰完美破關！

完美挑戰！

Perfect 條件　**打倒10人以上**

打倒對戰犬士後，會依照打倒的數量顯示評價，請努力獲得最高評價 Perfect。當然你也可以改造遊戲。

對戰犬士變得愈來愈強了呢…

可惡！很難防禦對手的攻擊啊！

改造提示①

如果覺得「很難防禦」，何不改造犬劍士，變成可以自動防禦？對戰犬士發動攻擊時，一定會換成把劍高舉的造型，因此偵測對戰犬士的造型，當變成高舉著劍的姿勢時，就進行防禦。

利用可以偵測其他角色值的積木，偵測對戰犬士的「造型編號」。在黃綠色的「運算」類別中，使用「＝」積木，偵測「造型編號」是否為「**1**」，如果為真，就進行防禦。

附帶一提，出現下段攻擊之前，對戰犬士的「造型編號」是「**3**」。

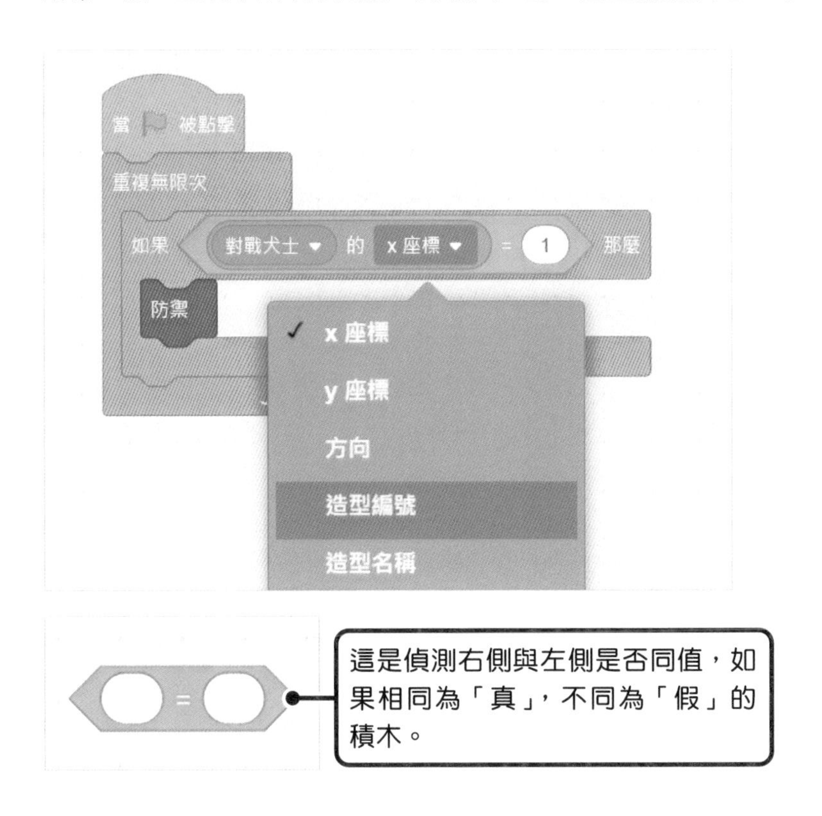

改造提示②

何不試著增加操作鍵，建立特殊組合？除了攻擊、防禦之外，請嘗試增加犬劍士的操作鍵。

以下是建立衝刺下段攻擊的例子。為了可以一邊移動，一邊攻擊，分別使用了「當 🏴 被點擊」積木。

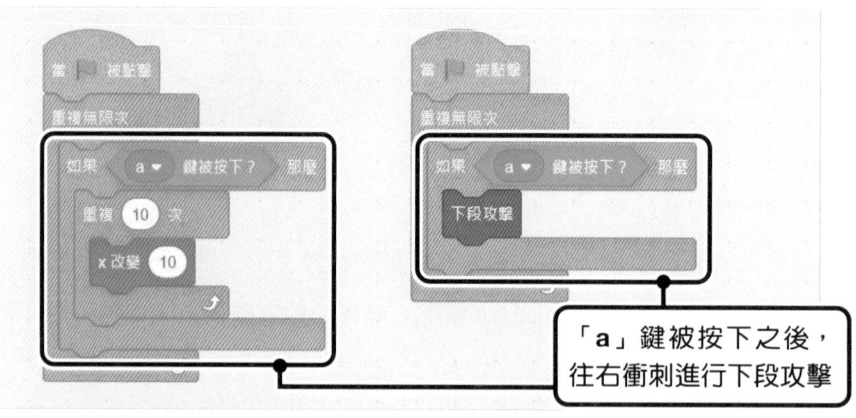

這是組合上段與下段的範例。對戰犬士在防禦之後會產生空檔，所以連續攻擊可以發揮效果。這種組合會消耗大量體力，要注意體力的回復速度。

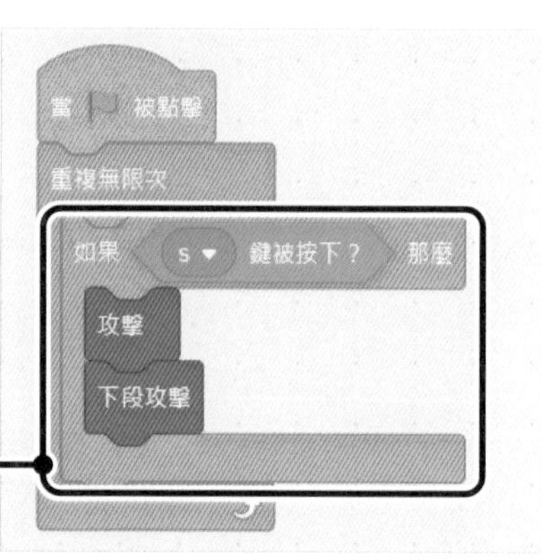

改造提示③

從觀眾席飛來大量的飛來物品時，會引起某些狀況，讓遊戲變得更有趣。請改造飛來物，調整道具出現的間隔與種類。

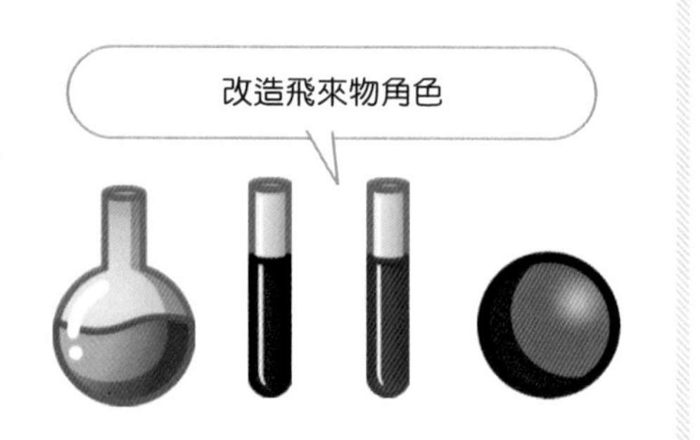

下圖是飛來物的部分程式。「等待～秒」積木可以決定道具出現的間隔，「造型換成～」積木能決定道具的種類。

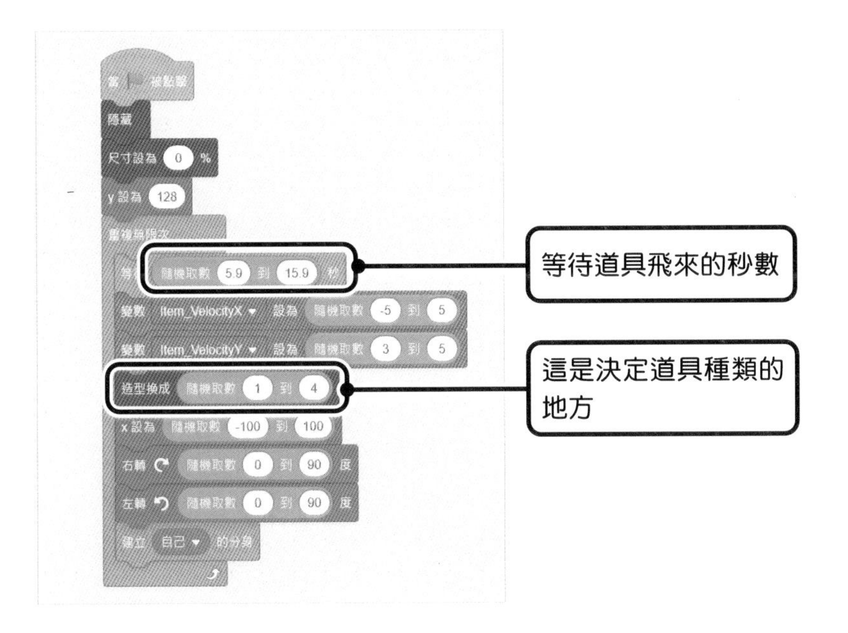

決定數值的「隨機取數～到～」是傳回隨機取數的積木。假設為 1 ～ 4，就是「1、2、3、4 其中一個數值」，如果是 1 ～ 2，就是「1 或 2 其中一個數值」，若是 4 ～ 4，就一定是「4」。

道具的種類分別為

1 = **體力回復藥水** 2 = **提高回復速度藥水** 3 = **降低回復速度藥水** 4 = **炸彈**

請注意這裡沒有 0 以下或 5 以上的數字。

你可以試試看可以打贏幾個人，或以打贏 100 個人為目標。

何謂隨機取數？

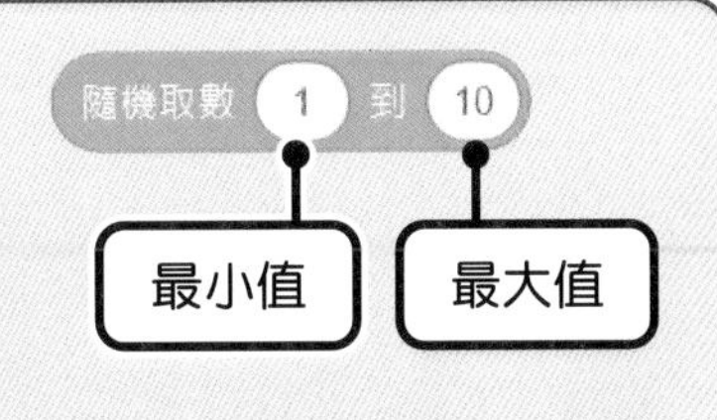

隨機取數是指隨機的數值。這是讓遊戲變得更好玩的元素，例如敵人掉落的道具種類，或攻擊是成功或失敗等，每次玩遊戲時，都會產生不同的現象。

傳回隨機取數的積木若設定了最小與最大值，就會傳回設定值之間的其中一個數值。隨機取數因為是隨機的，所以可能連續出現相同值，或某個數值完全不會出現的情況。

製作難度 ★★★☆☆

遊戲 2

叢林釣魚

重點提示

- 學會用按鍵來思考如何操作
- 試著用運算判斷數值

遊戲畫面

操作方法

決定拋鉤的位置

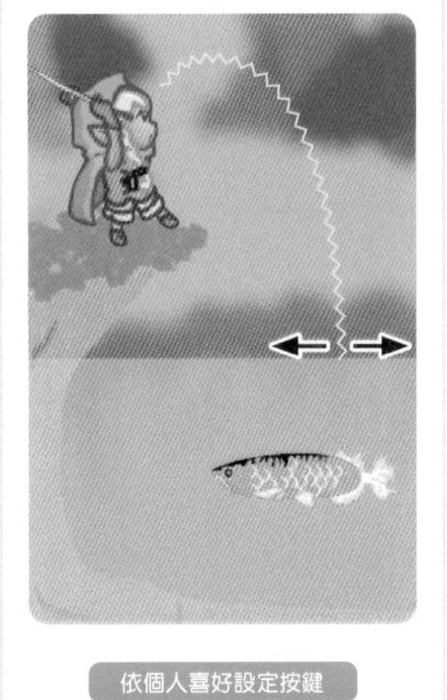

依個人喜好設定按鍵

按住按鍵不放

拋入魚鉤

依個人喜好設定按鍵

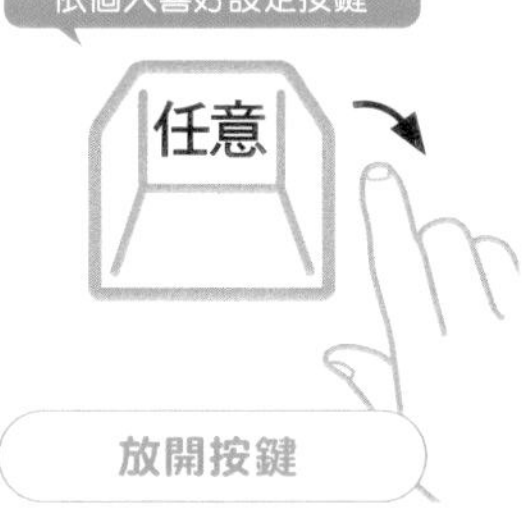

放開按鍵

抖竿

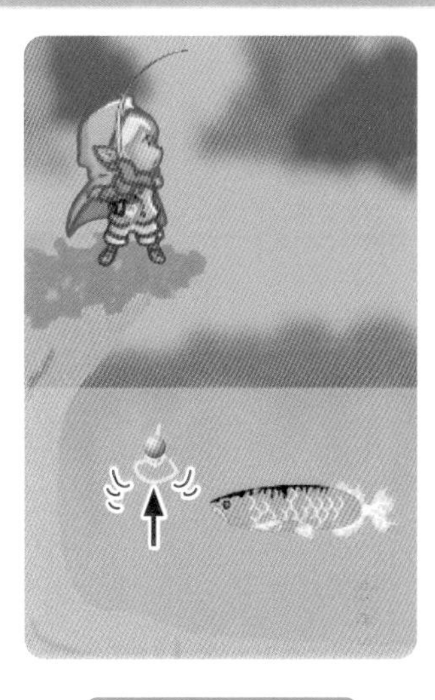

依個人喜好設定按鍵

請開啟「叢林釣魚」遊戲，
進行挑戰！

範例線上下載網址：http://books.gotop.com.tw/download/ACG006000

顯示編輯器之後，請點擊 ，開始執行遊戲。

和前面一樣，
精靈不會移動耶！

按照慣例，在精靈身上設計程式，完成遊戲吧！

從下一頁開始
一起完成這個
遊戲吧！

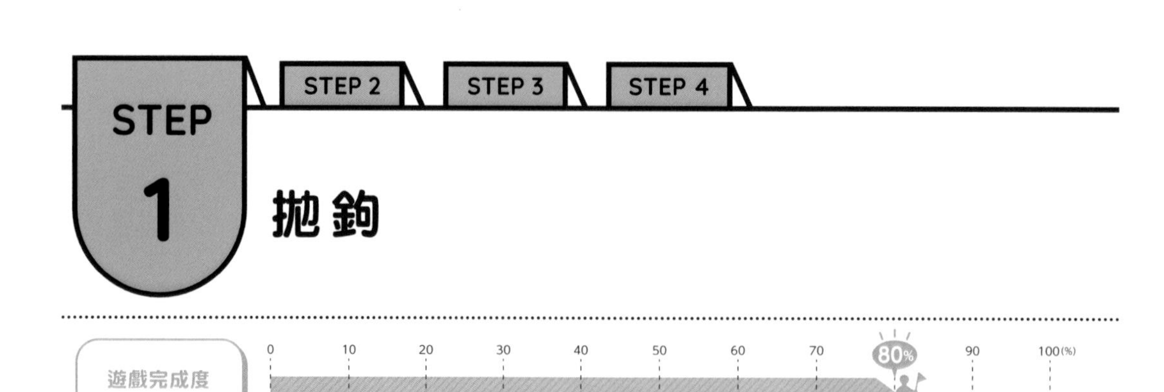

拋鉤

1 自行思考設計程式

利用按鍵操作切換造型

想開始釣魚，就得設計程式才能拋出魚鉤。請選取精靈角色，按照以下方式組合程式。

1. 造型換成重複無限次「釣魚」
2. 某個鍵被按下時「造型換成揚竿」

思考 1 選取角色開始設計程式

在精靈新增「當 🏳 被點擊」與「重複無限次」積木。

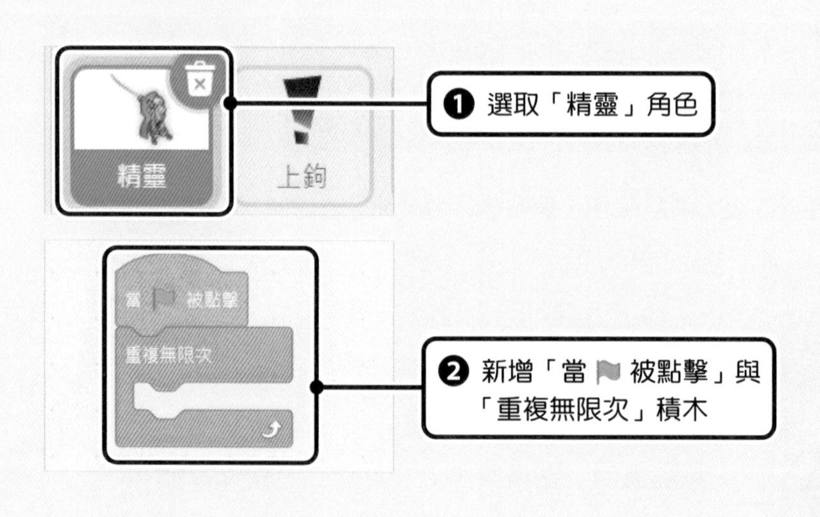

思考 2 新增造型換成「釣魚」的設定

在「重複無限次」積木新增「造型換成釣魚」積木。別忘了點擊▼，從下拉式選單選取適合的造型。

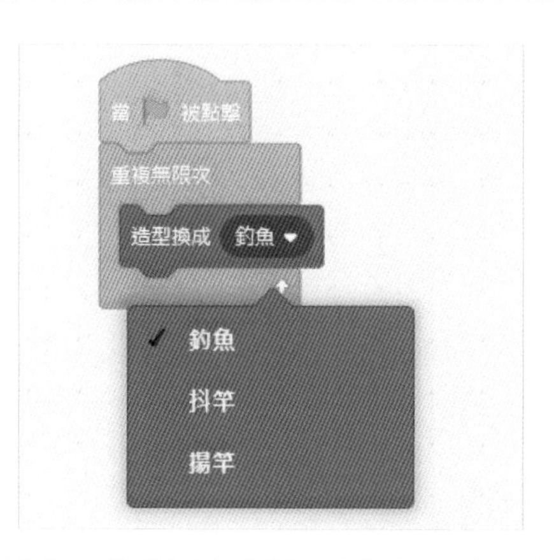

思考 3 新增按下某個鍵時的判斷

在「重複無限次」積木中的「造型換成釣魚」積木後面，新增判斷按鍵被按下的積木。請自行決定要使用哪個按鍵。

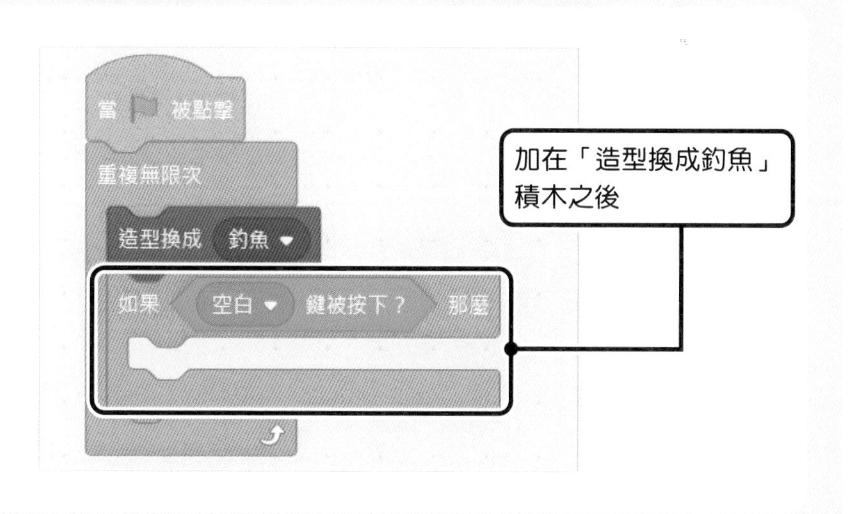

思考 4 在按鍵被按下時新增「造型換成揚竿」積木

完成前面的程式之後，請在按鍵被按下時，新增「造型換成揚竿」積木。

2 執行程式

請開始執行遊戲，確認動作。按住設定成條件的按鍵，「造型換成揚竿」時，會出現參考線，決定拋鉤的位置。

放開按鍵後，造型恢復成「釣魚」，就會在參考線的位置拋入魚鉤，請確認可以正常拋入魚鉤。

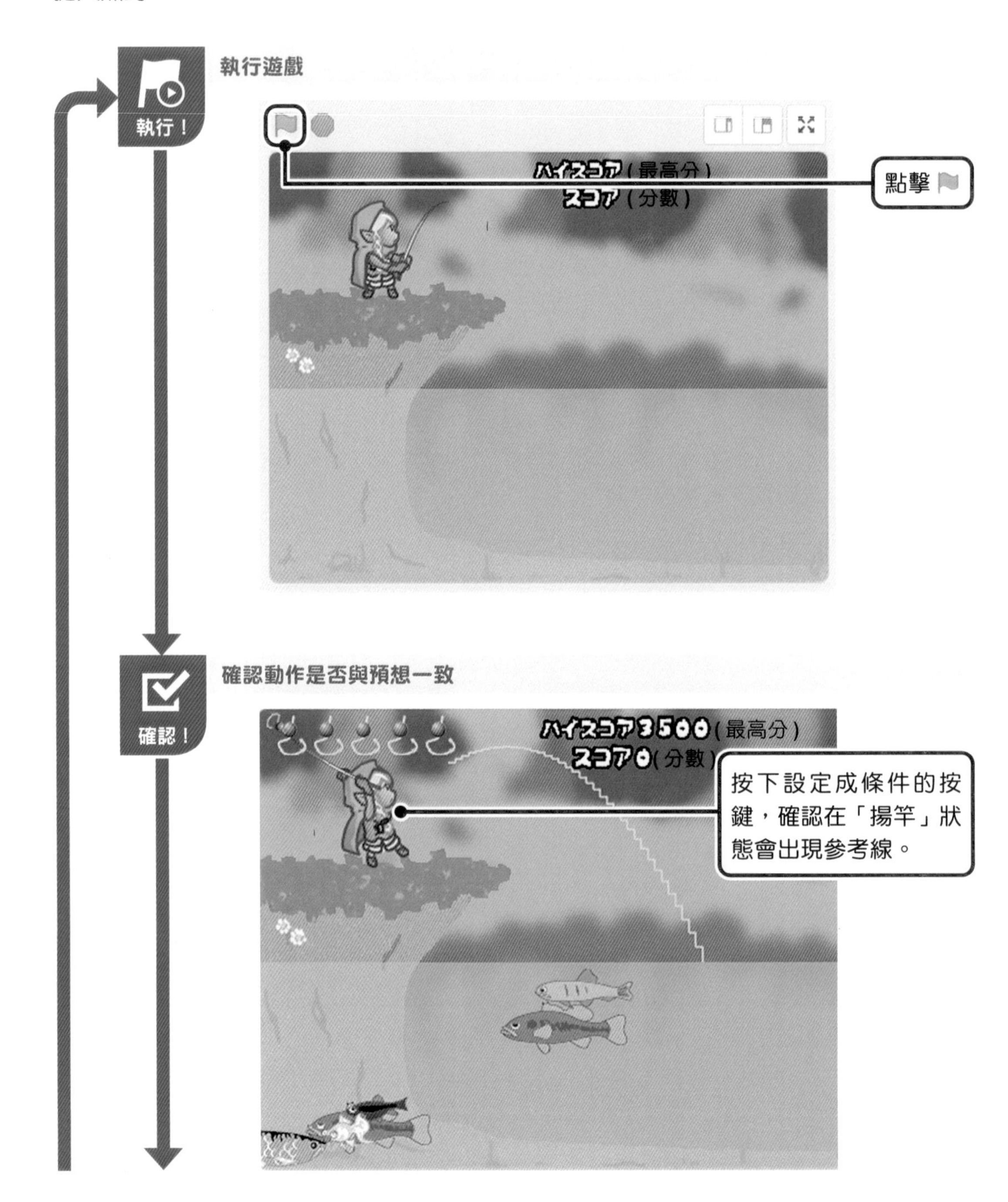

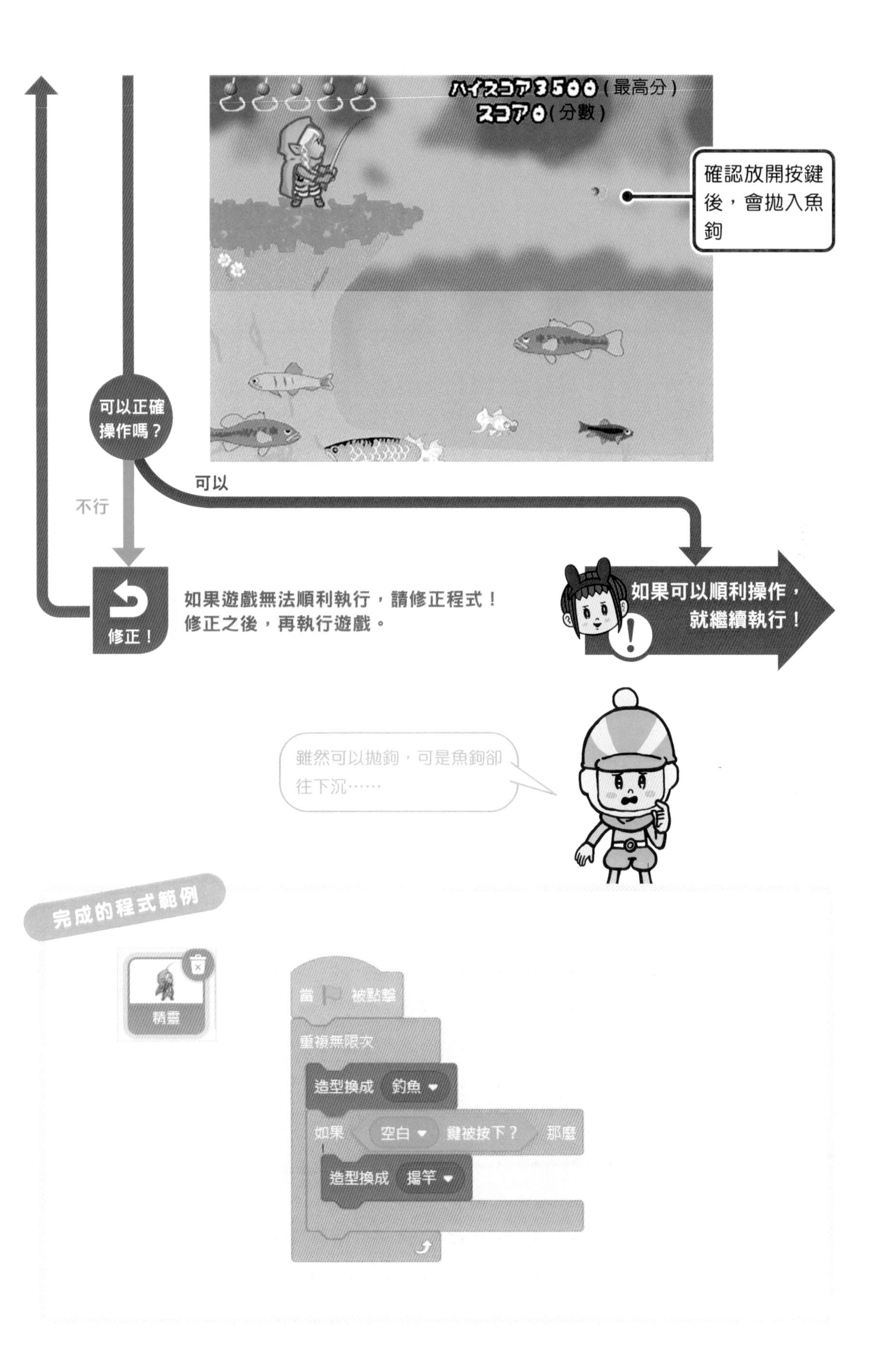
ハイスコア3500（最高分）
スコア0（分數）
確認放開按鍵後，會拋入魚鉤
可以正確操作嗎？
可以
不行
修正！
如果遊戲無法順利執行，請修正程式！
修正之後，再執行遊戲。
如果可以順利操作，
就繼續執行！
雖然可以拋鉤，可是魚鉤卻往下沉……
完成的程式範例
精靈
當 被點擊
重複無限次
造型換成 釣魚
如果 空白 鍵被按下？ 那麼
造型換成 揚竿

STEP 3 STEP 4

STEP 2

抖竿

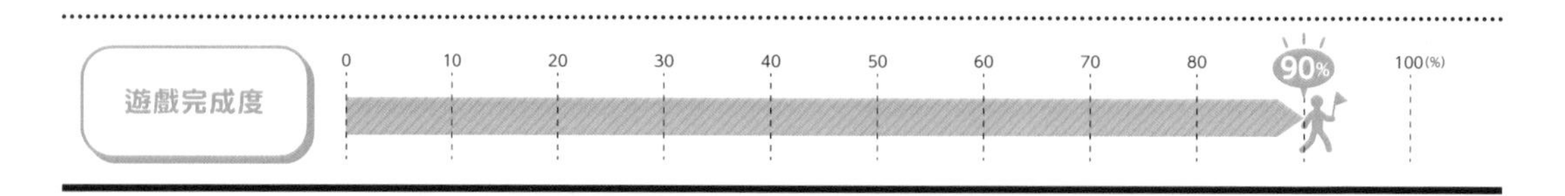

只要能把魚鉤拋在魚的面前，魚就會上鉤。可是魚游來游去，很難順利拋到魚的面前。

1 自行思考設計程式

新增改變造型的按鍵操作

拋鉤之後，要試著晃動魚鉤。使用與拋鉤不同的按鍵，利用「造型換成抖竿」積木，讓魚鉤在水裡晃動。

新增按鍵被按下後，「造型換成抖竿」積木

在「重複無限次」積木內，設定與「揚竿」不同的按鍵，新增某個按鍵被按下時，「造型換成抖竿」的設定。

嘗試！

 使用的積木如下所示（如果不瞭解，請參考 P157）。

2 執行程式

程式組合完畢後，請執行程式確認結果。

按下各個條件設定的按鍵，改變造型時，即可利用「揚竿」拋入魚鉤，以「抖竿」拉動魚鉤，自行控制水中的魚鉤位置。

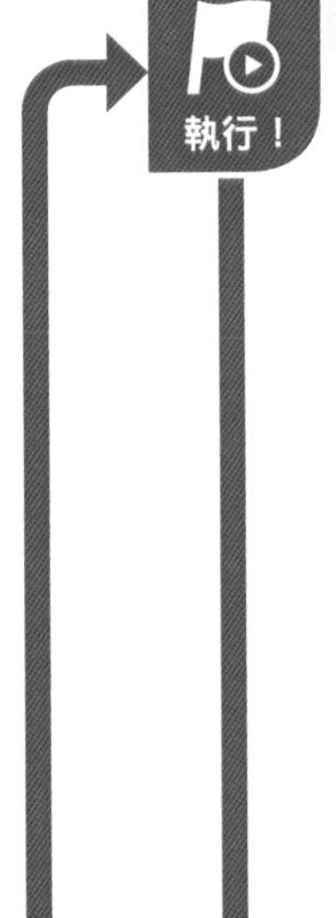

執行遊戲

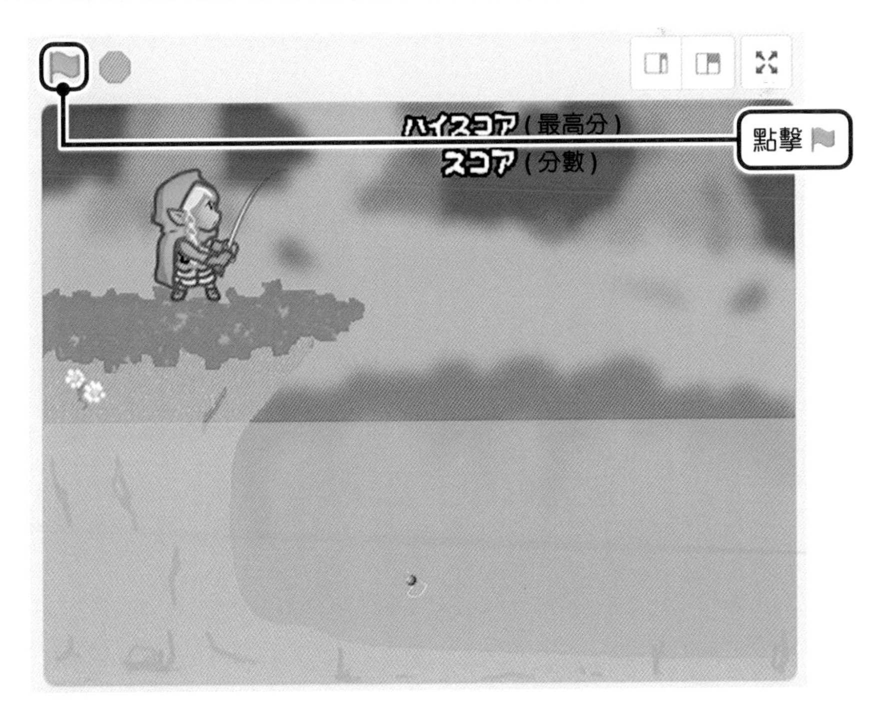

確認動作是否與預想一致

可以正確操作嗎？

可以

不行

修正！

如果遊戲無法順利執行，請修正程式！
修正之後，再執行遊戲。

如果可以順利操作，
就繼續執行！

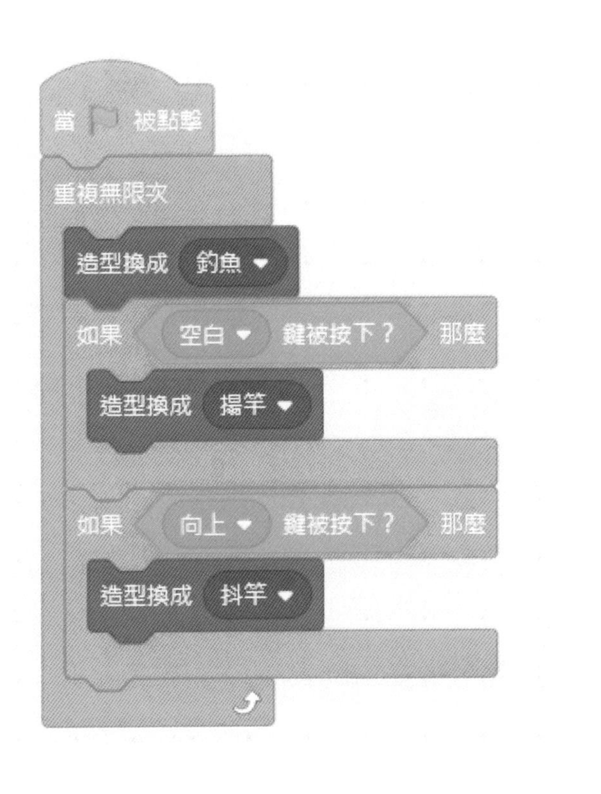

欸！欸！
在魚面前拉動魚鉤需要一點技巧呢！

啊！上鉤了喔～你看！

欸？真的嗎？啊！魚鉤不見……被拉走了……

這樣很難分辨魚上鉤了沒呢！

STEP 4

STEP 3 掌握魚上鉤的瞬間

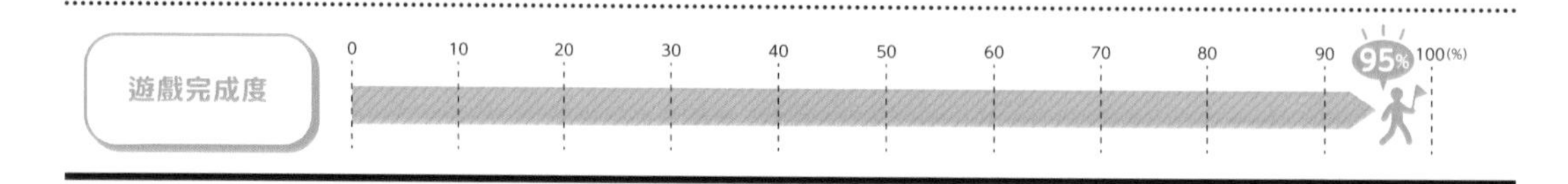

1 自行思考設計程式

自行思考

可以辨識魚「上鉤」的狀態

當魚上鉤時，造型換成「揚竿」，就可以把魚釣上來。現在雖然能釣到魚，可是如果可以一眼就看出魚「上鉤」的瞬間，就更像真正的遊戲了。

請從角色清單中選取「上鉤」，並只在魚吃餌的狀態顯示。

思考 1

選取「上鉤」並開始設計程式

選取「上鉤」，並新增「當 🏁 被點擊」與「重複無限次」積木。「上鉤」角色已組合了一些程式，請把這次要新增的程式放在空白處。

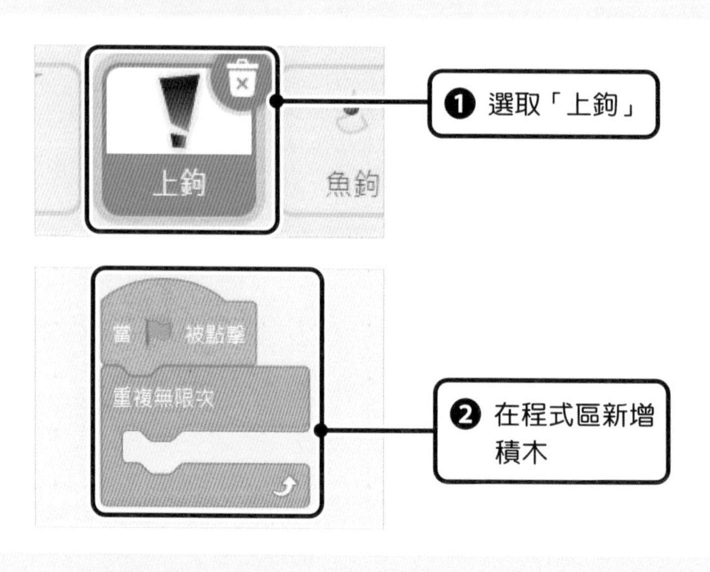

思考 2

判斷是否「上鉤」

這個遊戲在魚沒有吃餌時，「上鉤」的變數值為「0」，吃餌後會變成「1」。「變數」就像是儲存各種值的箱子。

如果要達到這個目標，只要以變數「上鉤」為條件，切換「上鉤」的顯示狀態即可。使用「運算」類別的積木，偵測變數「上鉤」是否為「1」。

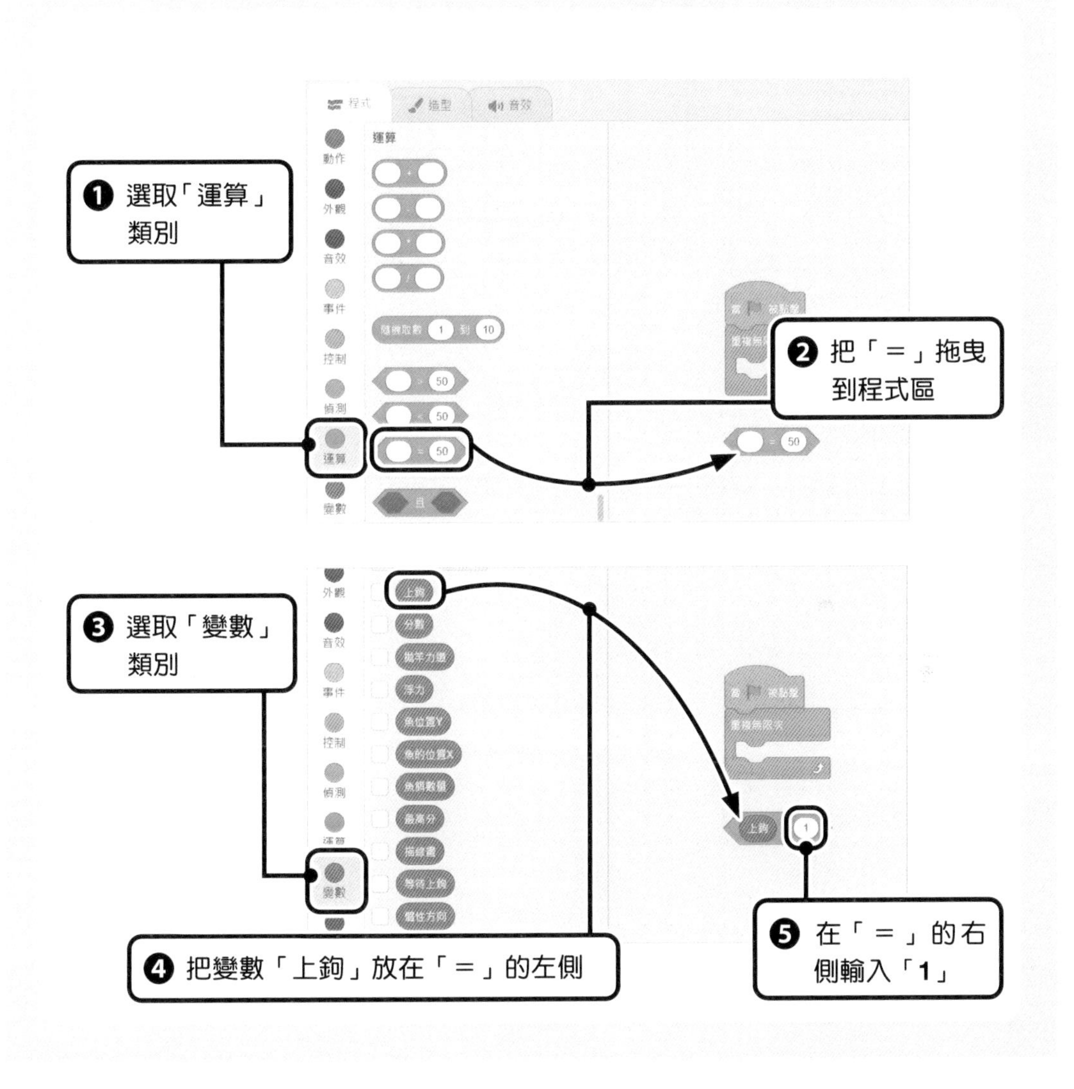

HINT

注意半形輸入與全形輸入

在變數「上鉤」帶入數值「0」或「1」。輸入數字時，必須以半形模式輸入，否則無法判斷成數值，請特別注意這一點。

思考 3 在「重複無限次」積木新增「如果～那麼～否則」積木

魚吃餌時，顯示「上鉤」角色，否則就隱藏。請使用可以控制條件是否一致的「如果～那麼～否則」積木。

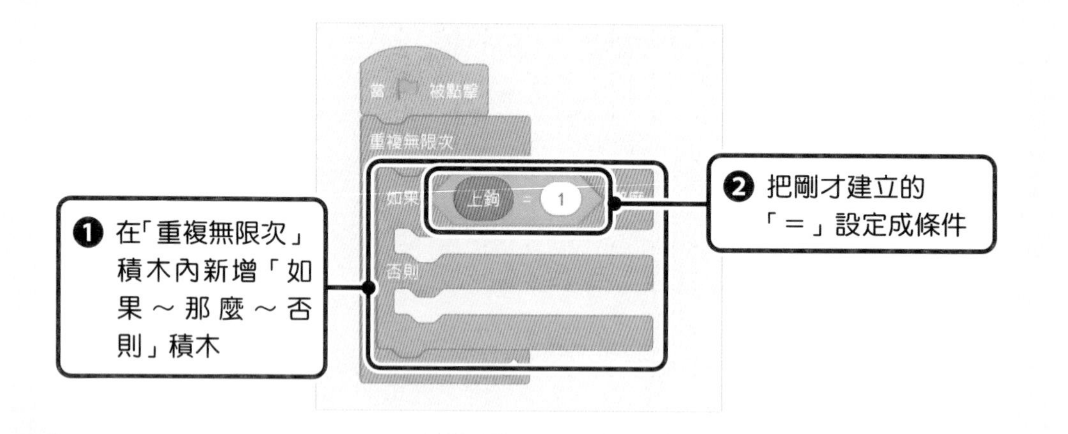

思考 4 增加判斷是否「上鉤＝ 1」的設定

當變數「上鉤」為 1，就顯示角色「上鉤」，否則就隱藏。

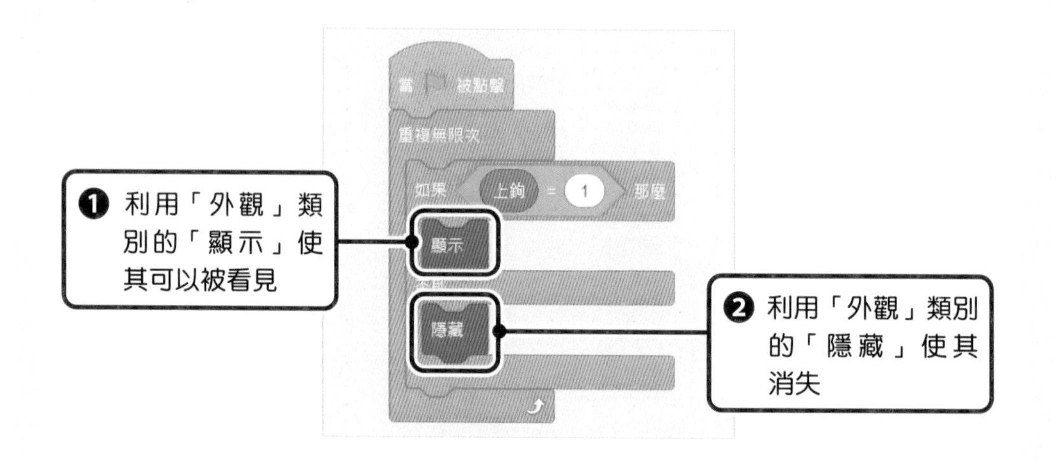

HINT

別被名稱混淆了

這個遊戲裡，包括了名為「上鉤」的角色及名為「上鉤」的變數，共有兩個「上鉤」。兩者完全不同，請注意瞭解內容究竟是指哪一個，別只看名稱。

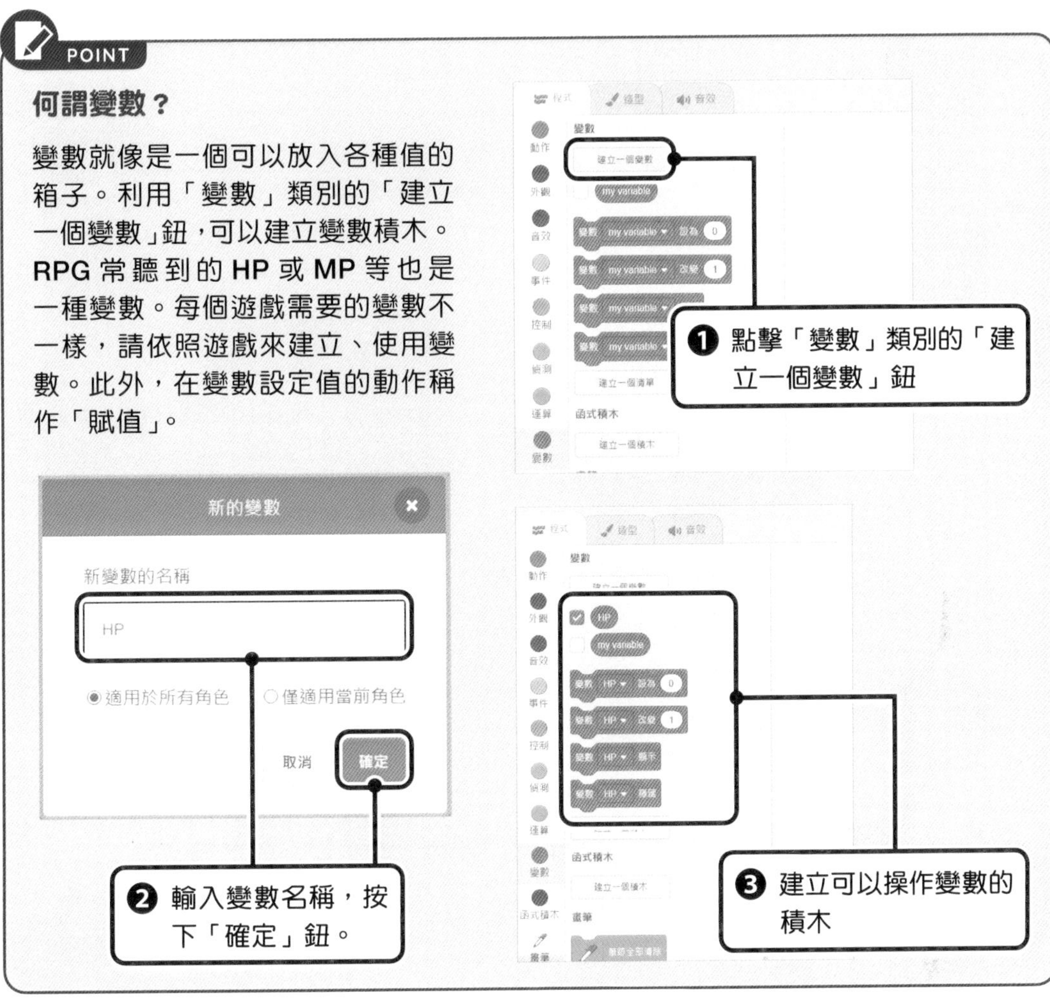

POINT

何謂變數？

變數就像是一個可以放入各種值的箱子。利用「變數」類別的「建立一個變數」鈕，可以建立變數積木。RPG 常聽到的 HP 或 MP 等也是一種變數。每個遊戲需要的變數不一樣，請依照遊戲來建立、使用變數。此外，在變數設定值的動作稱作「賦值」。

POINT

各種「運算」

在「運算」類別中，含圓孔的六角形積木是比較之後，傳回真假值的積木。
檢查兩者是否相同的「＝」，比較大小的「＜」、「＞」，大家應該都有在數學課學過吧！

比較值的積木

2 執行程式

程式組合完畢後，請執行程式確認結果。

確認是否能順利讓魚吃餌，並顯示「上鉤」角色。魚沒有吃餌時就不要顯示。

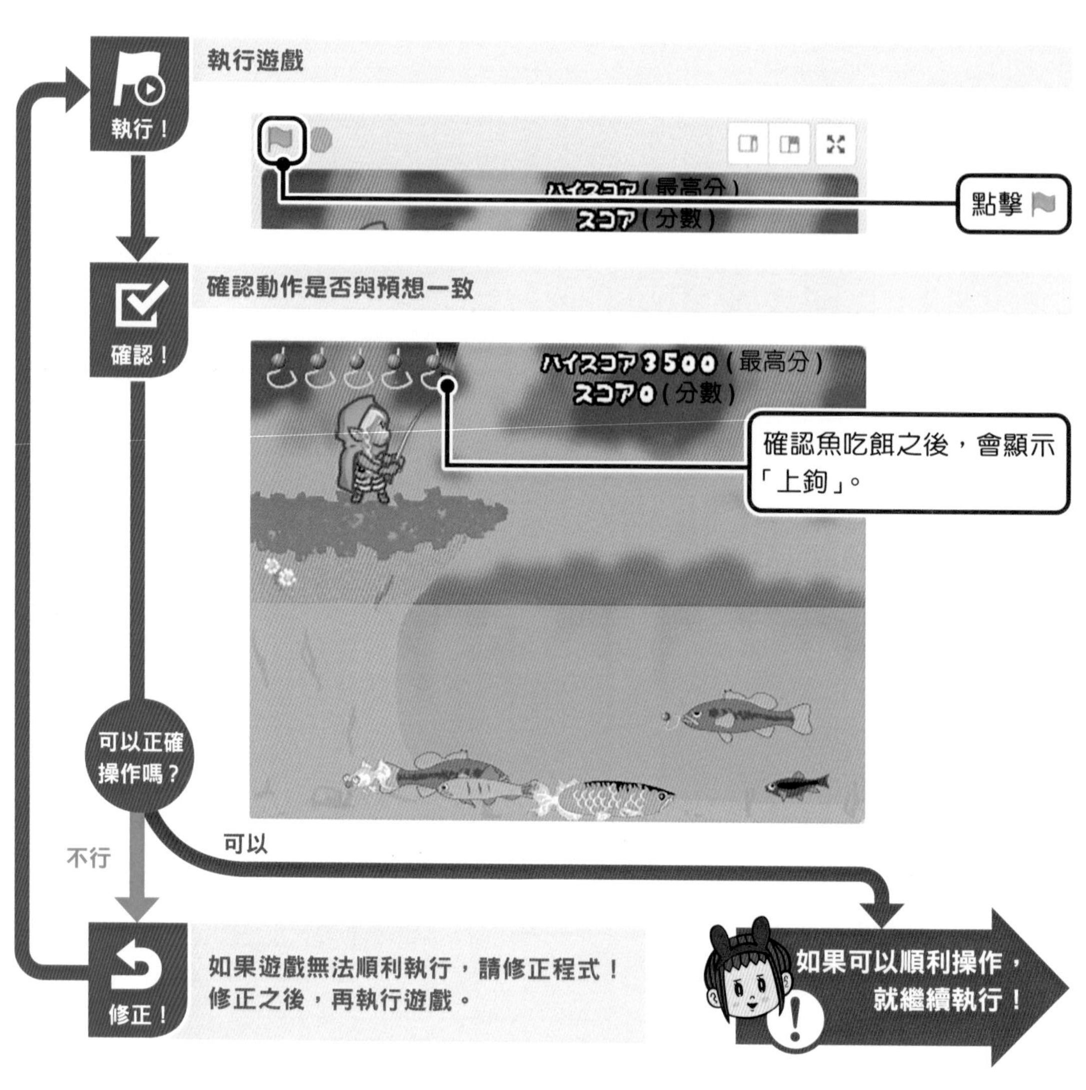
執行遊戲
執行！
ハイスコア（最高分）
スコア（分數）
點擊
確認動作是否與預想一致
確認！
ハイスコア3500（最高分）
スコア0（分數）
確認魚吃餌之後，會顯示「上鉤」。
可以正確操作嗎？
不行
可以
修正！
如果遊戲無法順利執行，請修正程式！
修正之後，再執行遊戲。
如果可以順利操作，
就繼續執行！

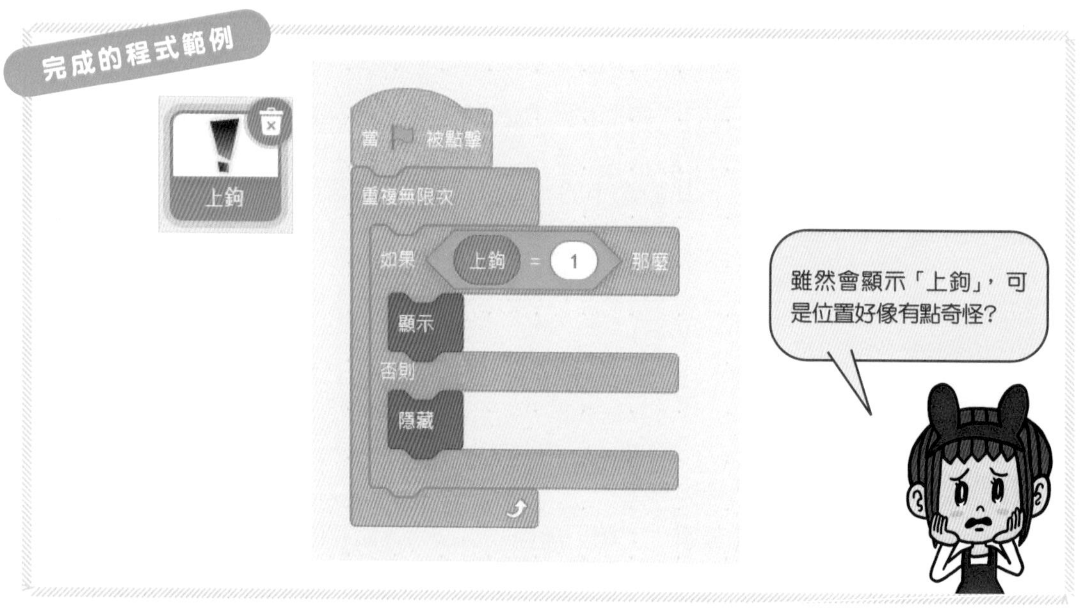
完成的程式範例
上鉤
當 被點擊
重複無限次
如果 上鉤 = 1 那麼
顯示
否則
隱藏
雖然會顯示「上鉤」，可是位置好像有點奇怪？

STEP 4

上鉤時顯示魚鉤的位置

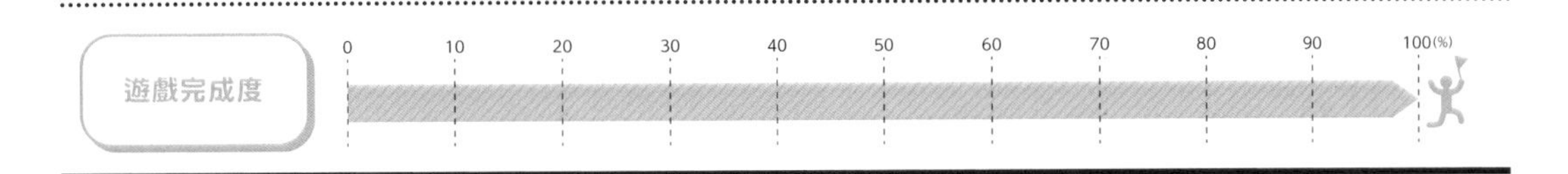

1 自行思考設計程式

把角色「上鉤」移動到容易看見的位置

雖然會顯示角色「上鉤」，可是現在的位置很不容易看到。角色「上鉤」最好出現在魚鉤的位置。

思考 1 組合移動魚鉤座標的積木

使用偵測角色「上鉤」的 x 與 y 座標的積木，把角色「上鉤」移動到魚鉤的位置。

提示 使用的積木如下所示。

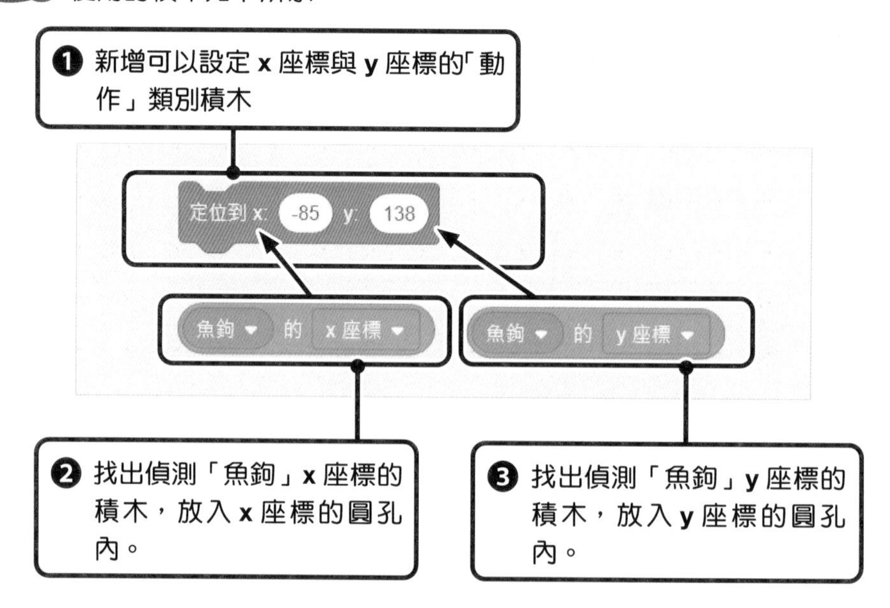

思考 2 把角色「上鉤」的 xy 座標變成「重複無限次」、「魚鉤」的 xy 座標

組合程式，讓角色「上鉤」移動到魚鉤位置的積木可以執行「重複無限次」。

POINT

「改變～」與「設為～」

你是否注意到改變座標的積木之中，包括了「改變～」與「設為～」兩種？這兩種積木的差別在於若是執行「改變 10」、「改變 10」、「改變 10」三次，就會變成「30」，但是執行「設為 10」、「設為 10」、「設為 10」三次仍是「10」。「改變～」是增減輸入數值的設定，而「設為～」是變成輸入數值的設定。兩者產生的結果不一樣，請仔細思考再使用。

2 執行程式

當你認為程式組合完畢後，請確認結果。

角色「上鉤」是否正確顯示在預期的位置上？當魚上鉤時，按下和拋鉤一樣的按鍵，讓造型變成「揚竿」，就能釣到魚。

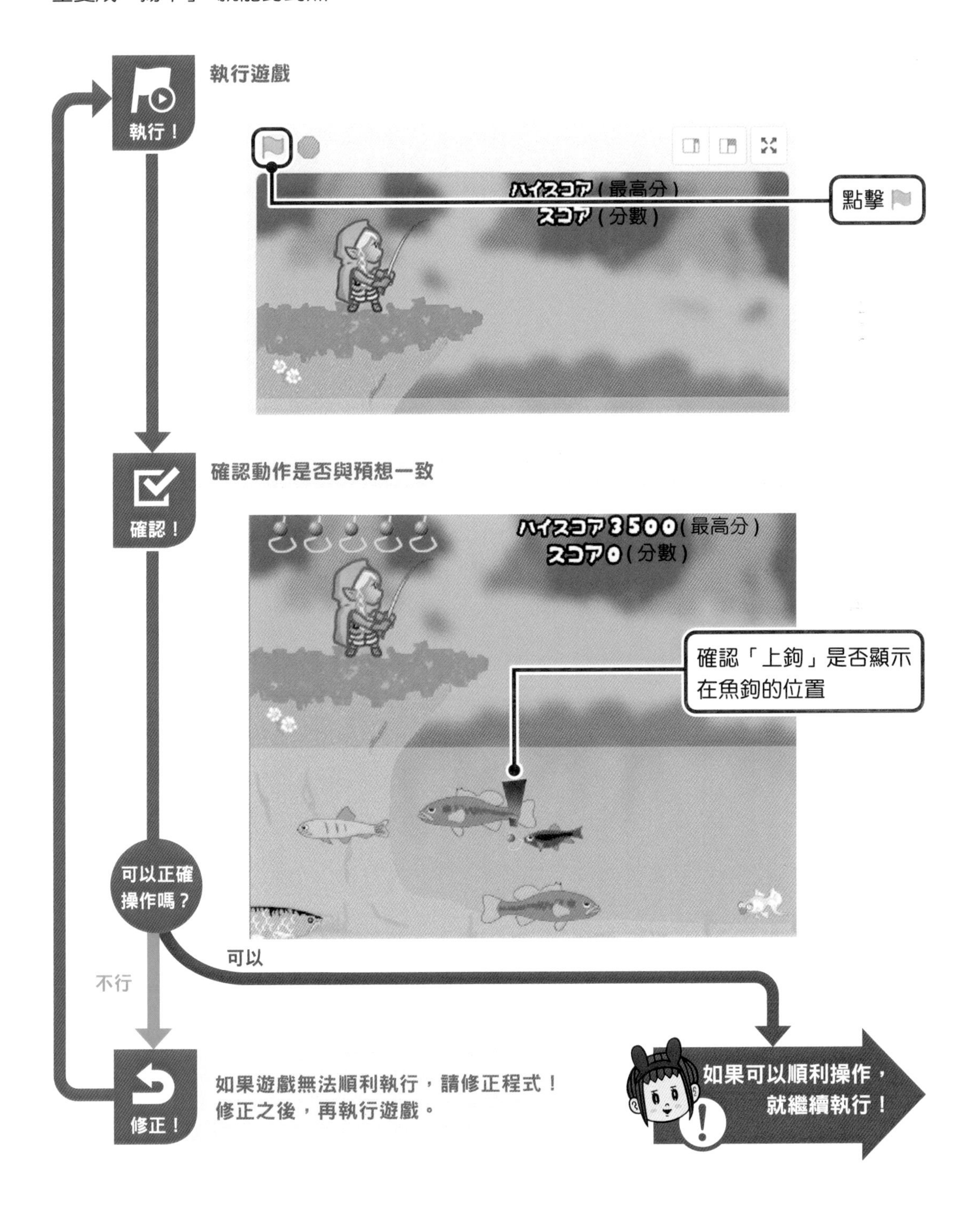

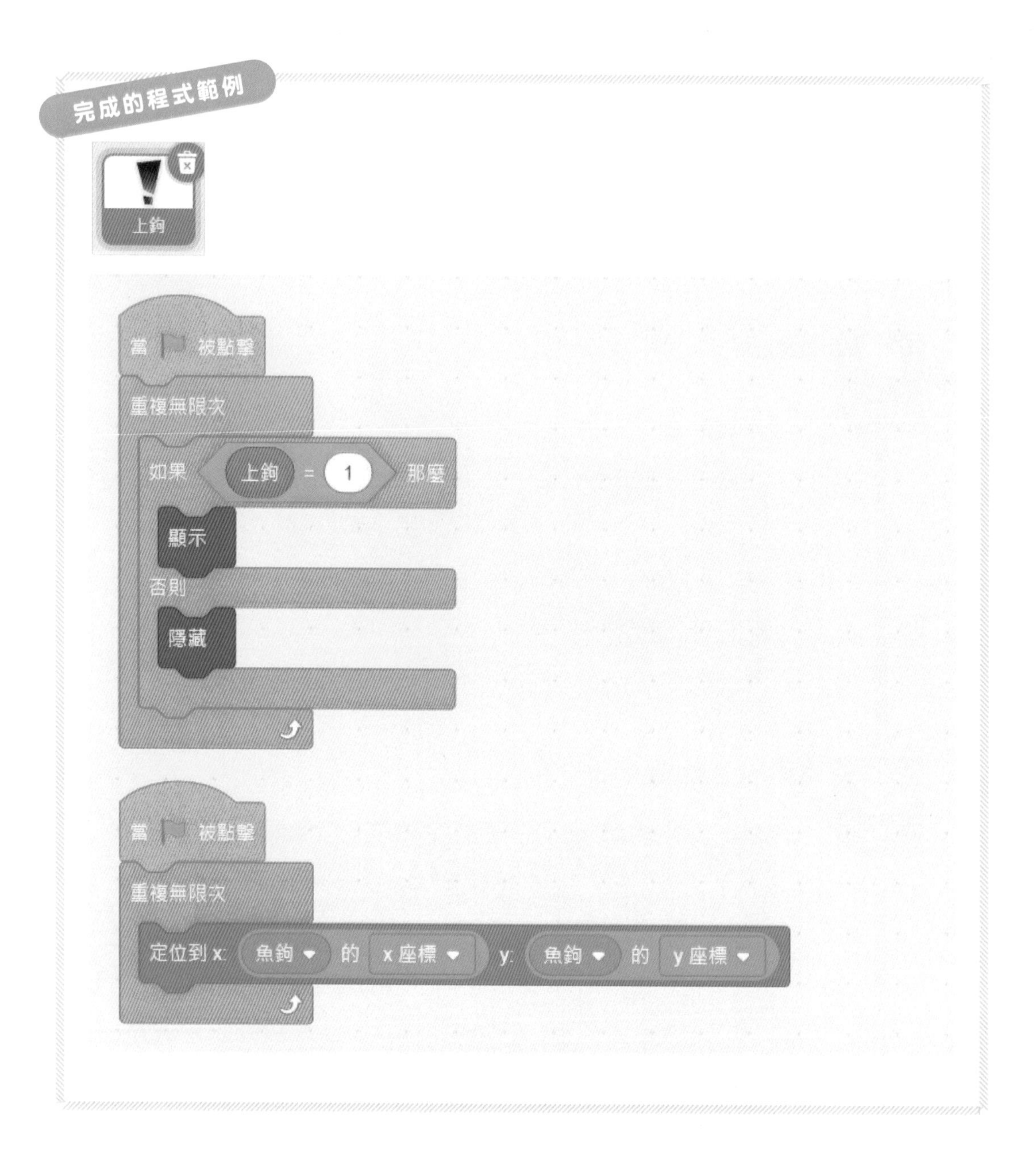

太好了！我要來釣魚了！

一不小心魚鉤可會被魚群拉走喔！
要注意一點。

改造遊戲，挑戰完美破關！

完美挑戰！

Perfect 條件 **獲得4000分以上**

魚鉤用完了，遊戲就會結束，並根據結束時的得分給予評價。

請努力獲得最高評價 Perfect，如果覺得很困難，就試著改造遊戲。

魚類得分

	黑鱸魚	50 分
	鯉魚	200 分
	牛眼鯥	500 分
	紅龍	800 分
	金魚	1,000 分

這個遊戲的得分會隨著魚種而不同，金魚的分數最高。

哇喔！黑鱸魚上鉤了！

得分較高的魚比較不會吃餌。請適度晃動魚鉤，把魚鉤放到魚的眼前。

改造提示①

只靠精靈的「抖竿」動作無法將魚鉤移動到目標位置！既然如此，何不改造成可以隨意移動魚鉤？

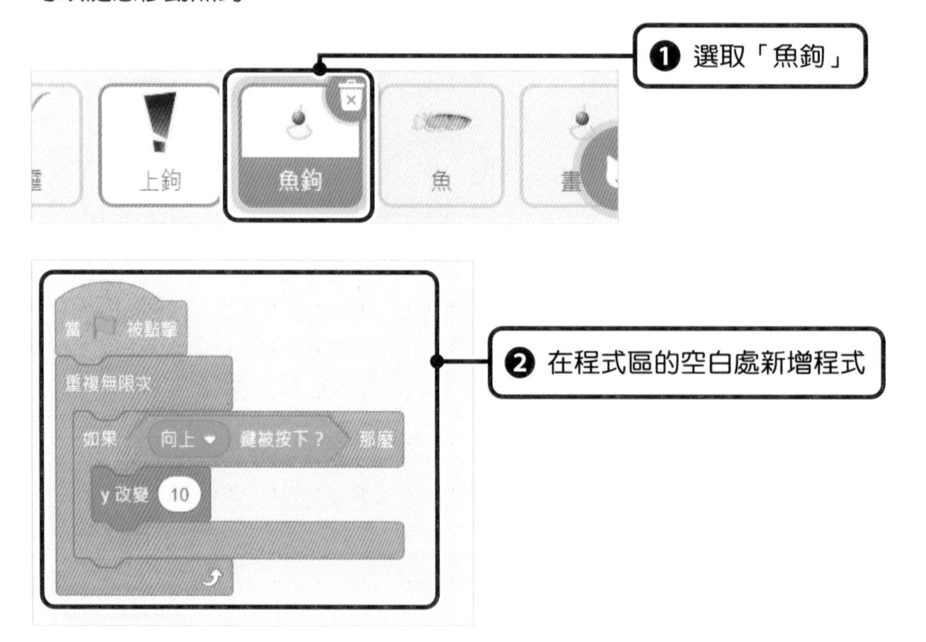

這個範例在按下 ⇧ 鍵時，增加魚鉤的 y 座標，讓魚鉤能往上移動。像這樣，在角色增加按鍵操作也可以隨意移動角色。

除了往上移動之外，還可以新增往右移動（增加 x 座標）、往左移動（減少 x 座標）。

改造提示②

魚好不容易上鉤了，卻沒有抓準時機釣起，讓魚跑掉。你也可以改造精靈，變成能自動把魚釣起來。

魚吃餌是當變數「上鉤」為「1」的時候。

在這個條件下，精靈的造型變成「揚竿」的話⋯⋯。

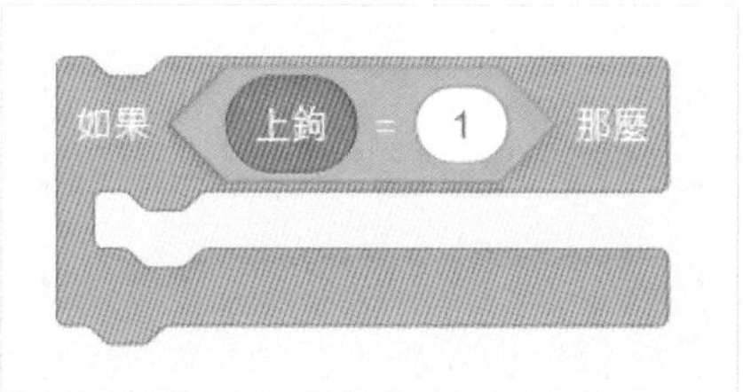

改造提示③

除此之外，還可以進行以下改造。當你熟悉操作之後，請試著挑戰看看。

1. 增加魚鉤的魚餌數量
2. 改變魚的造型，變成全都是金魚

現在可以自動把魚釣起來了。
接下來我要集中精神在高分的魚種上！

我覺得自動釣魚其實有點無趣，不妨試著增加魚鉤，變成可以釣起大量的魚，作法其實千變萬化！

過度改造而變得無趣時，可以恢復成原始程式。假如你覺得改造的很成功，請讓朋友或家人試玩，瞭解他們的感想。

製作難度 ★★★★☆

遊戲 3

忍者居合術

重點提示

- 可以自行思考完成程式
- 使用「重複直到～」積木

遊戲畫面

操作方法

旋轉斬擊

按住按鍵

使出居合斬

放開按鍵

移動準心

請開啟「忍者居合術」遊戲，
進行挑戰！

範例線上下載網址：http://books.gotop.com.tw/download/ACG006000

顯示編輯器後，請點擊 ，開始執行遊戲。

我想使出居合斬，可是忍者卻不會動！

立刻來設計程式，用居合斬快速劈砍木頭吧！

從下一頁開始一起完成這個遊戲吧！

STEP 1 使出居合斬

STEP 2 STEP 3

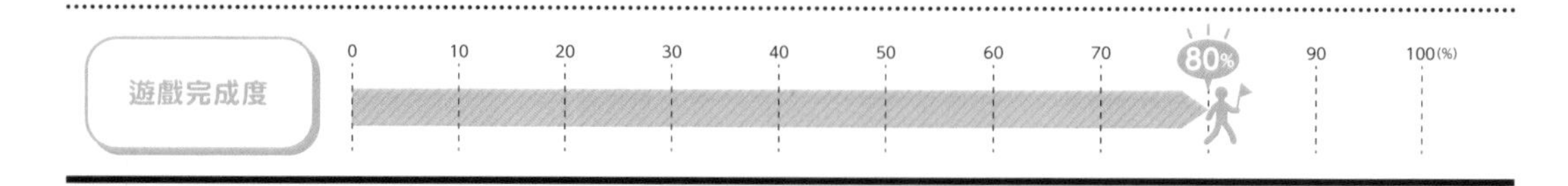

1 自行思考設計程式

由斬擊廣播訊息

執行遊戲之後，會發現還無法進行任何操作。請先設計斬擊的程式，讓忍者可以使出居合斬。這裡要設計的是當某個按鍵被按下時，斬擊依序傳送「準備」與「劈斬」兩個訊息的程式。

思考 1 選取角色開始設計程式

在斬擊新增「當 🏳 被點擊」及「重複無限次」積木。「斬擊」原本已經有程式，請在空白處組合新程式。

思考 2 新增某個按鍵被按下時的判斷

在「重複無限次」積木中，新增判斷按鍵被按下時的積木。請自行決定要使用哪個按鍵。

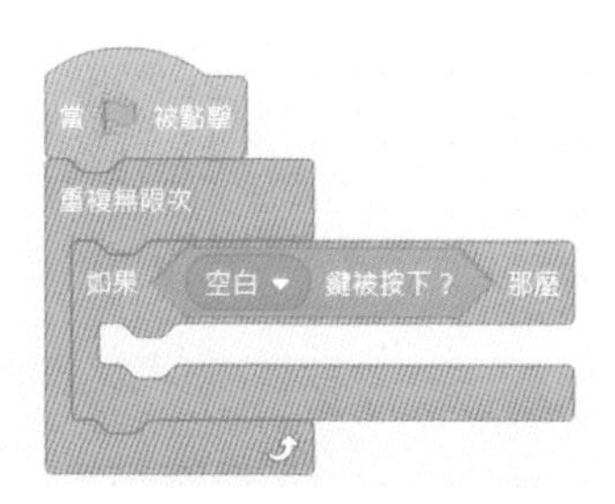

思考 3 新增「廣播訊息準備並等待」及「廣播訊息劈斬並等待」積木

按鍵被按下時，新增「準備」與「劈斬」等兩個訊息的「廣播訊息並等待」設定。「廣播訊息～並等待」積木位於「事件」類別裡。
利用▼顯示下拉式選單，依序新增①準備→②劈斬。

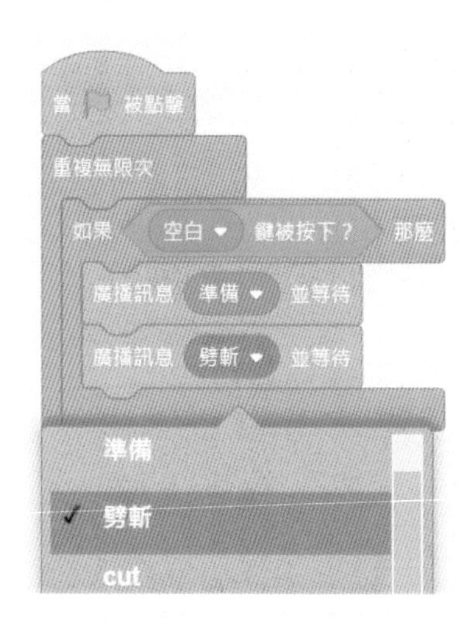

等待很重要！

廣播訊息的積木分成「廣播訊息～」及「廣播訊息～並等待」兩種。請注意，這次使用的是後者。兩者的差別如同「廣播訊息～並等待」的字面所示，等待直到完成取得訊息端的程序，否則不繼續下個程序。這次的範例是一定要準備之後再劈斬，否則無法順利操作，因此設定成「準備並等待」及「劈斬並等待」。

2 執行程式

開始執行遊戲，確認動作是否正常。

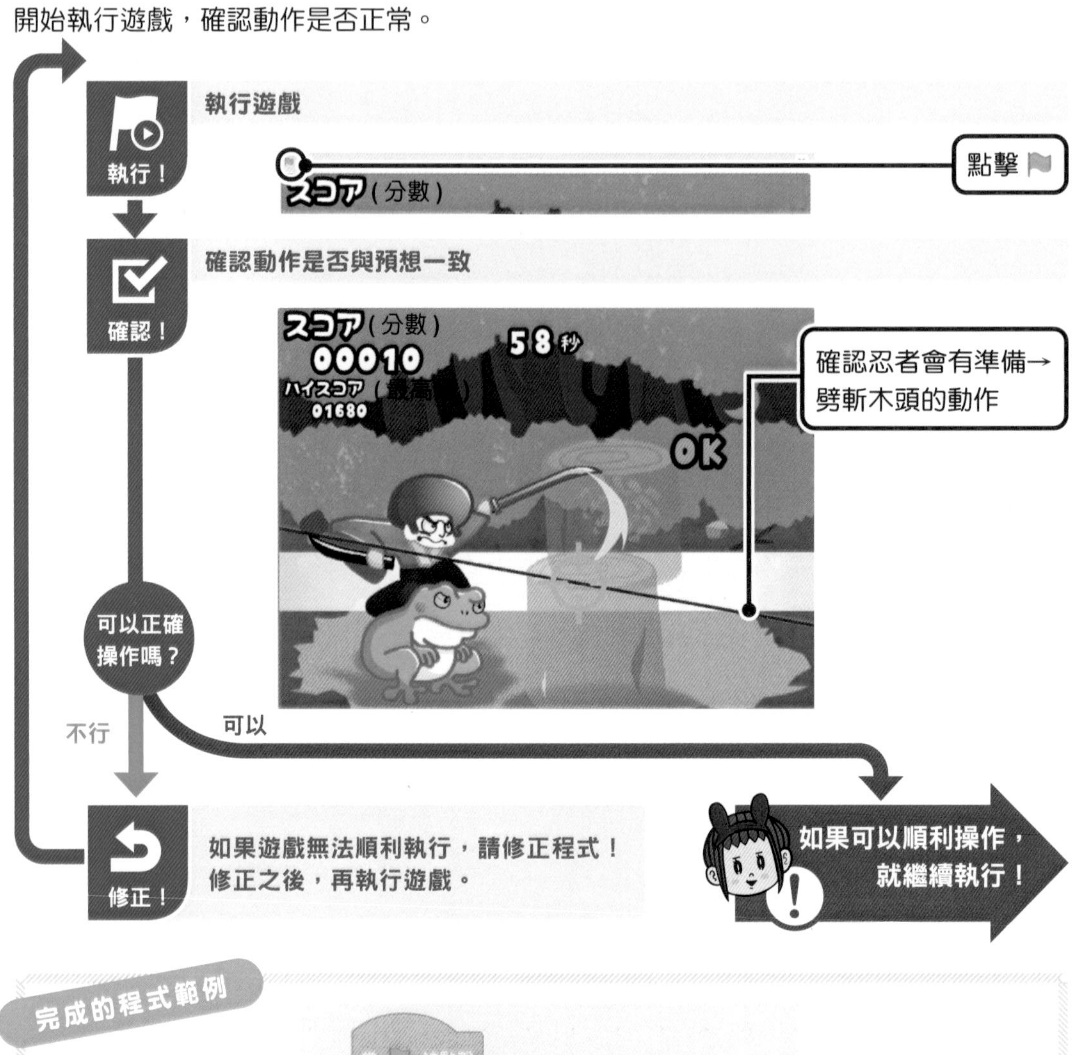

完成的程式範例

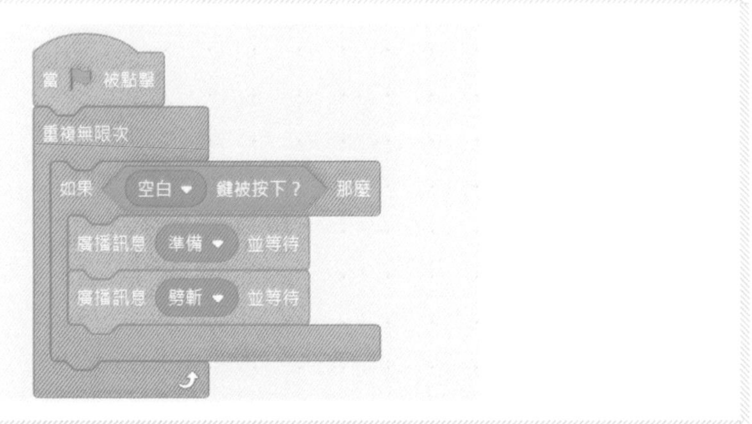

好！已經可以劈斬木頭了！但是好像還沒完成吧！

STEP 2 旋轉斬擊

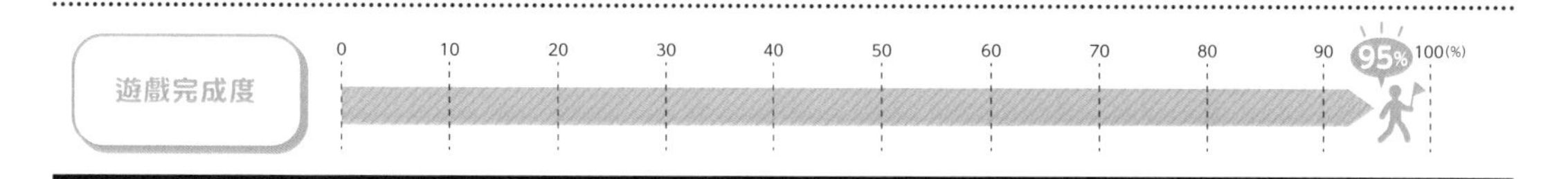

1 自行思考設計程式

自行思考 在按住按鍵的狀態旋轉斬擊

雖然已經可以用居合斬來劈斬木頭，可是斬擊與參考線的角度卻不一樣，可能出現疏漏或無法獲得高評價。完成居合斬的準備後，旋轉斬擊直到放開按鍵為止。

思考 1 把「重複直到～」積木拖曳到程式區

請把「重複直到～」積木放在空白處。

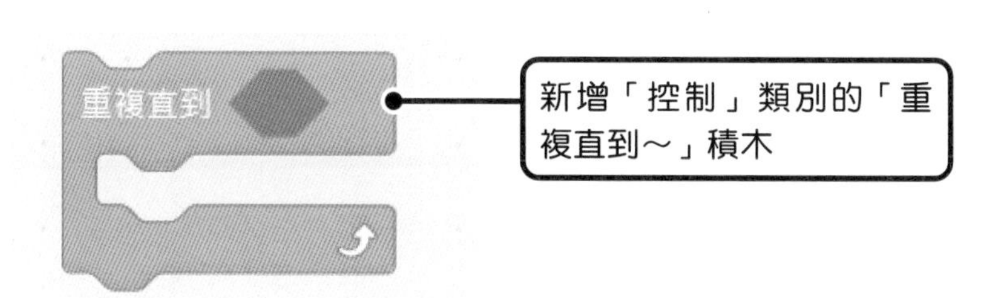

思考 2

新增「～不成立」積木

請把「～不成立」設定成重複的條件，這階段到此還不算完成喔。

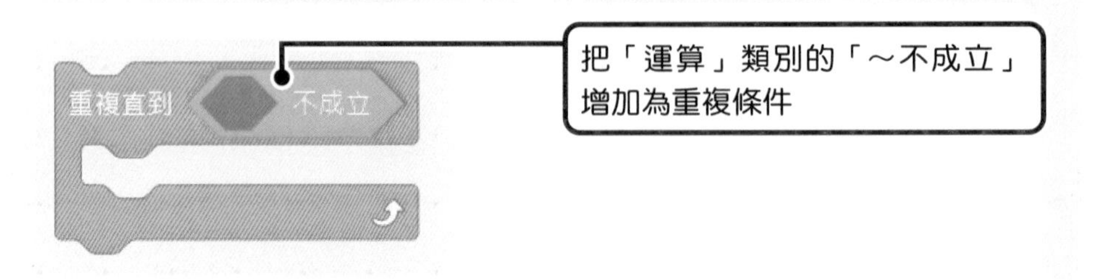

思考 3

在「～不成立」新增「～鍵被按下？」積木

在新增為重複條件的「～不成立」積木內，包含了放入真假值的孔洞。請設定和居合斬一樣的按鍵當作條件，就可以重複執行動作，直到「按鍵沒被按下」，亦即放開按鍵為止。

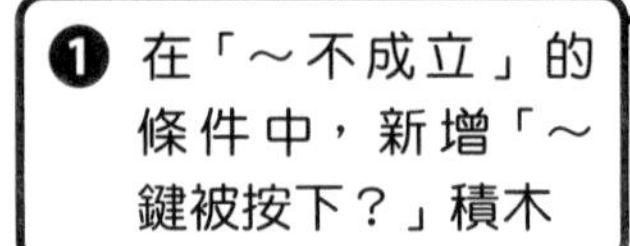

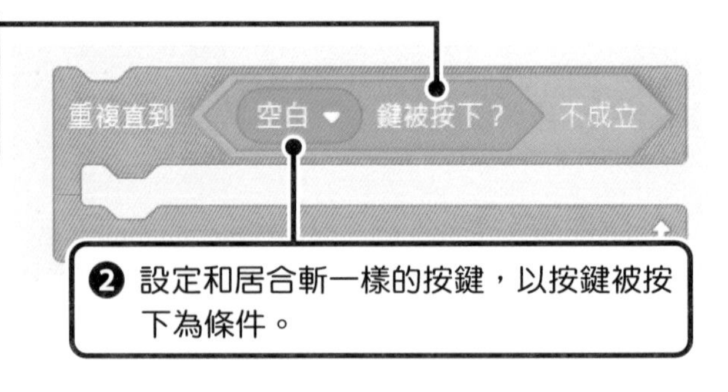

POINT

各種執行重複動作的積木

Scratch 有三種執行重複動作的積木，包括「重複無限次」、「重複～次」、「重複直到～」。「重複無限次」會反覆執行不會停止，常用在遊戲中一直動來動去的角色上。「重複～次」會重複指定的次數，適合用在知道重複次數的設定，例如「造型改變三次」。「重複直到～」是反覆執行直到指定為條件的真假值變成「真」，如「x 座標大於某個數值為止」或「按鍵被按下為止」等，可以重複執行直到發生什麼事情為止。

思考 4 新增「左轉 5 度」積木

要重複執行的是旋轉斬擊的設定。當按鍵被按下時，執行旋轉斬擊的動作。

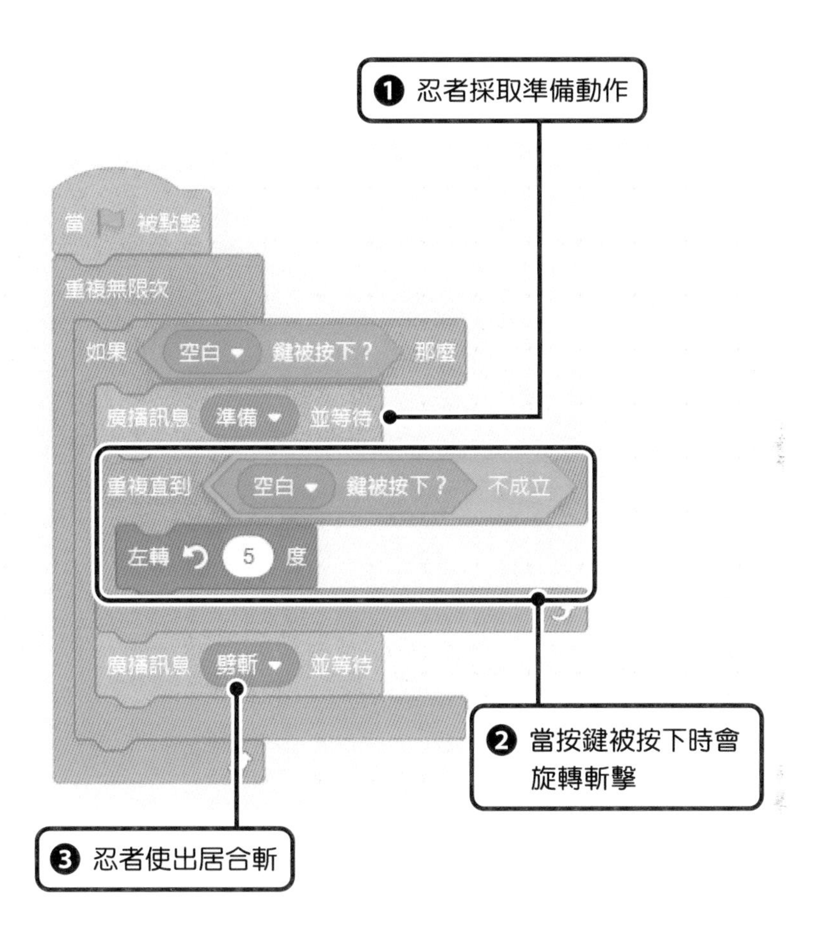

「～不成立」是什麼意思？

Scratch 的六角形積木可以傳回代表該問題或判斷是否正確的真假值。「～不成立」是讓真假值反轉的積木。比方說，反轉「按下按鍵」，就變成「沒有按下按鍵」。反轉「x 座標大於 100」，就變成「x 座標小於 100」，這種反轉真假值的情況稱作「否定」。

2 執行程式

請執行遊戲，確認動作是否正確。

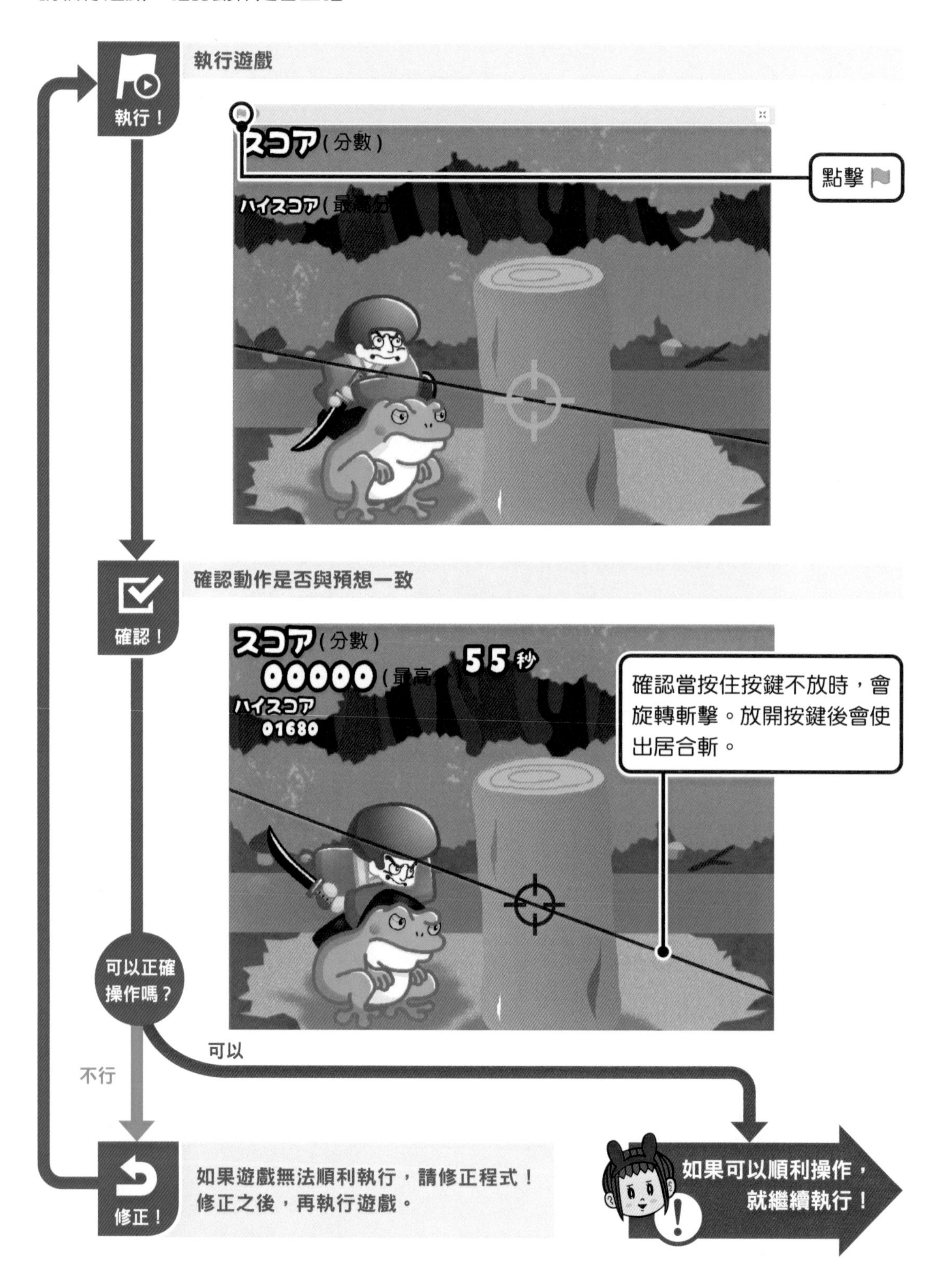

完成的程式範例

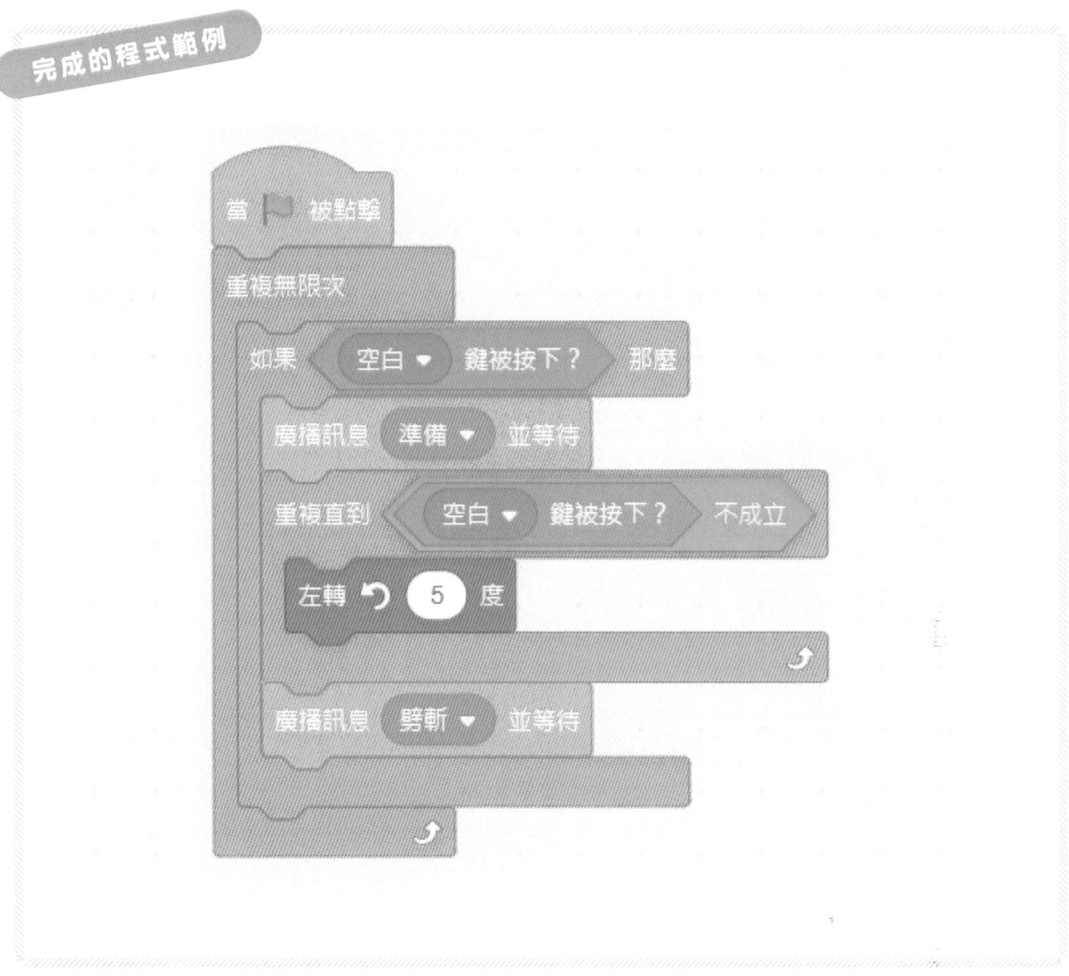

按住按鍵不放，就會旋轉斬擊，放開後就使出居合斬！成功了！

咦？但是下個木頭的位置變了，應該砍不中吧？

STEP 3

配合木頭位置使出斬擊

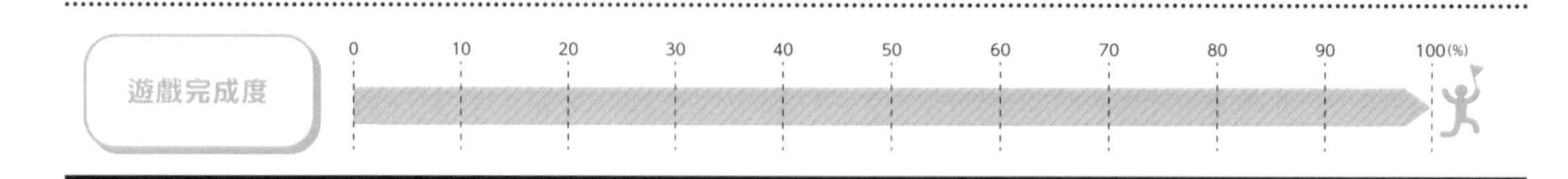

1 自行思考設計程式

自行思考

可以左右移動斬擊

現在是根據參考線的角度旋轉斬擊，可是砍了幾根木頭後，木頭的位置會變得不一樣，即使按照參考線的角度也會失誤。事實上，如果準心沒有瞄準木頭，就無法砍中。移動斬擊的座標，準心也會跟著一起移動。請移動斬擊，瞄準木頭的準心。

思考 1

新增「當 🏴 被點擊」及「重複無限次」積木

移動斬擊的程式最好與其他操作分開，請新增「當 🏴 被點擊」及「重複無限次」積木。

思考 2

操作 x 座標，移動斬擊

木頭的位置會在畫面左右移動。請新增以下兩項設定，讓斬擊可以左右移動。

1. [→] 鍵被按下，往右移動斬擊
2. [←] 鍵被按下，往左移動斬擊

2 執行程式

執行遊戲，確認動作是否正確。

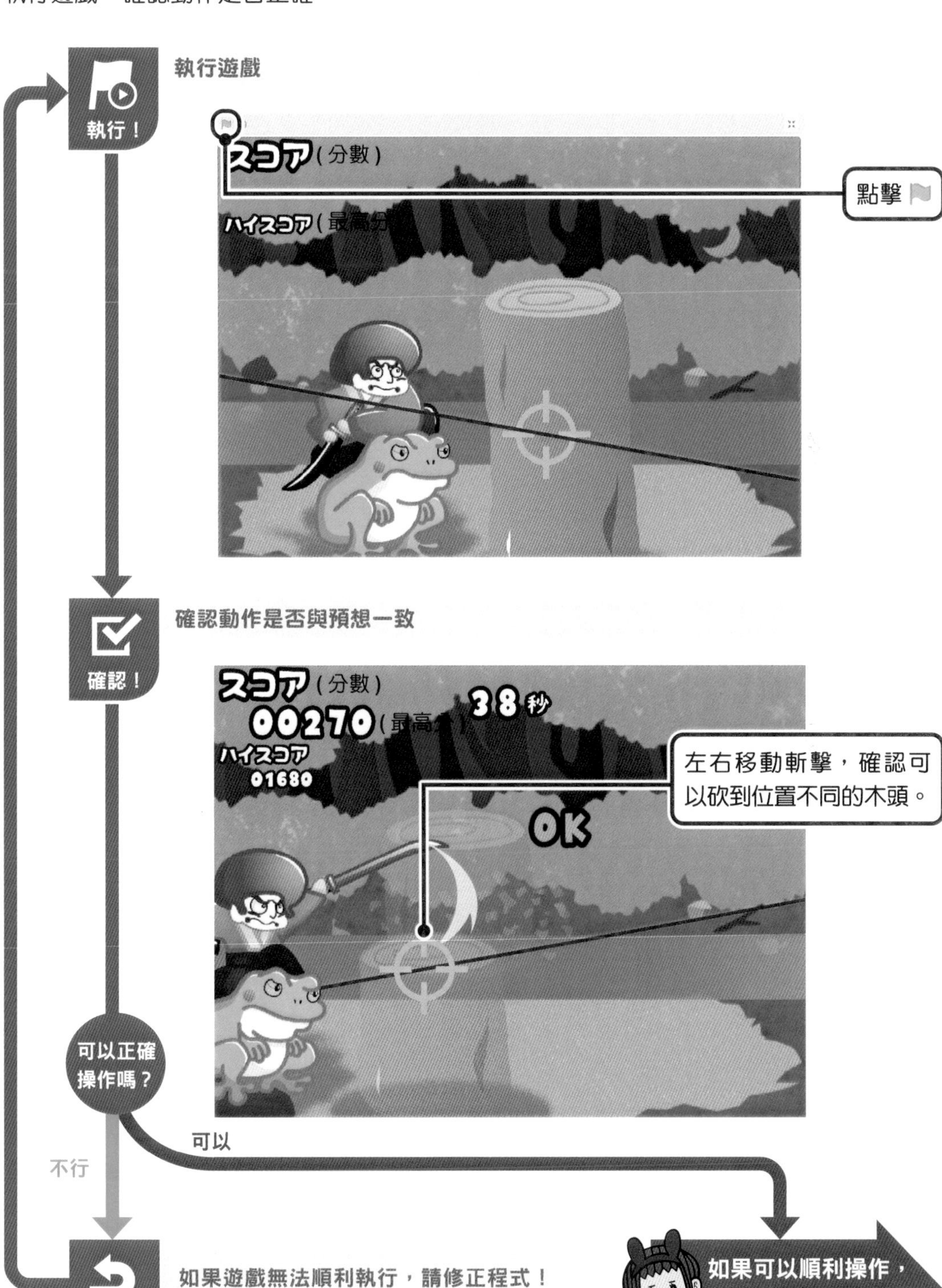

完成的程式範例

```
當 🏴 被點擊
重複無限次
  如果 <空白 ▾ 鍵被按下？> 那麼
    廣播訊息 準備 ▾ 並等待
    重複直到 <<空白 ▾ 鍵被按下？> 不成立>
      左轉 ↺ 5 度
    廣播訊息 劈斬 ▾ 並等待

當 🏴 被點擊
重複無限次
  如果 <向右 ▾ 鍵被按下？> 那麼
    x 改變 10
  如果 <向左 ▾ 鍵被按下？> 那麼
    x 改變 -10
```

好了！這樣就完成了！

可以俐落地劈斬木頭很有趣吧！

改造遊戲，挑戰完美破關！

完美挑戰！

Perfect 條件 得分超過2000分

按照參考線順利劈斬木頭，就能獲得高分。請以最高評價 Perfect 為目標來改造遊戲。

你不覺得有很多參考線的角度是一樣的嗎？

是嗎？我反而覺得時間不夠，下個木頭出現的太慢，覺得很著急呢！

改造提示①

下個木頭若能早點出現，就可以更有效地運用時間。請把程式改造成當忍者劈斬木頭後，會立刻出現「下個木頭」。

在「下個木頭」的程式裡，有沒有調整木頭出現時間的設定？

```
當 🏳 被點擊
變數 類型 ▾ 設為 1
變數 發生位置 ▾ 設為 30
隱藏
廣播訊息 ready ▾

當收到訊息 cut ▾
如果 < 分數 = 0 > 那麼
    變數 類型 ▾ 設為 1
否則
    變數 類型 ▾ 設為 隨機取數 1 到 3
如果 < 200 < 分數 > 那麼
    變數 發生位置 ▾ 設為 隨機取數 -120 到 120
否則
    變數 發生位置 ▾ 設為 20
定位到 x: 360 y: 30
顯示
滑行 0.5 秒到 x: 發生位置 y: y 座標
y 設為 0
廣播訊息 ready ▾
變數 狀態 ▾ 設為 通常
隱藏

當 🏳 被點擊
重複無限次
    造型換成 造型1 ▾
    等待 0.1 秒
    造型換成 造型2 ▾
    等待 0.1 秒

當收到訊息 time up ▾
重複無限次
    變數 狀態 ▾ 設為 準備中
    停止 這個物件的其它程式 ▾
```

在角色清單中，選取「下個木頭」，確認程式的內容。

「出現」就是指移動處理。請在藍色「動作」類型積木內，尋找設定時間的部分，並調整數值。

找出設定時間的部分，調整成適合的時間。

改造提示②

當你遇到「跟不上木頭移動的位置！」的問題時，何不固定木頭的位置？請試著改造「下個木頭」的位置。

在「下個木頭」的程式中，包含了於發生位置的變數內賦值的部分，這個數值就成為放置木頭的 x 座標。

這裡雖然以分數當作判斷條件，但你仔細觀察後會發現並不困難，請試著改變發生位置的數值。

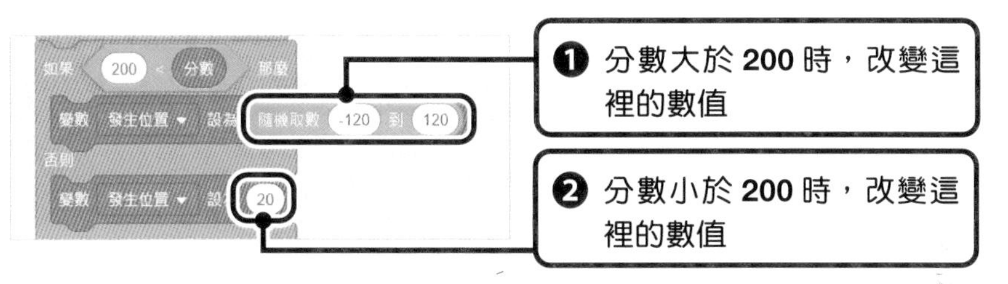

改造提示③

斬擊的方向與參考線愈一致，劈斬時的分數愈高。其實，參考線的方向只有 60 度、90 度、120 度等三種。請試著改造「斬擊」程式。

例如在「準備」與「劈斬」之間，不反覆旋轉斬擊，改用向上鍵或向下鍵自行決定角度，就能減少多餘的操作，更容易獲得高分。

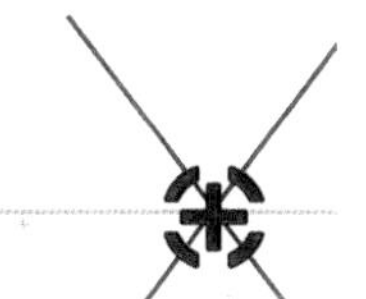

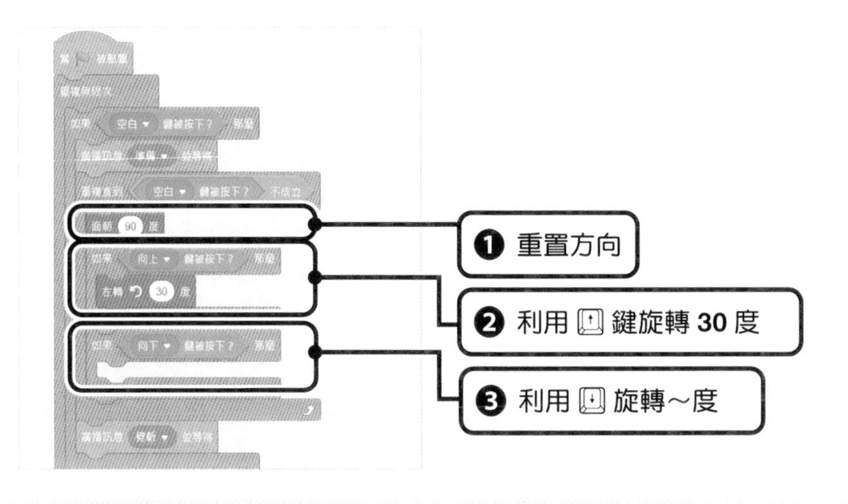

繼續改造這個遊戲，就能取得 Perfect 評價。不論是提高遊戲的技巧，或提升寫程式的能力，你都可以試著挑戰看看。

自己思考如何製作
遊戲好辛苦啊…

嘿嘿嘿…這次
你就謙虛一點吧！
蛤…!!
Miku妳什麼
時候在那裡的!

你不能依樣
畫葫蘆，
自己思考是
很重要的事喔！

那…那種事我
當然知道
Kosaku

Kosaku 可以去
幫我買東西嗎？

好啊！
機會
來了！

我回來了～

給妳，這是
媽媽說要買
的馬鈴薯、
紅蘿蔔，
還有 200g
麵粉。

謝謝你
太好了！
還有…

這是美容面膜！因為媽媽
最近很擔心肌膚問題…
美容面膜

啊…
你這個孩子
怎麼這麼貼心…
媽媽我好高興…
驚訝

咦？
你背後拿了
什麼東西？

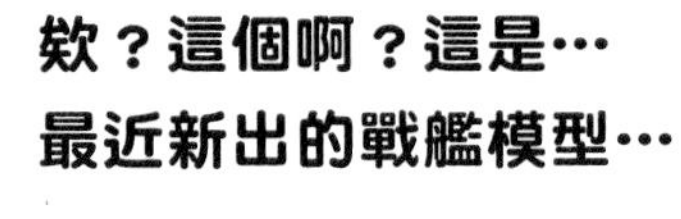
欸？這個啊？這是…
最近新出的戰艦模型…

怒
怒

可惡～！
誰說可以買那種東西的～？
揍
……

嘗試失敗比什麼
都重要喔！

到遊戲公司探險！

之三

程式設計師是不是都一直在設計程式？

遊戲程式設計果然一點都不簡單啊！製作遊戲的程式設計師究竟是什麼樣的工作呢？

有人正看著滿是文字的畫面在工作，他一定就是程式設計師吧！看著筆記，偶爾停下來思考，然後忙碌的敲打鍵盤。遊戲程式設計，就算是大人來做也很辛苦吧！雖然想問問他，可是他似乎非常專心，感覺沒辦法打斷他⋯。

突然大家開始做體操！？

看起來應該是休息時間到了！休息時，夥伴們會一起吃零食，做一些輕度運動。據說糖分可活化大腦，運動能激發靈感。遊戲設計是由許多夥伴一起製作，除了設計程式，溝通也很重要呢！

程式設計師不是一個人
就能獨立設計程式！

Chapter 3

一起製作遊戲！

高級篇

高級篇的遊戲

衝鋒戰鬥員訓練

障礙物競賽

這是超高速障礙物比賽。若能巧妙地避開障礙物就能獲得高分，抵達終點。

滑雪板比賽

競賽遊戲

這是滑雪板比賽遊戲。請以收集大量金幣，快速抵達終點為目標。

漂浮島探險

角色扮演遊戲

進入敵人的巢穴，救出被綁架的犬公主，更換武器是勝敗關鍵！？

我愈來愈有自信了！
我要成為遊戲程式設計大師！

製作難度 ★★★★☆

遊戲 1

衝鋒戰鬥員訓練

重點提示

- 根據必要的動作組合程式
- 回想如何製作「動畫」

遊戲畫面

操作方法

目標是獲得高分！

這個遊戲是讓戰鬥員賣力向前奔跑，在限制時間內獲得高分。
開始奔跑後，速度會逐漸加快，畫面右邊會開始出現四角箱子怪、危險的尖刺。攻擊箱子怪，跳過尖刺，就能得分。

奔跑（往右移動）

攻擊

跳躍

後退助跑衝刺！

連續出現尖刺時，必須助跑跳遠。
如果速度不夠，就先落地助跑。

請開啟「衝鋒戰鬥員訓練」遊戲，進行挑戰！

範例線上下載網址：http://books.gotop.com.tw/download/ACG006000

顯示編輯器後，點擊 ，開始執行遊戲！

壞蛋也很辛苦耶……。
我也會努力訓練，不會認輸的！

現在這樣完全不能動，先開始設計程式吧！

從下一頁開始一起完成這個遊戲吧！

STEP 2　STEP 3　STEP 4

STEP 1 讓戰鬥員奔跑

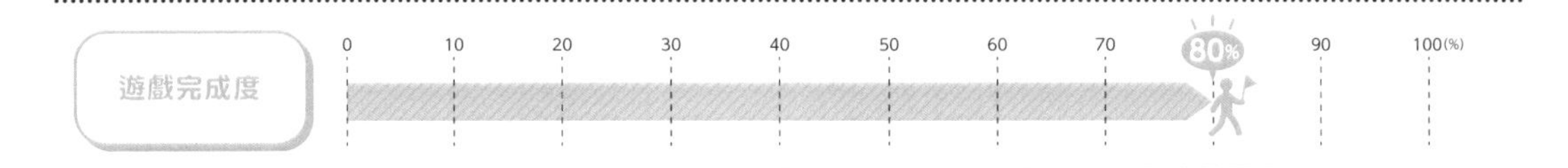

1 自行思考設計程式

自行思考　切換造型製作步行動畫

即使執行了遊戲，也無法移動這個遊戲的主角「戰鬥員」。
因為戰鬥員要利用「步行 1」→「步行 2」指令才會開始走動。

思考 1　切換造型，製作動畫

切換造型，製作動畫，並利用「等待～秒」控制速度。在戰鬥員角色設計程式，當 → 鍵被按下，就執行接下來的動作。

嘗試！

使用的積木如下所示（如果不瞭解，請參考 P115）。

應該從哪裡開始著手？

本章省略了部分說明，你可能會有點看不懂。但沒關係，作法和前面是一樣的。請先置入「當 🏳 被點擊」積木，接著還需要「重複無限次」積木。只要從頭開始依序冷靜思考，就一定做的出來。

2 執行程式

完成 [→] 鍵被按下，就切換「步行 1」與「步行 2」造型的動作後，再執行程式。

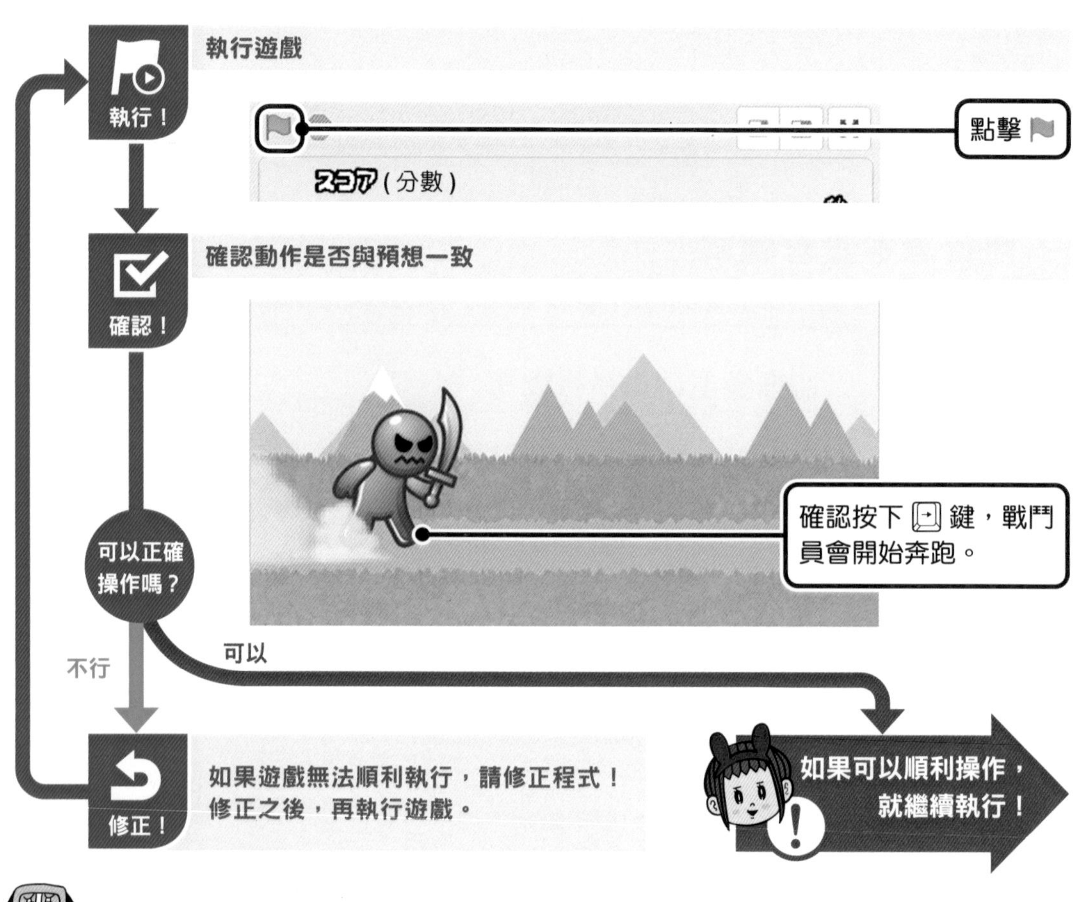

無法順利完成時？

不論怎麼努力，還是覺得很困難時，請參考 P209 完成的程式範例。

雖然會跑，卻因為箱子怪的干擾而反彈！

HINT

無法順利操作時？

假如戰鬥員無法奔跑，請重新檢視程式，確認是否按下設定為「如果」條件的按鍵？電腦若是在全形輸入模式，就不會對英文字或空白鍵產生反應，請切換成半形輸入模式。

STEP 3 STEP 4

STEP 2 用攻擊打倒箱子怪

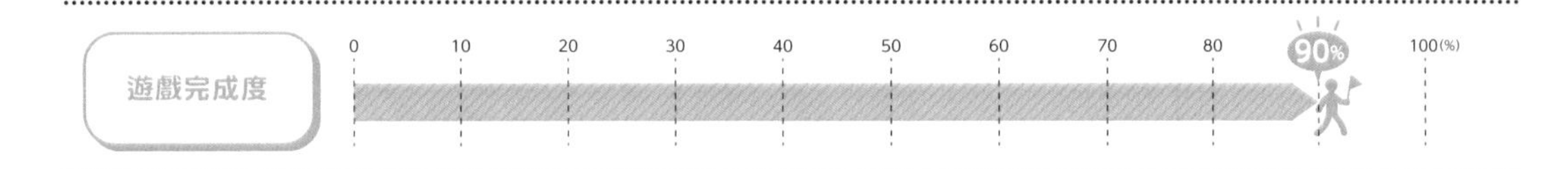

1 思考處理方式並設計程式

自行思考 切換造型展開攻擊

雖然已經能讓戰鬥員奔跑了，但是之後當箱子怪出現後就會被彈回來。利用攻擊動作才能打倒箱子怪，所以要設計「切換成攻擊造型」的程式展開攻擊。

思考1 切換造型展開攻擊

把造型換成攻擊，就能打倒箱子怪。請設定當按下某個按鍵時，會「切換成攻擊造型」。

嘗試！

提示 使用的積木如下所示。

造型換成 攻擊 ▾

HINT

分開使用「當 ⚑ 被點擊」積木

「等待～秒」積木可以輕易控制動畫，在等待的過程中，就無法執行下個處理。若要同時執行偵測輸入操作等處理時，請分開使用「當 ⚑ 被點擊」積木。

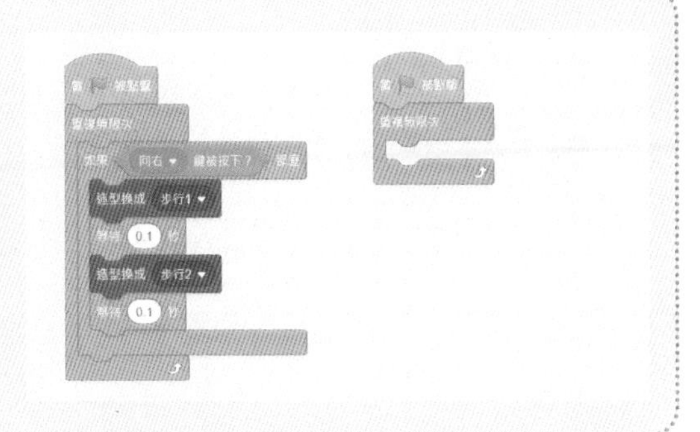

2 執行程式

組合程式之後，請試著攻擊打倒箱子怪。

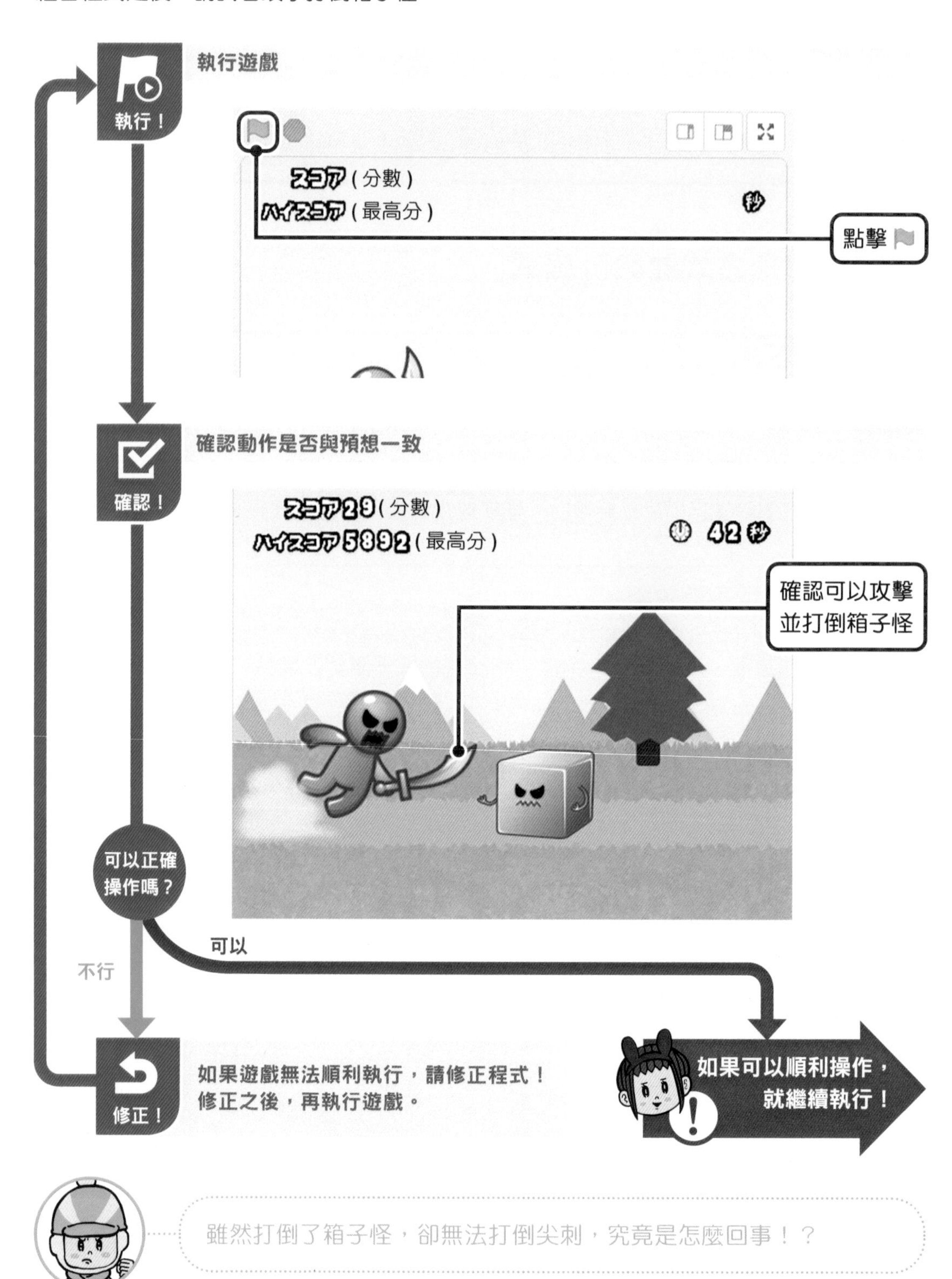

雖然打倒了箱子怪，卻無法打倒尖刺，究竟是怎麼回事！？

STEP 4

STEP 3 避開尖刺

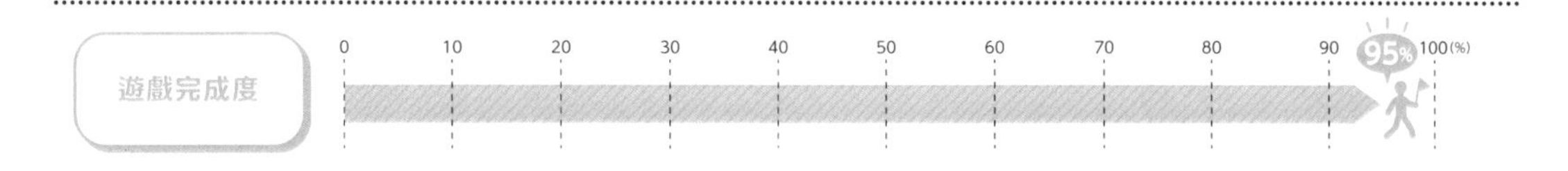

1 自行思考設計程式

自行思考 切換造型並跳躍

雖然打倒了箱子怪，可是繼續走下去還會出現尖刺。尖刺無法以攻擊方式打倒，只能用跳躍避開。加入「造型換成跳躍」的處理，就可以跳起。

思考 1 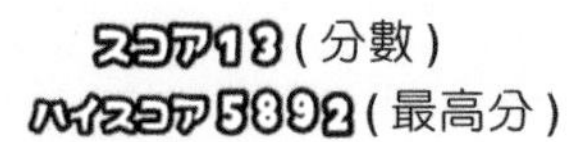

和「攻擊」一樣，請設定在按下某個按鍵時，把造型切換成「跳躍」。別忘了要選擇和攻擊不一樣的操作按鍵。

嘗試！

使用的積木如下所示。

2 執行程式

組合程式之後，試試看能否跳過尖刺。

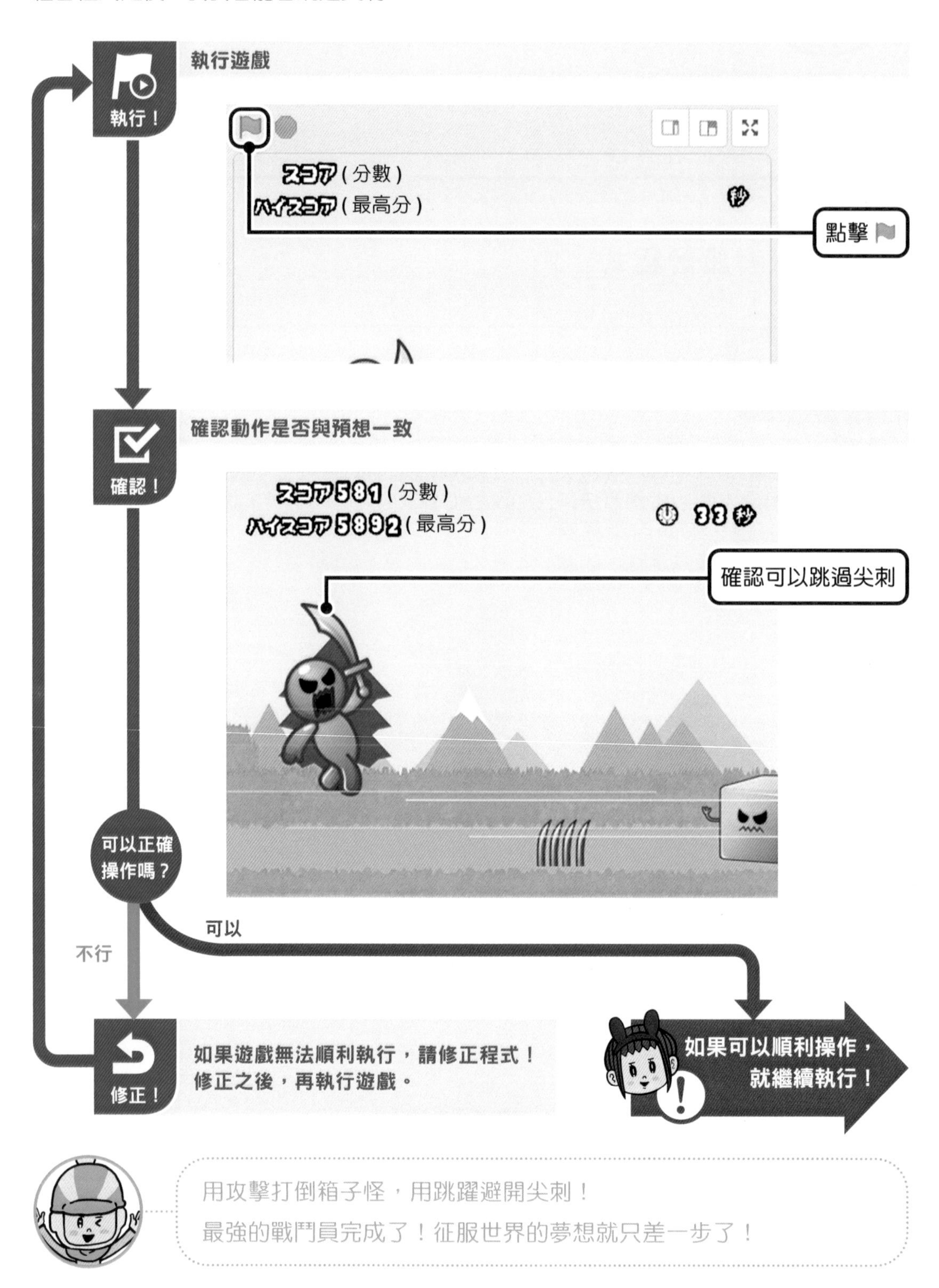

用攻擊打倒箱子怪，用跳躍避開尖刺！
最強的戰鬥員完成了！征服世界的夢想就只差一步了！

STEP 4 可以後退

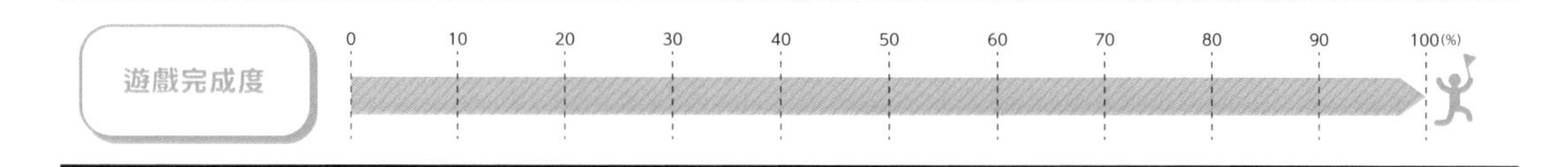

1 自行思考設計程式

自行思考

複製步行處理並新增後退處理

現在可以避開兩種障礙物了。你可以立刻開始試玩遊戲，不過除了前進之外，最好也要能後退，這樣才可以助跑。使用「複製」功能拷貝前進處理，建立後退處理。

思考1 複製程式

請將游標移動到 STEP 1 程式最上面的積木並按下右鍵。按下右鍵之後，會顯示下拉式選單，請執行最上面的「複製」命令，就能在游標位置拷貝出相同的程式。請把拷貝出來的新程式放在程式區的空白處。

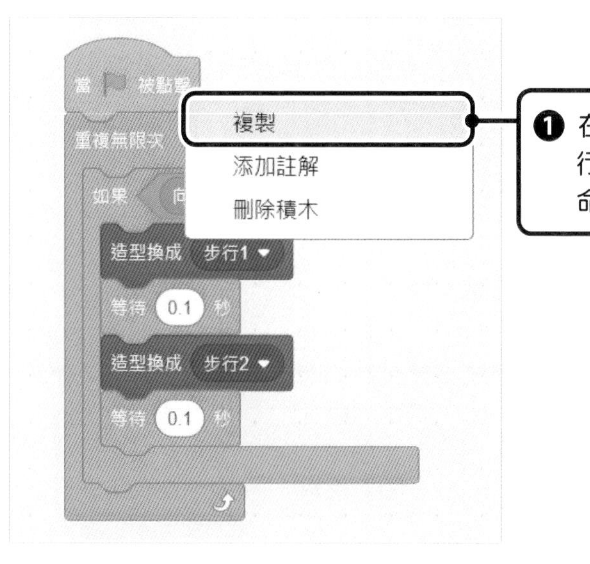

❶ 在程式上按下滑鼠右鍵，執行下拉式選單中的「複製」命令。

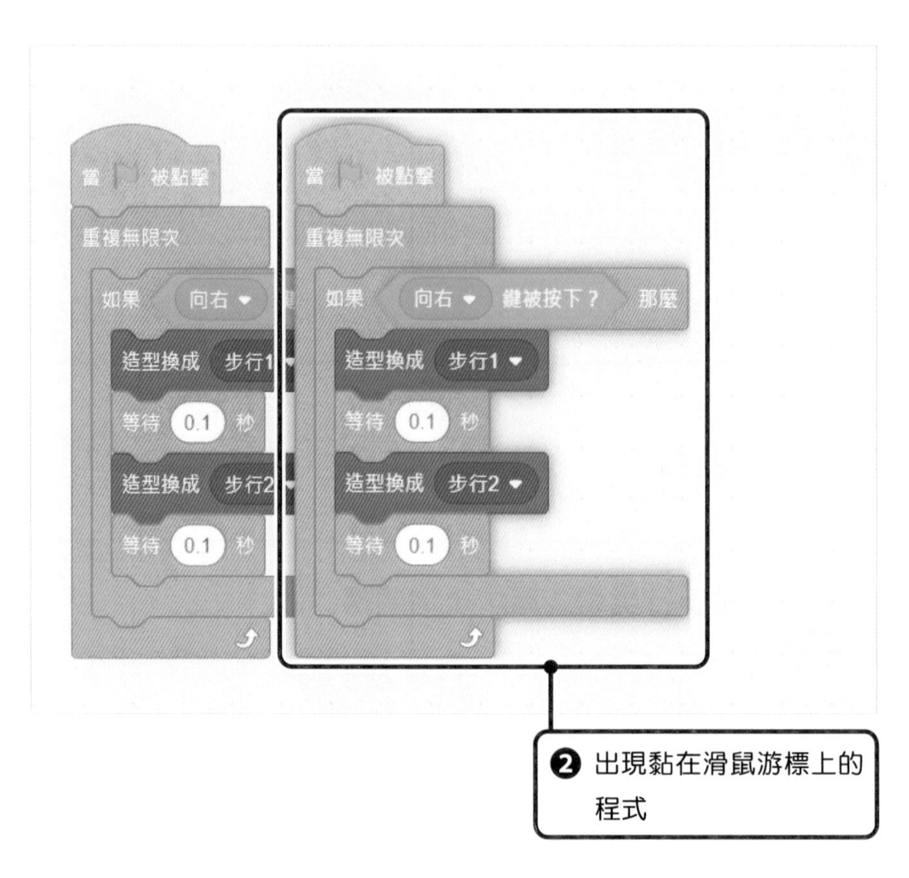
當 被點擊
重複無限次
如果 向右 鍵被按下？ 那麼
造型換成 步行1
等待 0.1 秒
造型換成 步行2
等待 0.1 秒
❷ 出現黏在滑鼠游標上的程式

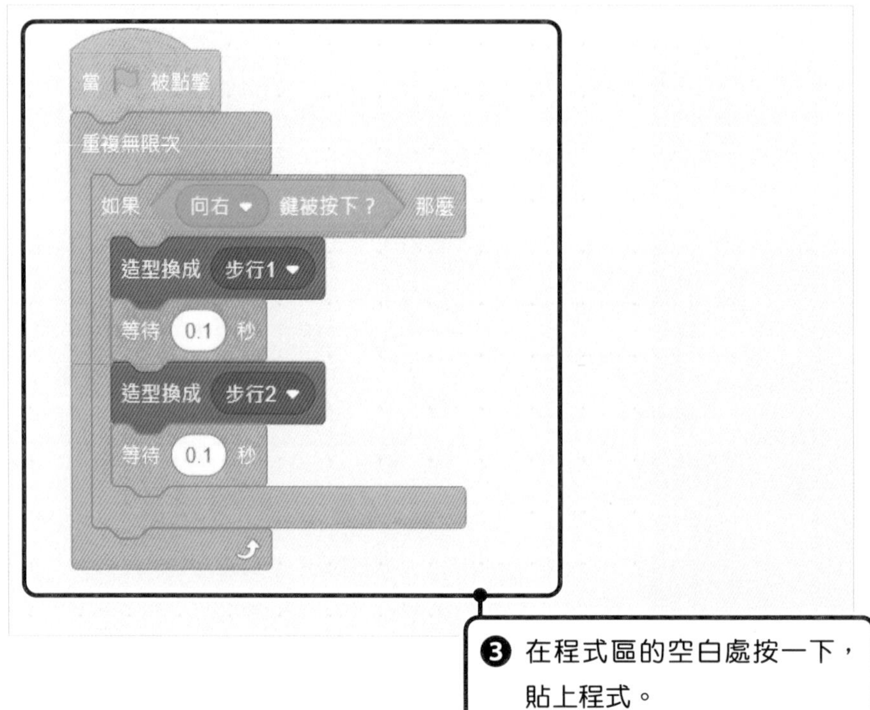
當 被點擊
重複無限次
如果 向右 鍵被按下？ 那麼
造型換成 步行1
等待 0.1 秒
造型換成 步行2
等待 0.1 秒
❸ 在程式區的空白處按一下，貼上程式。

思考 2

修改複製後的程式

複製出來的程式只會執行和原本一樣的處理，因此複製之後，請做適當的修正，把複製後的程式修改成，按下 ⍇ 鍵時，切換「步行 1」與「停住」造型。

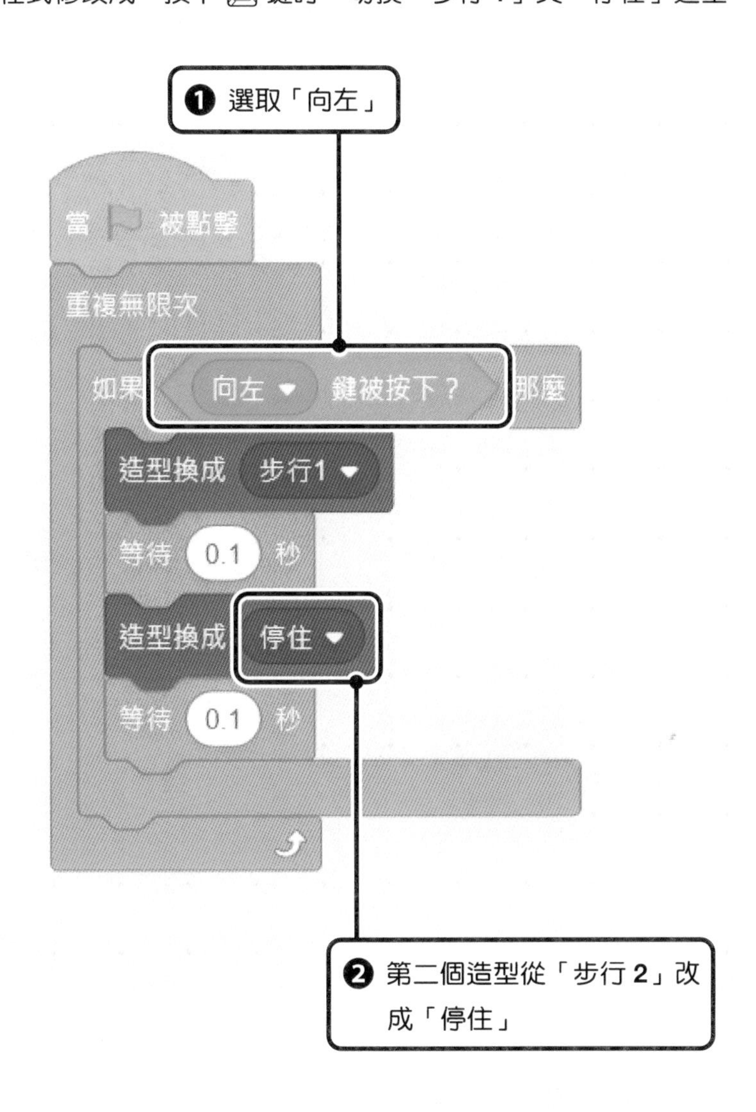

誤刪除了積木怎麼辦？

右鍵選單中，除了「複製」之外，還有「刪除」命令，如果不小心刪除了積木，仍可以復原至上個步驟。請同時按下鍵盤的「Ctrl」鍵與「Z」鍵（Mac 是「⌘」與「Z」鍵），即可恢復成上個步驟的操作。

2 執行程式

程式組合完畢後，請利用 [←] 鍵確認是否可以後退。

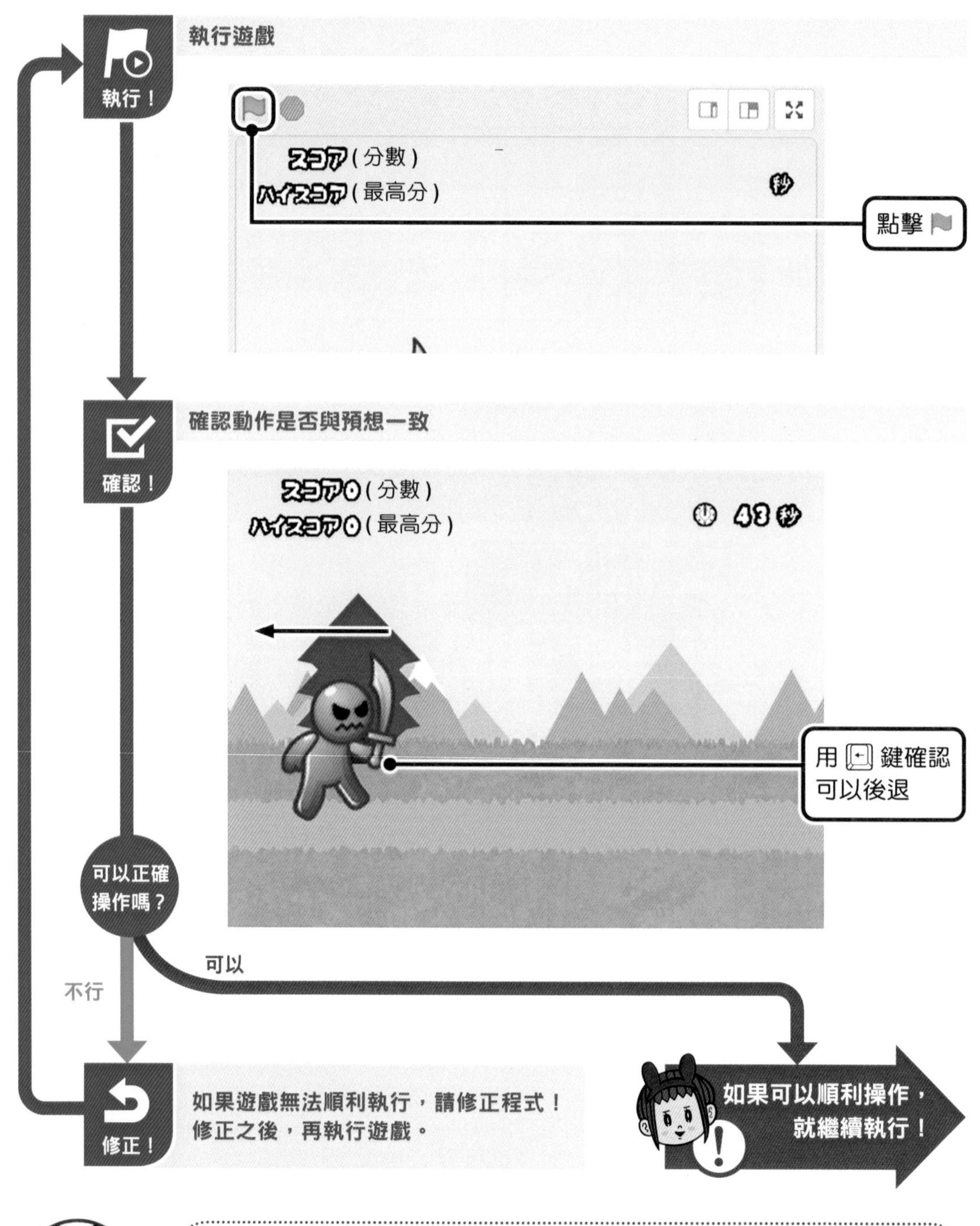

如果要設計執行相同處理的程式，只要複製就可以，不用重新製作，實在太棒了！

3 重點整理

本章和前面的章節不同，不會直接顯示製作範例，幾乎所有程式都要自行思考。只要想起前面學過的技巧，組合「按鍵被按下」（請參考 P56 ～ 57）及「造型換成」（請參考 P115）積木即可完成。以下是完成的程式範例，就算與範例不同，只要可以順利玩遊戲就沒問題。

前面熟悉的「完美挑戰」單元也變難了。請持續改造程式，努力破關吧！

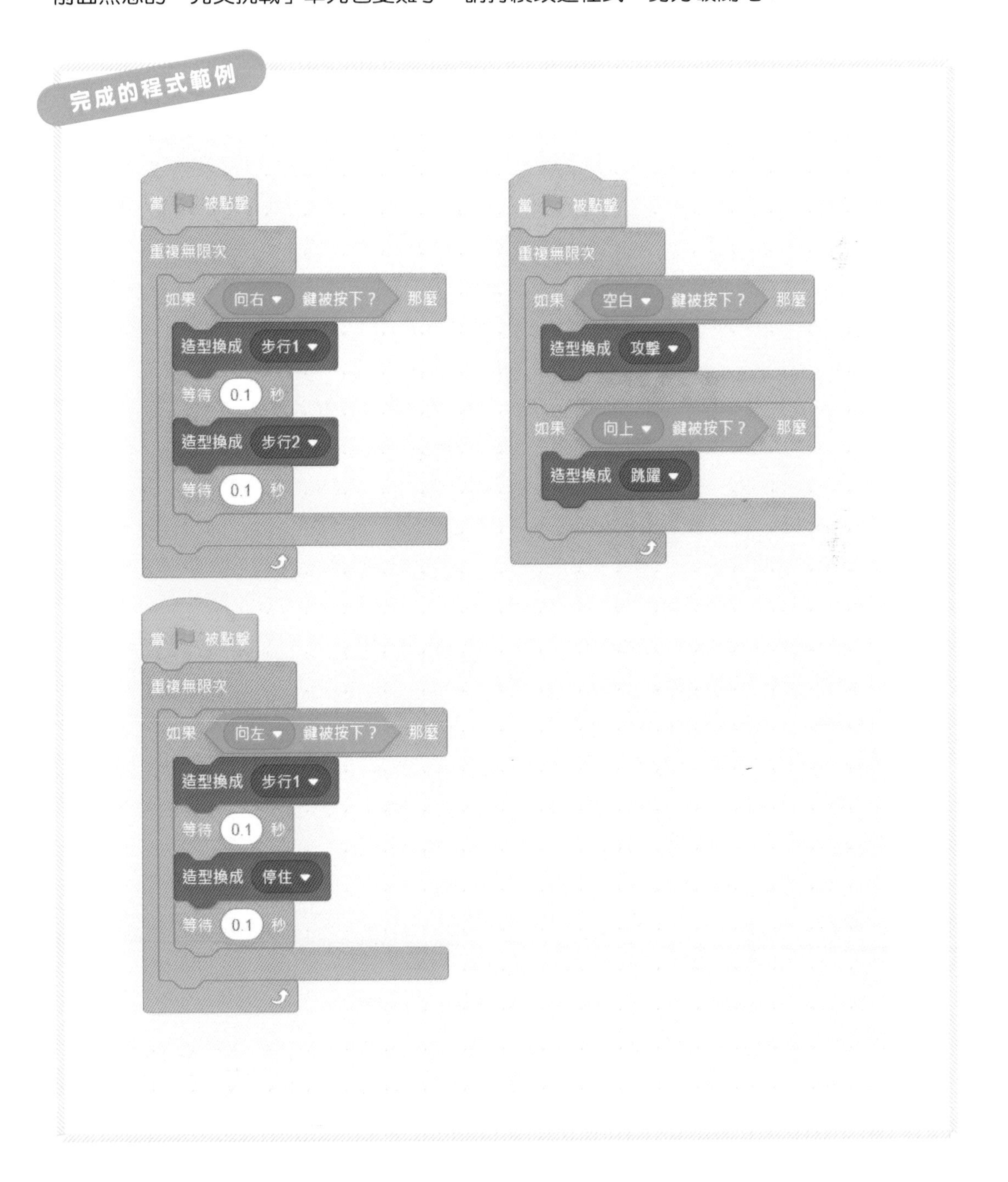

改造遊戲，挑戰完美破關！

完美挑戰！

Perfect 條件　**分數達到5000分以上**

遊戲時間結束後，會根據分數給予評價。

請調整程式改造遊戲，以 Perfect 為目標！

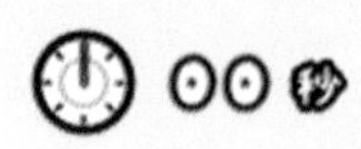

我要立刻改造遊戲，獲得 Perfect ！

與跑得很遠相比，打倒箱子怪與避開尖刺的分數比較高。

那該怎麼改造程式呢？

改造提示①

如果無法成功打倒箱子怪及避開尖刺，就改變他們的大小吧！箱子怪及尖刺原本並沒有改變大小的積木，此時只要建立新積木即可。

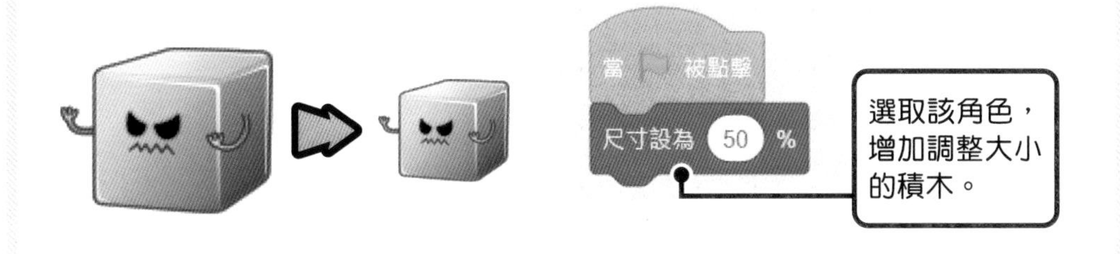

改造提示②

如果要增加得分，與跑得很遠相比，「打倒箱子怪」、「避開尖刺」這種打贏或避開障礙物比較有效果。不妨試著把遊戲改造成讓箱子怪大量出現，用攻擊打倒他們增加得分。請調整決定箱子怪出現機率的數字，以及避免分身大量出現的等待時間。

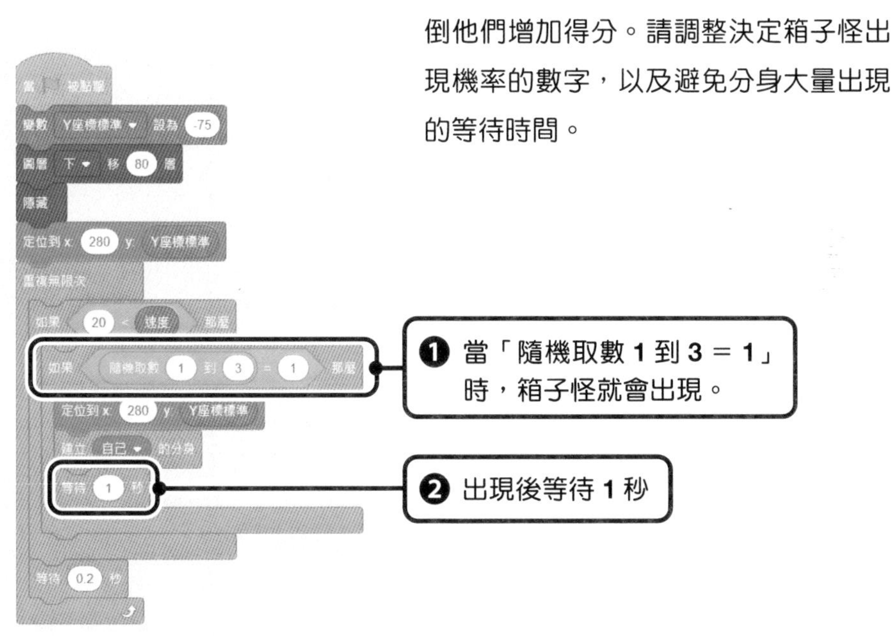

除了上述方式，還可以改造成「增加限制時間」、「用攻擊打倒尖刺」、「持續提高速度」等。請試著檢視道路及限制時間等各種角色的程式，別忘了一邊修改，一邊確認結果！

製作難度 ☆☆☆☆☆

遊戲

2 滑雪板比賽

重點提示

- 複習「某個按鍵被按下」積木的用法
- 試著操作變數
- 使用訊息與函式積木

遊戲畫面

操作方法

按下標題畫面中的「STAT（開始）」按鈕，開始比賽。
利用花費時間與取得金幣的數量來獲得高分。

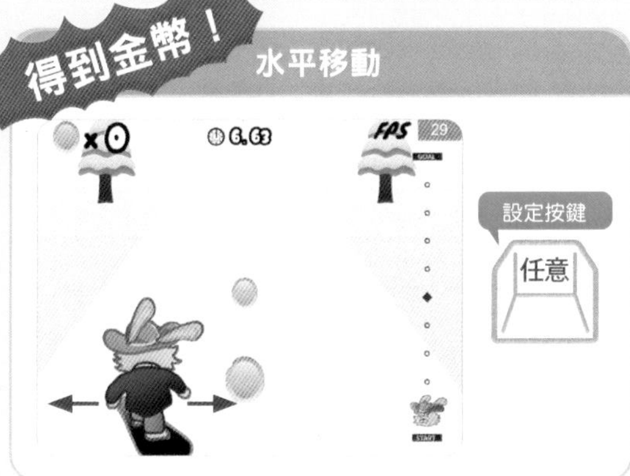

請開啟「滑雪板比賽」遊戲，
進行挑戰！

範例線上下載網址：http://books.gotop.com.tw/download/ACG006000

顯示編輯器後，點擊 ，開始執行遊戲。

這是一邊收集金幣，一邊往終點前進的遊戲嗎？覺得畫面很有立體感呢！

這個遊戲是利用 Scratch，以類似 3D 的手法，呈現遠近差異喔！

從下一頁開始一起完成這個遊戲吧！

STEP 2

STEP 1 加速及煞車

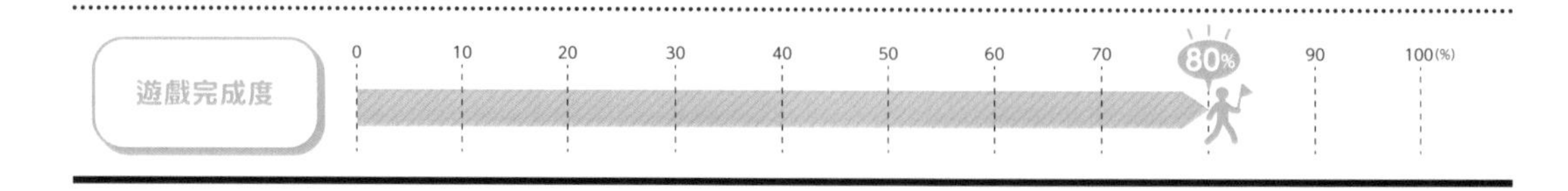

1 加速及煞車

思考處理方式並設計程式

開始執行遊戲後，卻發現紳士兔怎麼完全不能動。
首先請設定加速與煞車功能吧！紳士兔本身已經寫了許多程式，請在空白處建立新的積木。

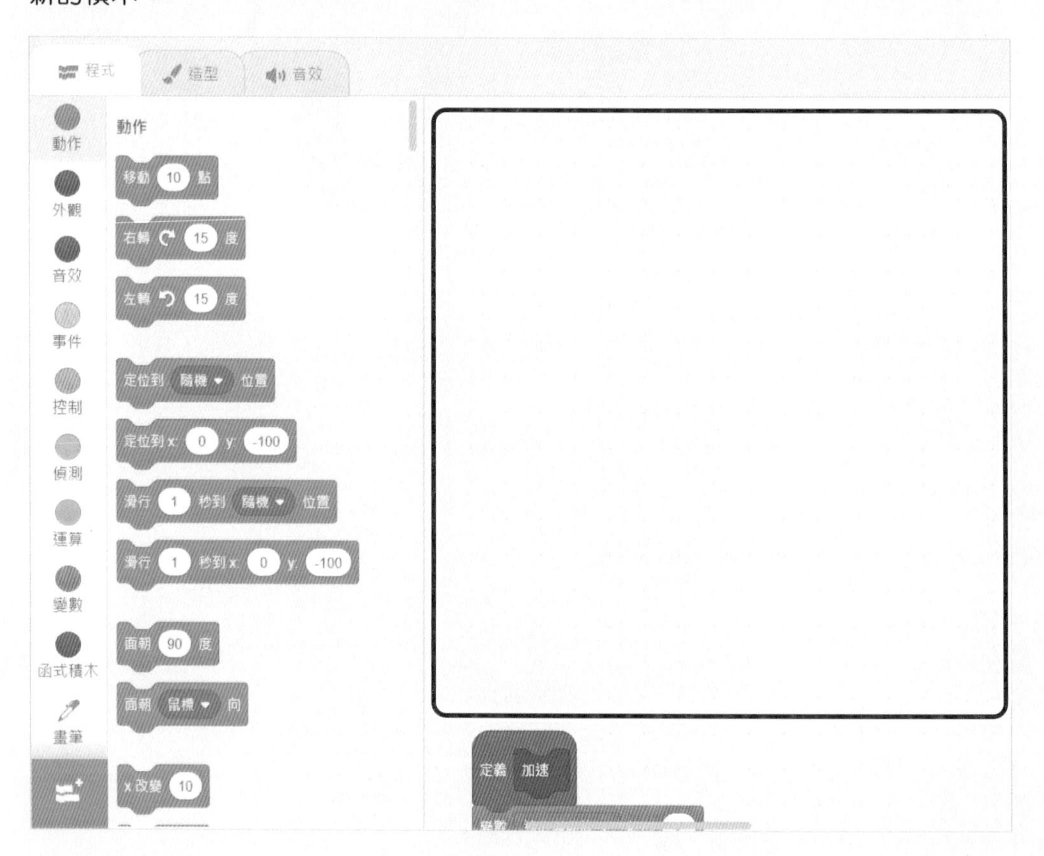

思考 1 確認加速與煞車

點擊「函式積木」類別，確認裡面包括了「加速」與「煞車」的函式積木。

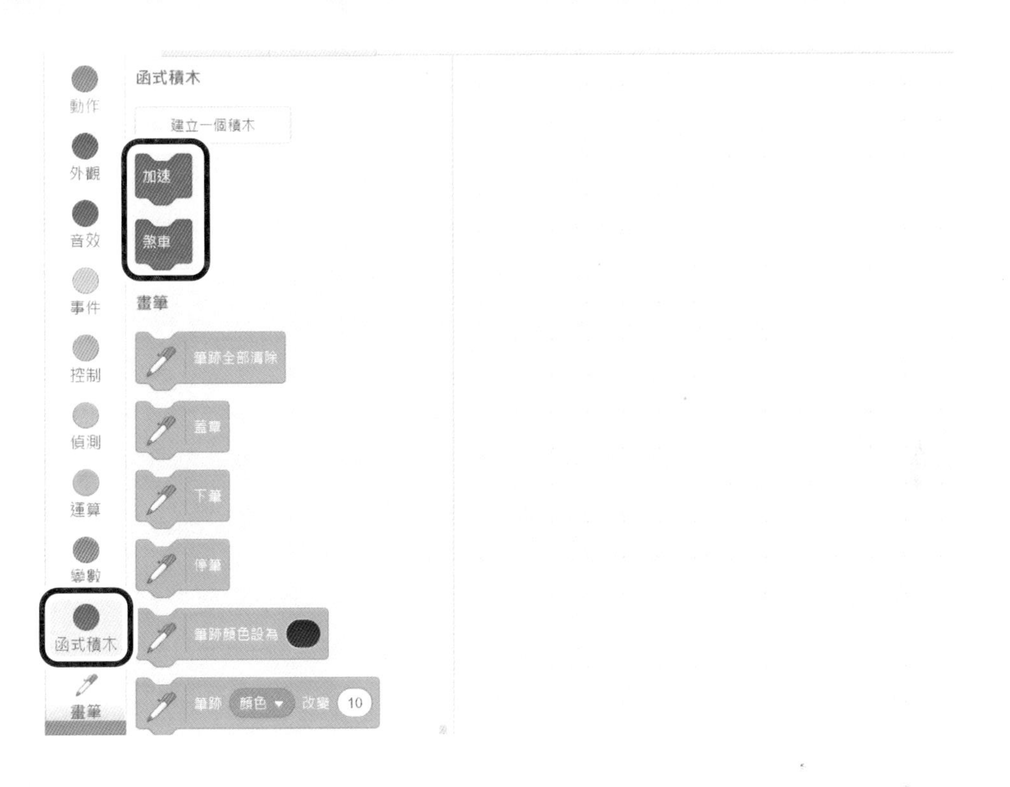

思考 2 按鍵被按下後，呼叫出「函式積木」

請在事件類別的「當收到訊息遊戲開始」積木中，設定當某個按鍵被按下後，進行「加速」動作，另一個按鍵被按下時，進行「煞車」動作。
請自行決定執行加速和煞車的按鍵。

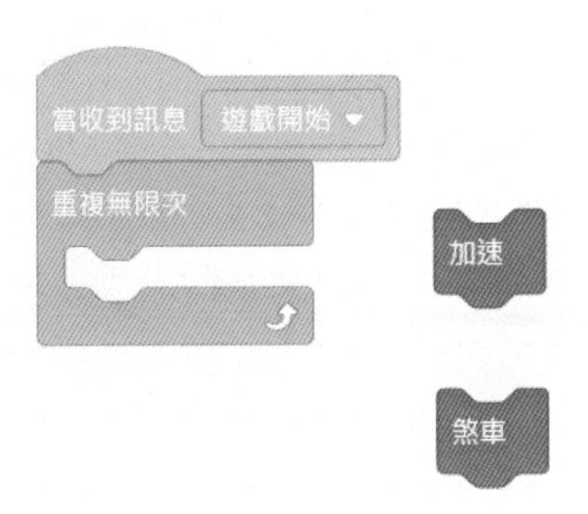

2 執行程式

完成加速與煞車的處理後，請試著操作。

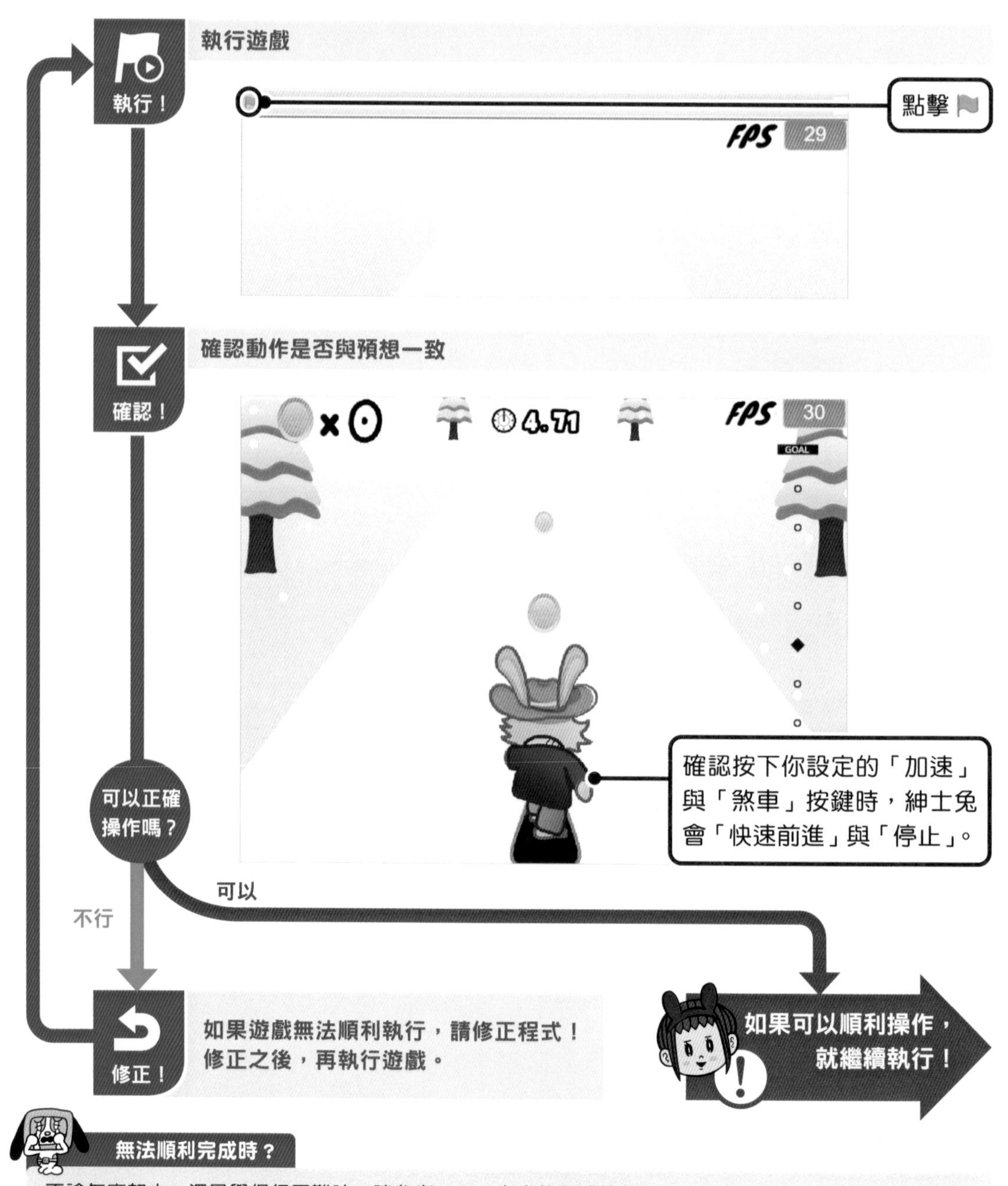

無法順利完成時？

不論怎麼努力，還是覺得很困難時，請參考 P221 完成的程式範例。

耶，可以滑雪了！但是無法左右移動，還是沒辦法抵達目標啊！

STEP 2 STEP 3 STEP 4

左右移動

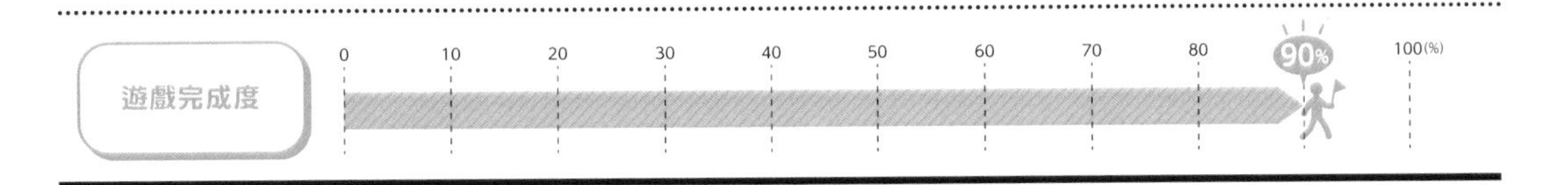

1 自行思考設計程式

自行思考

思考處理方式並設計程式

雖然可以前進與停止，卻無法左右移動，沒辦法取得金幣或避開坑洞。
請試著讓紳士兔可以左右滑行。

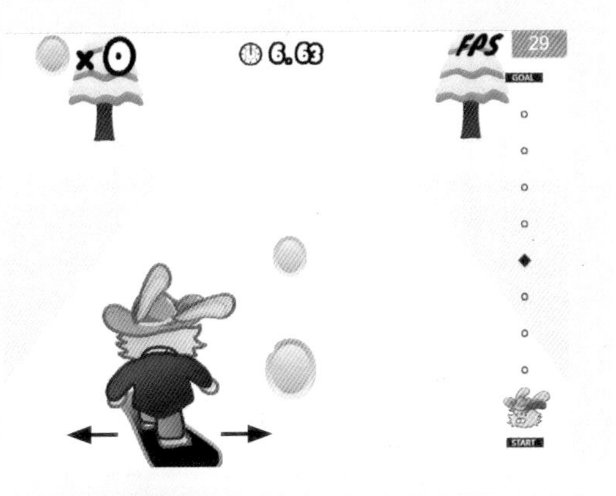

思考 1 改變玩家的左右移動值

這個遊戲是在變數「玩家的左右移動值」賦值來移動角色，而不是使用動作積木。增加「玩家的左右移動值」會往右移動，減少「玩家的左右移動值」會往左移動。請利用不同按鍵執行增加或減少「玩家的左右移動值」的處理，請自行決定要用哪個按鍵往右或往左移動。

使用的積木如下所示。

變數 玩家的左右移動值 ▾ 設為 10

2 執行程式

程式組合完畢後，請確認紳士兔是否可以左右滑行。

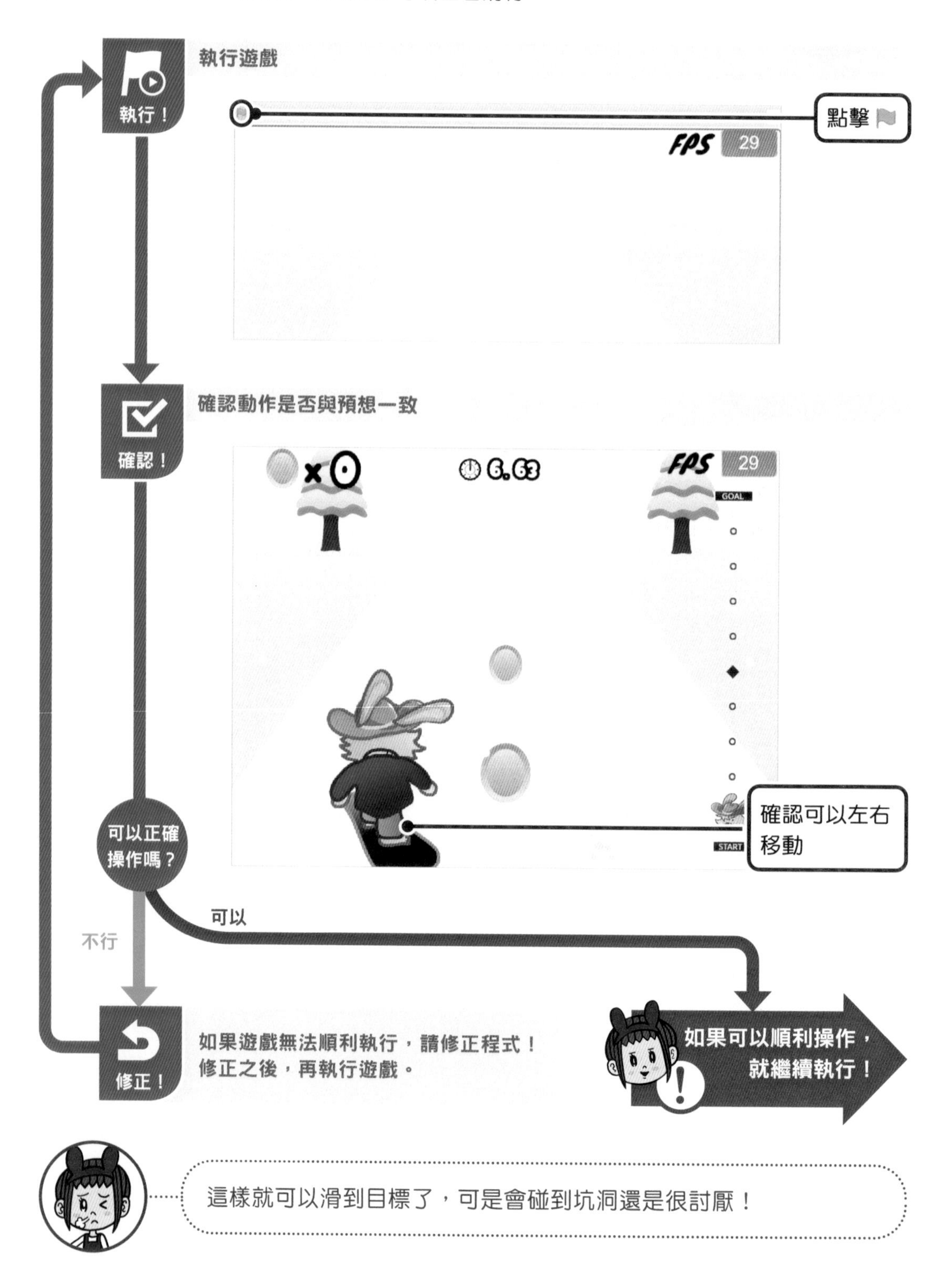

這樣就可以滑到目標了，可是會碰到坑洞還是很討厭！

STEP 4

STEP 3 可以跳躍

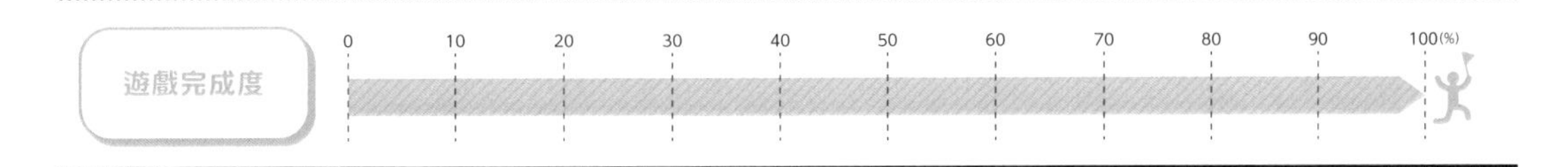

1 自行思考設計程式

自行思考 思考處理方式並設計程式

雖然已經可以用滑雪板滑雪了，不過這樣還是無法破關，必須要跳過坑洞或邊緣，維持一定的速度才行。請讓紳士兔可以跳躍，縮短前進時間。

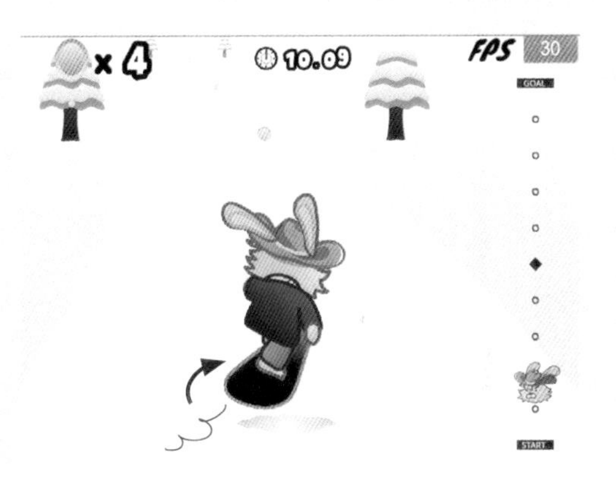

思考 1 廣播跳躍訊息

如果要執行跳躍動作，必須使用事件類別中的「廣播訊息～並等待」積木，傳送「跳躍」訊息。
請自行決定要用哪個按鍵來跳躍，並試著組合出當某按鍵被按下時，「廣播訊息跳躍並等待」的程式。

提示 使用的積木如下所示（如果有問題請參考 P179）。

嘗試！

2 執行程式

程式組合完畢後，請確認紳士兔是否可以跳躍。

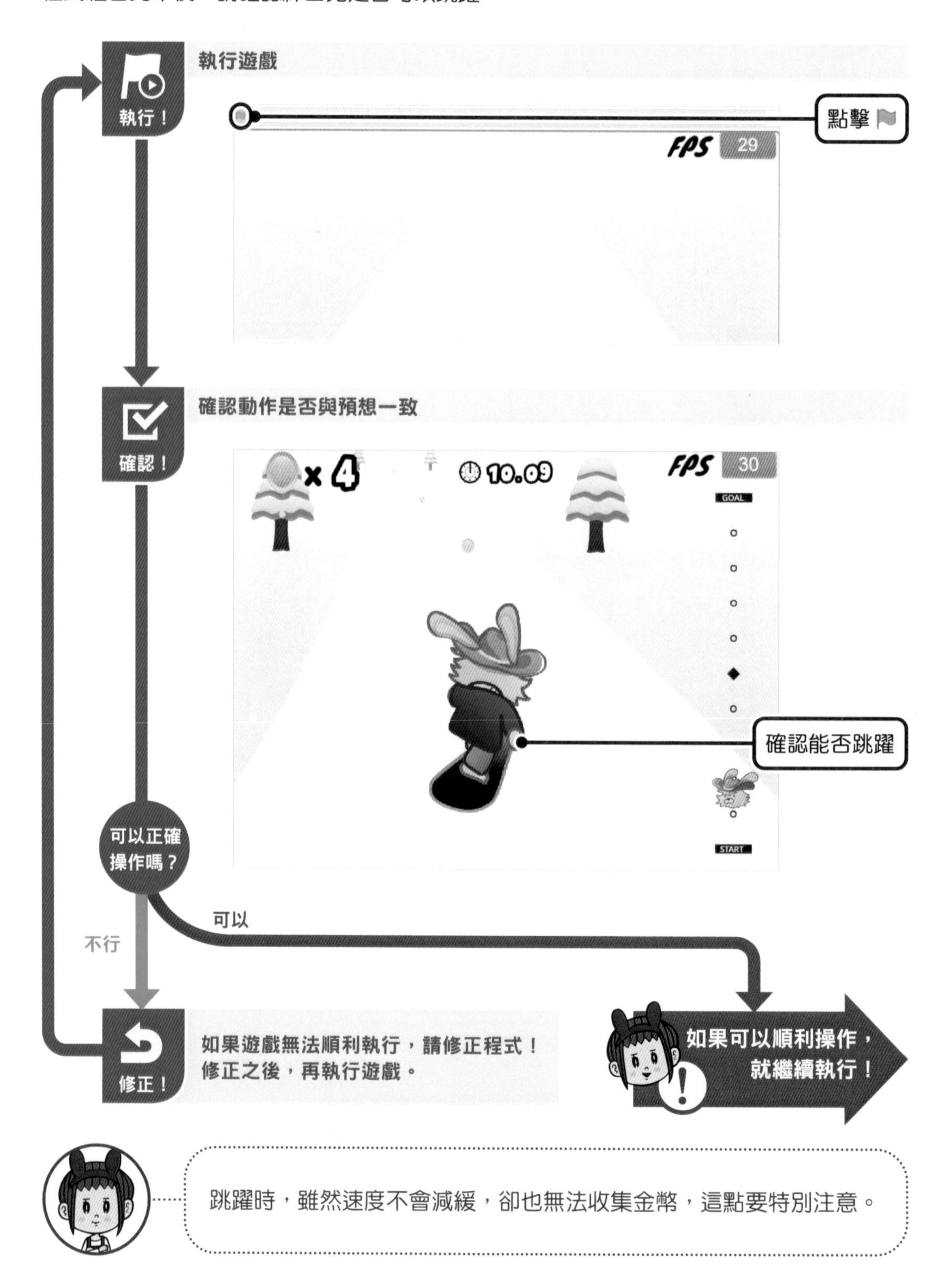

跳躍時，雖然速度不會減緩，卻也無法收集金幣，這點要特別注意。

3 重點整理

在滑雪板比賽中，使用了函數積木、操作變數、廣播訊息積木，並按照遊戲的架構來操作角色。

這個遊戲採取了模擬 3D 的處理，如果只是純粹讓角色在畫面中移動，無法符合遊戲的動作。這個遊戲的程式比較複雜，不過程式的規則不變，如果還不是很清楚，請由上到下依序唸出來。

再次重申，這裡完成的程式只是其中一種範例，如果你的遊戲可以達到期望的目標，與範例不同也沒關係，不需要因為與範例不同而修改。

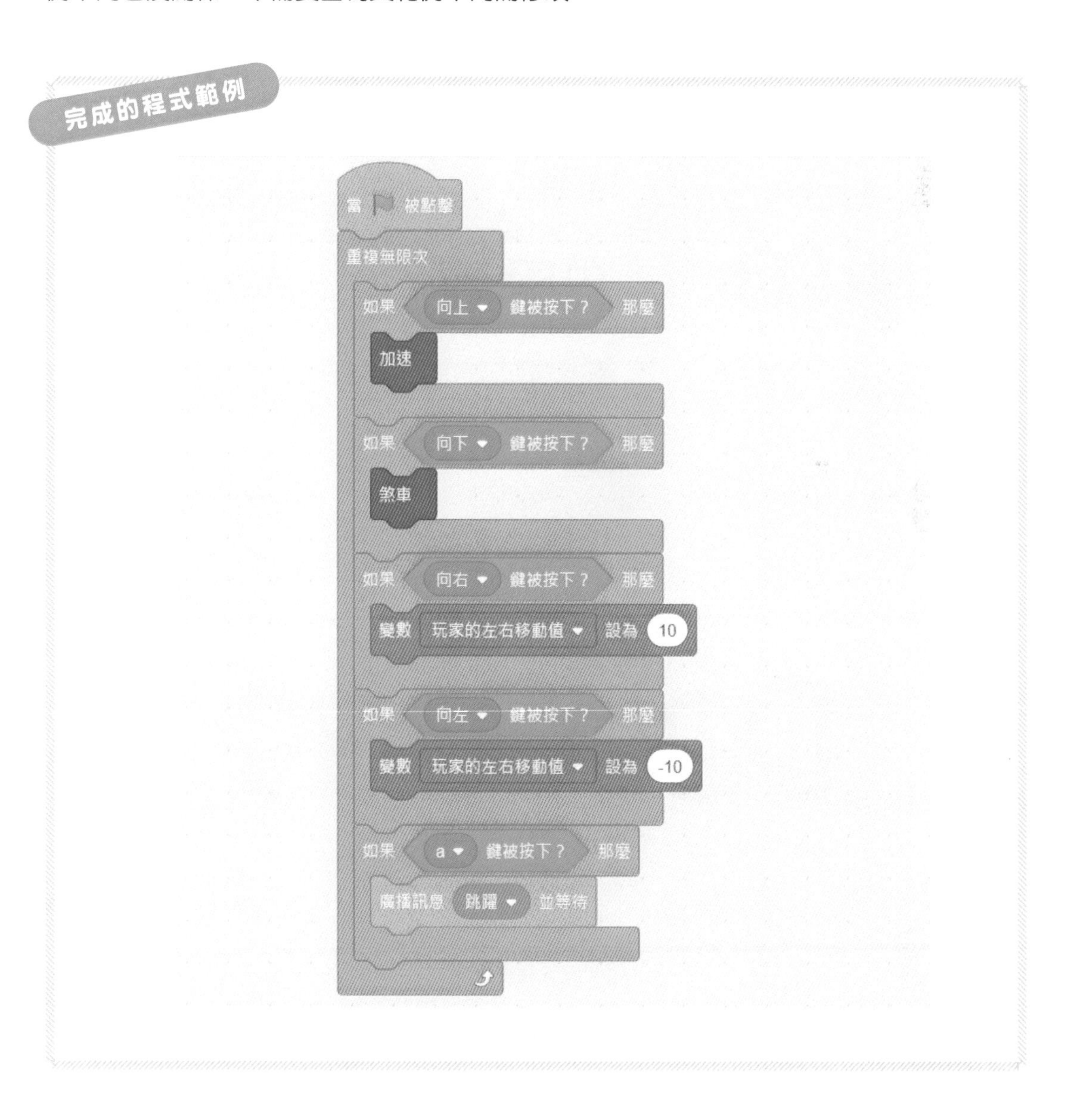

改造遊戲，挑戰完美破關！

完美挑戰！

Perfect 條件

- **取得全部的金幣**
- **60秒內抵達目標**

抵達目標後，會根據取得的金幣數量與過關時間提供評價。請以最高評價 Perfect 為目標，努力過關。當然你也可以自行改造遊戲。

好的！不囉唆，立刻就來動手修改吧！

雖然程式很複雜，但只要靜下心，從上開始依序唸出來，一定可以瞭解其中的意思。

改造提示①

若要獲得 Perfect 評價，就不能錯過金幣。若一直無法收集到金幣時，就把金幣放大吧！

金幣的程式也很複雜，請注意要利用紫色的外觀積木改變大小的部分。

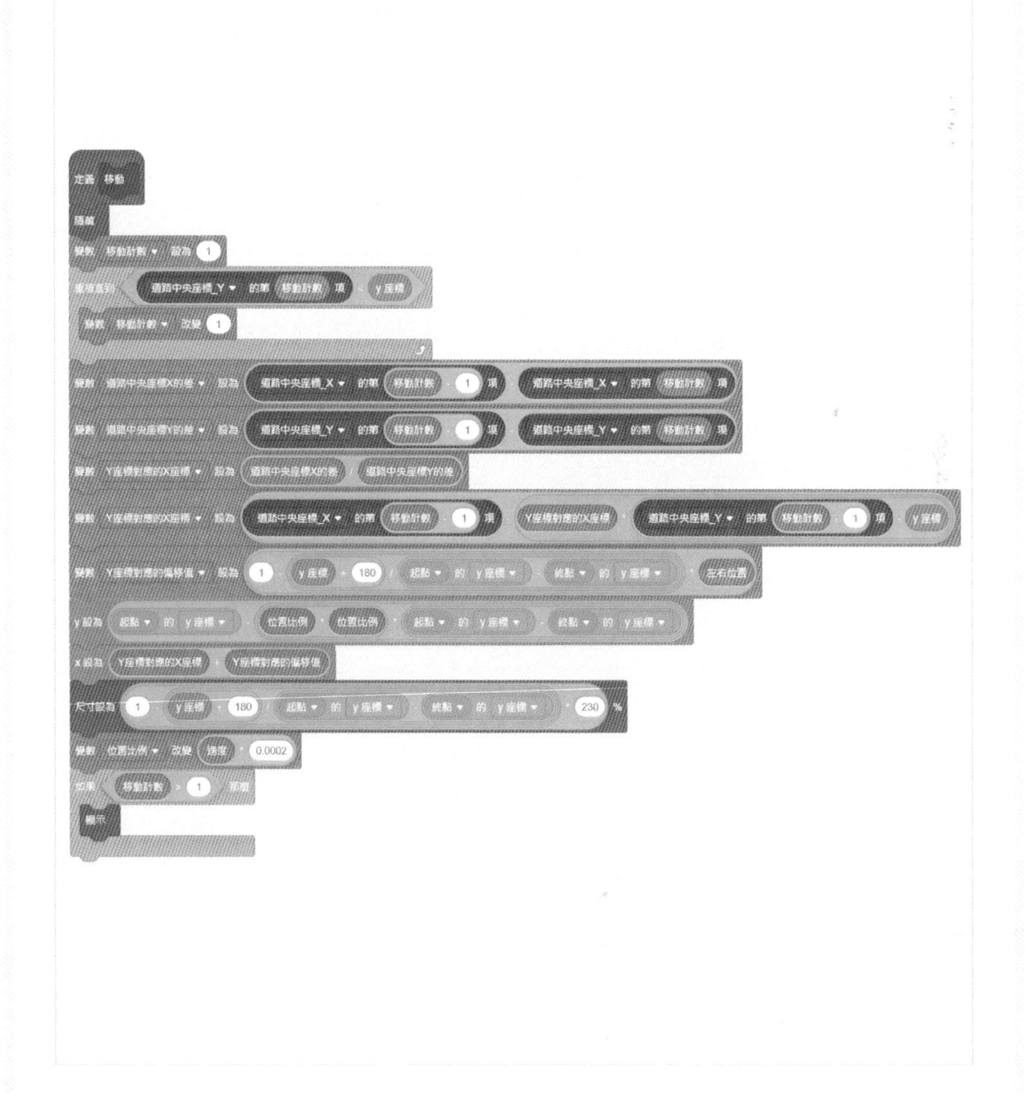

改造提示②

討厭的坑洞會降低滑雪速度，就讓產生坑洞的程式無法執行吧！
不用刪除積木，只要移開就無法執行了。

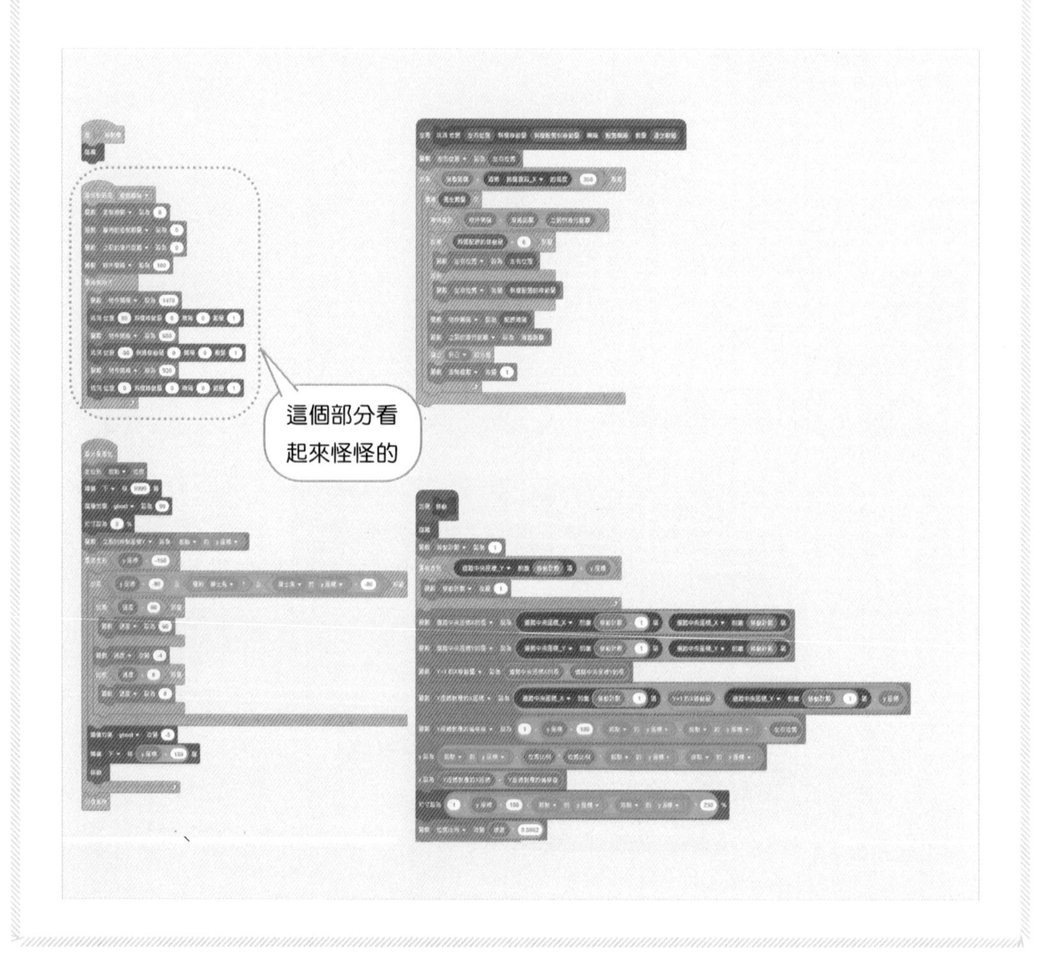

好！我拿到 Perfect 了！
可是太簡單反而變得很無聊了。

你可以將改造前的遊戲先儲存起來，
在沒有改造的狀態下挑戰看看。

製作難度 ★★★★★

遊戲 3

漂浮島探險

重點提示

- 使用訊息及函式積木
- 複習「某個按鍵被按下時」的用法
- 根據必要的動作組合程式

遊戲畫面

開場結束後

進入遊戲地圖畫面！

此舞台過關後

會新增可以玩的舞台！

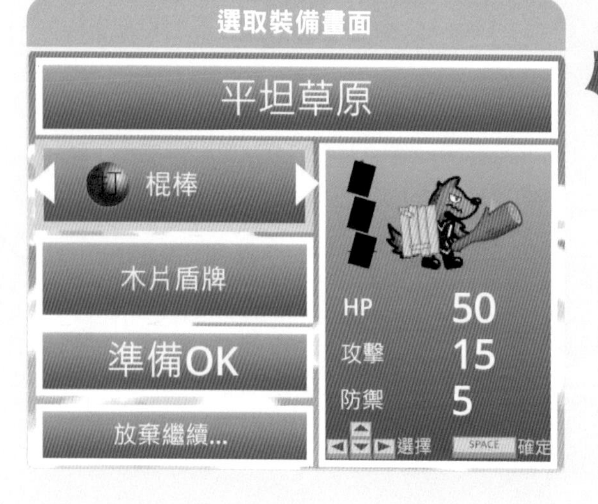

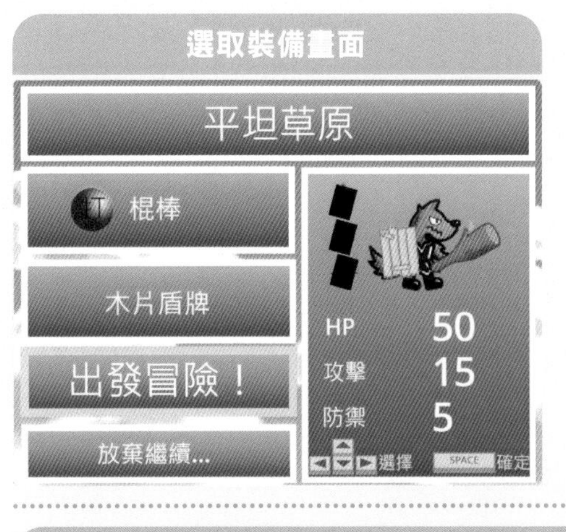

這個是犬劍士收集道具並進入不同舞台的角色扮演遊戲（RPG）。在最後的舞台打倒大魔王，就能過關。請根據敵人的攻擊來選擇裝備、武器、盾牌，進行最有勝算的決鬥。

請開啟「漂浮島探險」遊戲，進行挑戰！

範例線上下載網址：http://books.gotop.com.tw/download/ACG006000

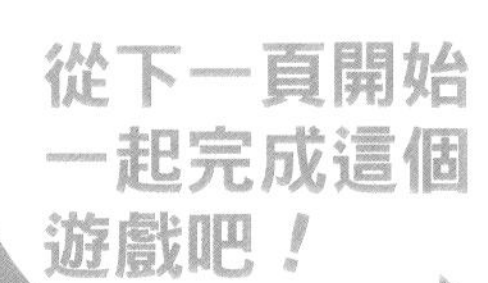

哇啊！雖然抵達了戰鬥舞台，可是沒有顯示選取指令的游標耶！

這樣就無法攻擊或防禦了！必須先讓游標顯示出來！

STEP 1 STEP 2 STEP 3

確定指令

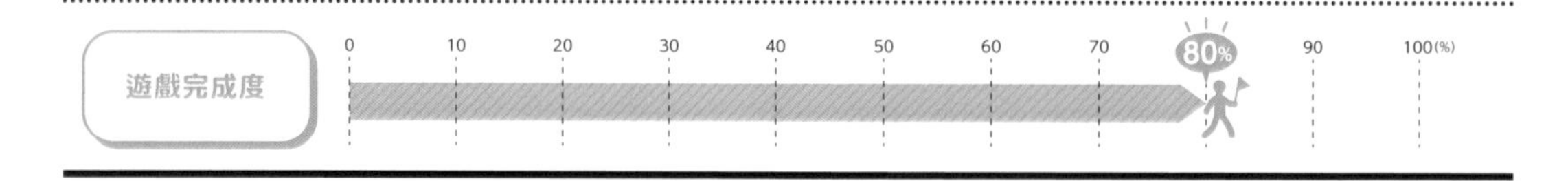

1 自行思考設計程式

自行思考 使用廣播訊息及函式積木

雖然進入戰鬥舞台了，卻因為無法確認指令而不能進行戰鬥。在「游標」角色設計程式，這樣進入「戰鬥舞台」後，才能確定指令。

思考 1 當收到「戰鬥舞台」的訊息

點擊「事件」類別，尋找「當收到訊息○○」積木，從積木的下拉式選單中，選取「戰鬥舞台」。

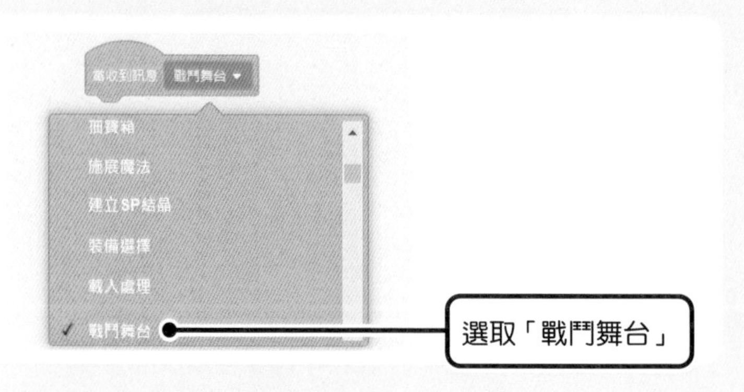

思考 2 顯示「當收到訊息戰鬥舞台」

「游標」角色最初設定成隱藏，請在收到「戰鬥舞台」訊息時，顯示該角色。

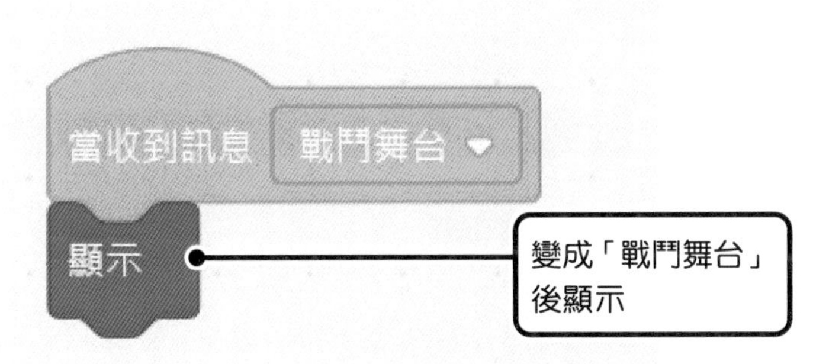

思考 3 使用某個按鍵確定

在思考 2 建立的積木後面，新增「重複無限次」某個按鍵被按下後「確定」造型。沒有按鍵被按下時，就恢復成「游標」。

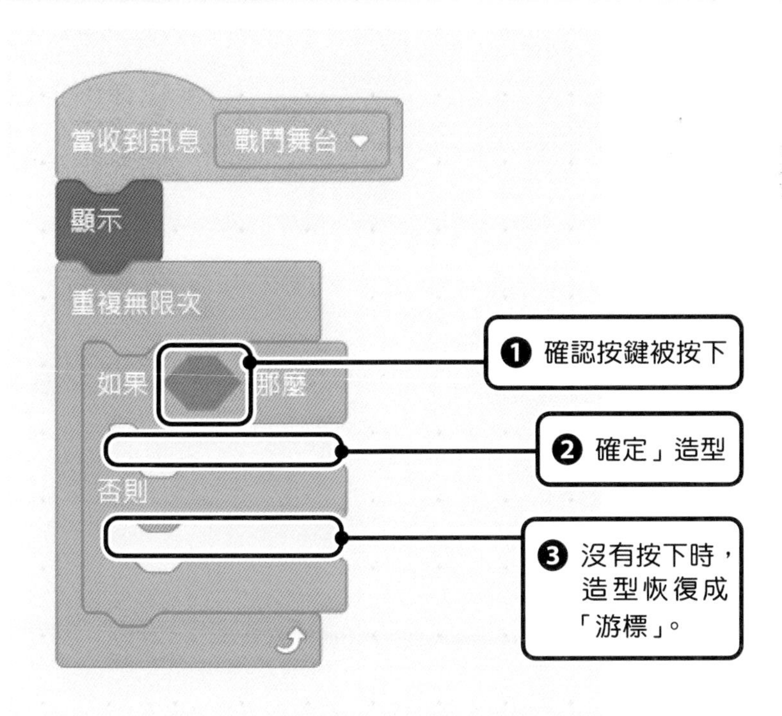

2 執行程式

程式組合完畢後，請在戰鬥舞台選擇「攻擊」，確認是否能顯示游標，進行攻擊。

無法順利完成時？

不論怎麼努力，還是覺得很困難時，請參考 P235 完成的程式範例。

喔！可以攻擊了！但是只會攻擊還是贏不了啊。

你還必須學會使用防禦及回復。

STEP 3

STEP 2 選擇指令

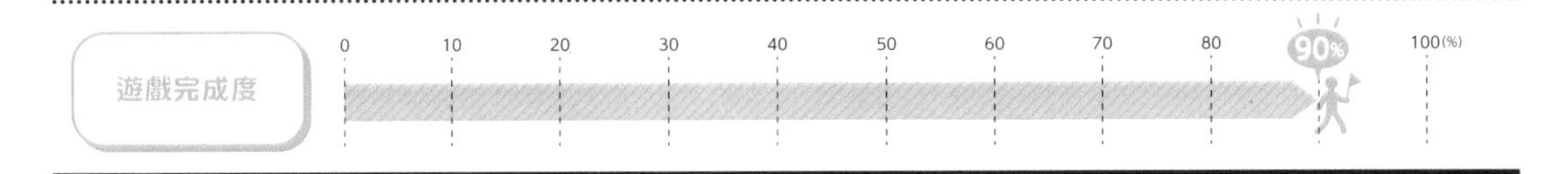

1 自行思考設計程式

自行思考 思考處理方式並設計程式

游標接近時，指標會產生反應。
改變游標的座標，變成可以選擇指令。

思考1 改變 x 座標與 y 座標，上下左右移動

每個指令的間隔如下圖所示。當某個按鍵被按下，就改變游標的座標，使其移動。

提示 游標的座標移動距離如下所示。

提示 使用的積木如下所示（遇到困難時，請參考 P103）。

2 執行程式

程式組合完畢後，請移動游標，確認可以選擇指令。

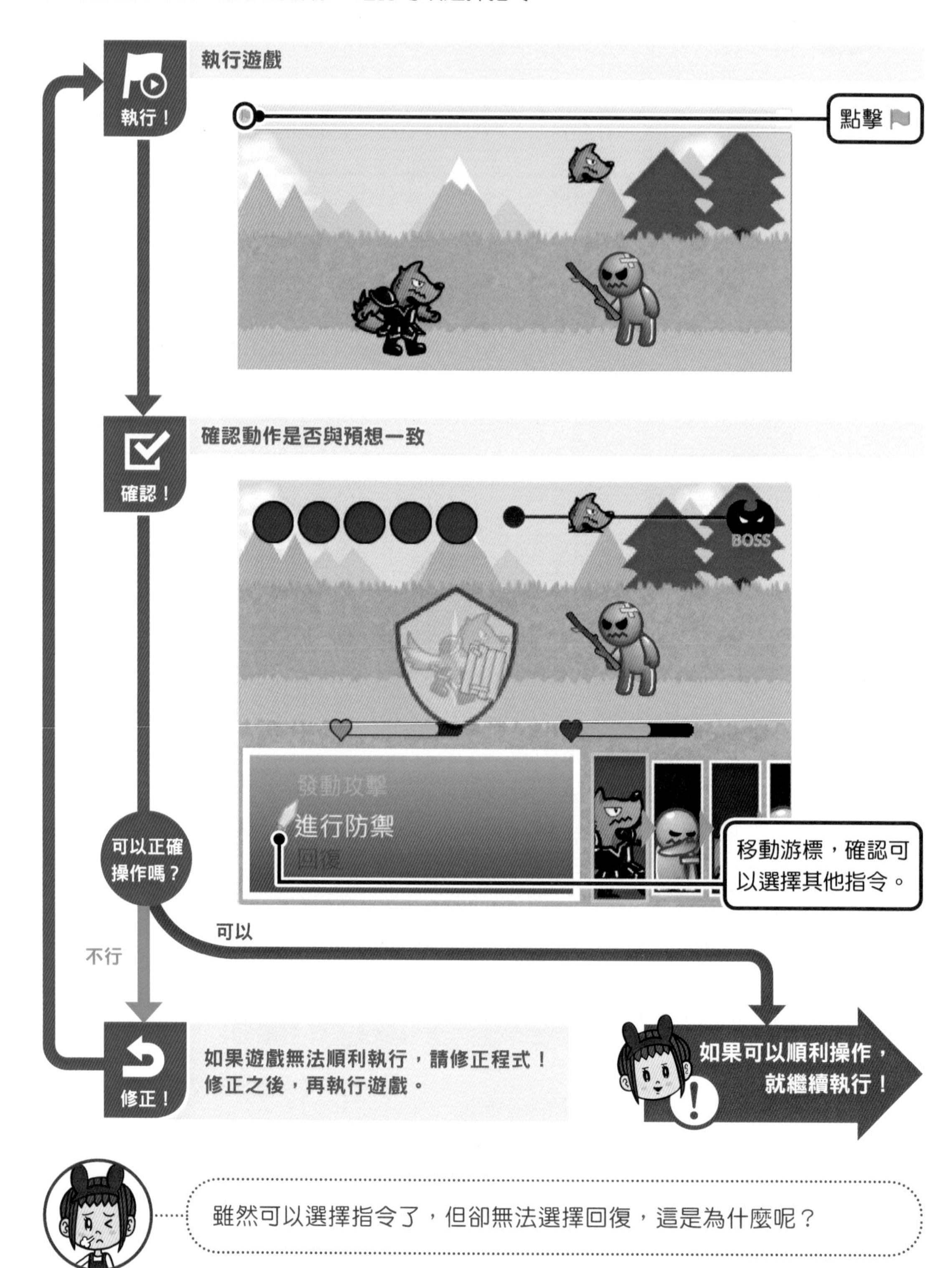

雖然可以選擇指令了，但卻無法選擇回復，這是為什麼呢？

STEP 3

儲存SP值

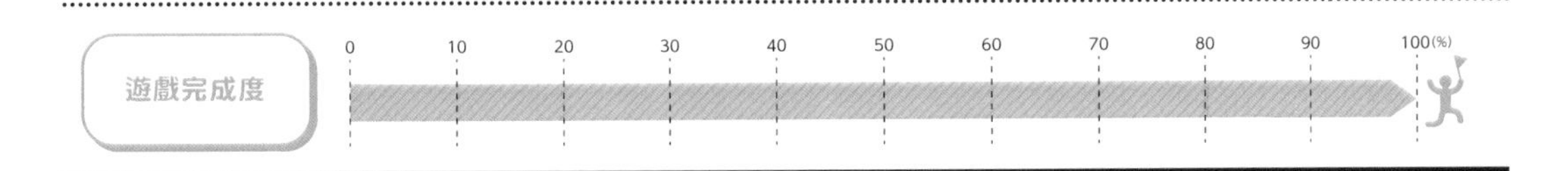

1 自行思考設計程式

自行思考 改造「SP 結晶」角色，儲存 SP 值

「回復」會消耗「SP（技能點數）」，可是現在無法儲存「SP」，所以不能使用，這是因為「SP 結晶」角色的關係，請檢視「SP 結晶」的內容。

思考 1 收到訊息後建立分身

「SP 結晶」包含了「當分身產生」為開頭的積木，但是沒有執行「建立分身」處理的地方，所以無法執行有效的處理。請試著在收到「建立 SP 結晶」訊息時，建立 10 個分身。

提示 使用的積木如下所示。

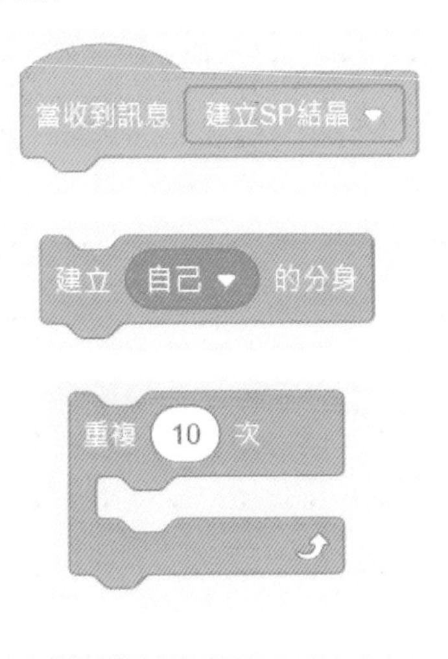

2 執行程式

程式組合完畢後，請確認攻擊敵人時，是否會建立「SP 結晶」的分身。

喔！這樣就可以選擇「回復」指令了。
好的，我要努力破關！

要記得隨時存檔喔 ♥

3 重點整理

和動作遊戲或射擊遊戲不同，RPG 會使用大量變數及訊息來管理游標的位置、角色能力、角色行為。如果為了達到 Perfect，而要改造遊戲，就得查詢這些變數及訊息扮演著何種角色。由於數量很多，很容易搞混，不過訣竅是逐一改變值或順序，仔細觀察會產生何種結果。一口氣大幅改變就無法恢復原狀了，而且也會搞不清楚變數的功用，所以要特別注意。

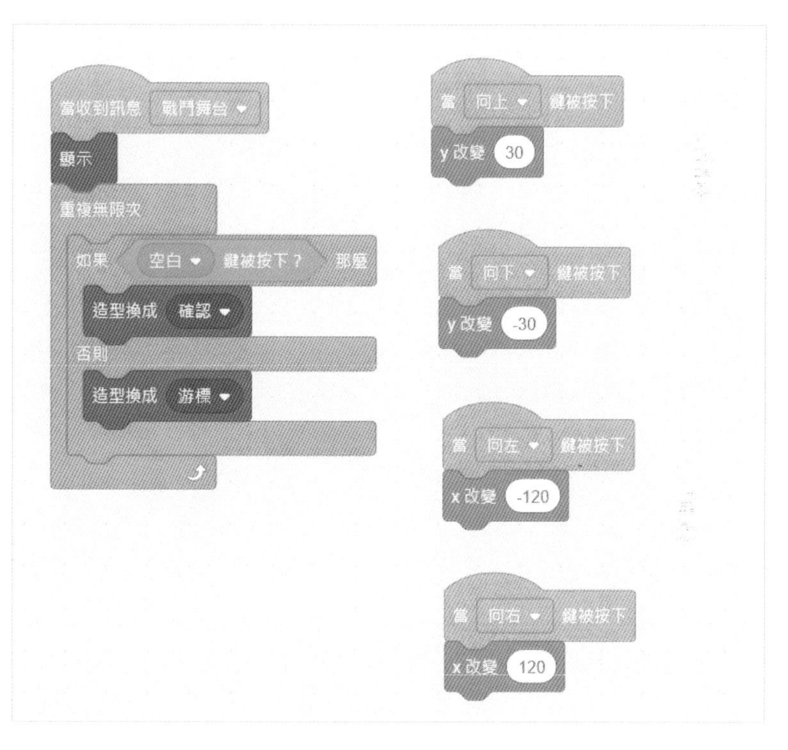

※ 這裡沒有顯示原本的程式

改造遊戲，挑戰完美破關！

完美挑戰！

Perfect 條件

- 打倒最後的「大魔王」
- 收集所有道具

要收集的道具共有 15 個，全部收集齊全並打倒「大魔王」，就能獲得 Perfect。請努力以最高評價 Perfect 為目標，當然你也可以改造遊戲。

雖然有很多程式，我會一個一個查看！

最好先把完成的資料存檔以防萬一。

改造提示

你注意到「○○管理」的角色了嗎？
這個遊戲在執行時，「○○管理」角色之間的訊息傳遞是非常重要的。
如果你想改造遊戲，最好先檢視這些角色…？

戰鬥的傷害值與角色強弱

已經破關的舞台及遊戲地圖的移動

指令順序及敵人的行動類型

喔，如果把這些數字變大，應該可以變強！
啊，或許也應該調整一下這裡的數字吧…

改過頭就無法還原了喔！
別忘了要慢慢嘗試，然後執行看看。

耶！
完成了
這樣就可以
設計程式了！
回想起來，真是一條
漫長的路啊…
遞
嗯
腦中
回想
你已經很
努力了！
踏
做什麼事
都一樣
程式的答案
不只一個，
有很多種方
法喔！
嗯
如果妳有更簡
單達成目標的
方法，我就甘
拜下風！

我…
我喜歡像
Kosaku
這種不聰明
卻仍努力向上
的人說…

呆掉
欸？

再見
……
喂喂，Monita
Miku 很奇怪
對吧…
她是不是
發燒了啊？
Monita

咳
咳
…

下一章是
來自遊戲設計師
的戰帖
等一下
別敷衍我！
吼

到遊戲公司探險！

之四

角色及音樂是如何創造出來的？？

製作遊戲時，也會特別講究角色及音樂。你知道遊戲的角色及音樂是如何創造出來的嗎？

好厲害，他們在描繪遊戲的平面圖！搭配電腦，使用各種工具，就能完成超厲害的遊戲畫面，不愧是遊戲設計的專家！

公司裡有音樂人！

他拿著吉他在演奏！似乎是創作遊戲音樂的人。雖然音樂資料最後是用電腦輸入的，可是曲子卻是一邊彈奏樂器，一邊創作出來的。有時會租借錄音室，在遊戲裡使用大家實際演奏的音樂。

除了程式之外，
也會和其他專業的創作者合作喔！

Chapter 4

來自遊戲設計師的戰帖

破壞騎士

動作

盔甲騎士會使用大型盾牌保護自己。這是避開盔甲騎士的盾牌，發動攻擊，打到對方的遊戲。

製作難度 ? ? ? ? ?

遊戲
1 破壞騎士

重點提示
- 運用已經學過的技巧
- 分析遊戲的程式

遊戲畫面

成為劍士，與盔甲騎士戰鬥！
自由操控左手的盾與右手的劍！

操作方法

攻擊保護盔甲戰士的盾牌！

反覆攻擊，盾牌就會錯開，在上、下出現破綻

攻擊

攻擊沒有破綻的地方是無效的

用盾防禦盔甲騎士的攻擊

盾

防禦會消耗體力。請注意當體力不足時，即使防禦也會受傷。休息時，體力會自然回復。

在適當時機反彈

反彈

在適當時機使用盾牌，就能反彈盔甲騎士的攻擊。反彈失敗會受傷，但是如果成功，就可以一次瓦解攻擊，還能提升之後的攻擊威力，體力也能完全回復。

盔甲騎士的心歸 0 就勝利

0021

HIGH SCORE 0999

心

越快打倒所有盔甲騎士就能獲得高分

請開啟「破壞騎士」遊戲，
進行挑戰！

範例線上下載網址：http://books.gotop.com.tw/download/ACG006000

顯示編輯器後，點擊 ，開始執行遊戲。

哇，這是資深遊戲設計師創造的遊戲耶！
感覺很有趣！

聲音、音樂、影像都很棒呢！
我想趕快完成來試玩。

從下一頁開始
一起完成這個
遊戲吧！

STEP 2 STEP 3

STEP 1 展開攻擊

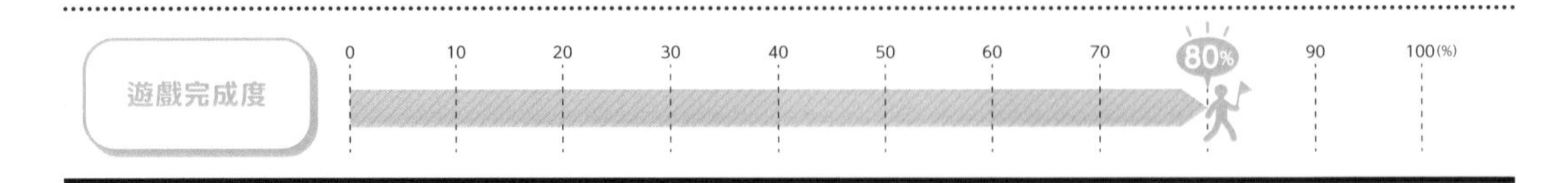

1 自行思考

自行思考 可以採取兩種攻擊的程式

如果你開始遊戲並確認動作後，會發現現在仍無法攻擊也不能防禦。首先要能對盔甲騎士展開攻擊。
攻擊的種類包括上段攻擊「袈裟斬」及下段攻擊「上斬」等兩種。請分別設定按下 ↑ 鍵及 ↓ 鍵時，會產生相對應的攻擊。

思考 1 按下按鍵時進行攻擊

因為要用「右手」展開攻擊，請先選取「右手」角色開始設計程式。
「函式積木」類別包括了「袈裟斬」及「上斬」積木，請把程式設計成，當按下 ↑，執行「袈裟斬」，按下 ↓ 時執行「上斬」處理。

提示 使用的角色與積木如下所示。

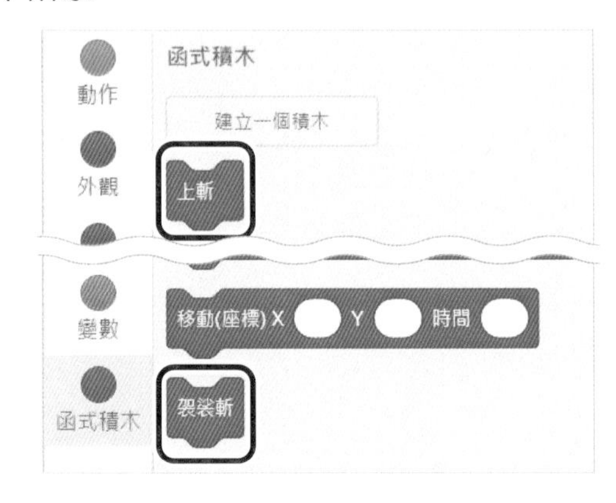

2 執行程式

程式組合完畢後，確認是否可以使出「袈裟斬」及「上斬」。

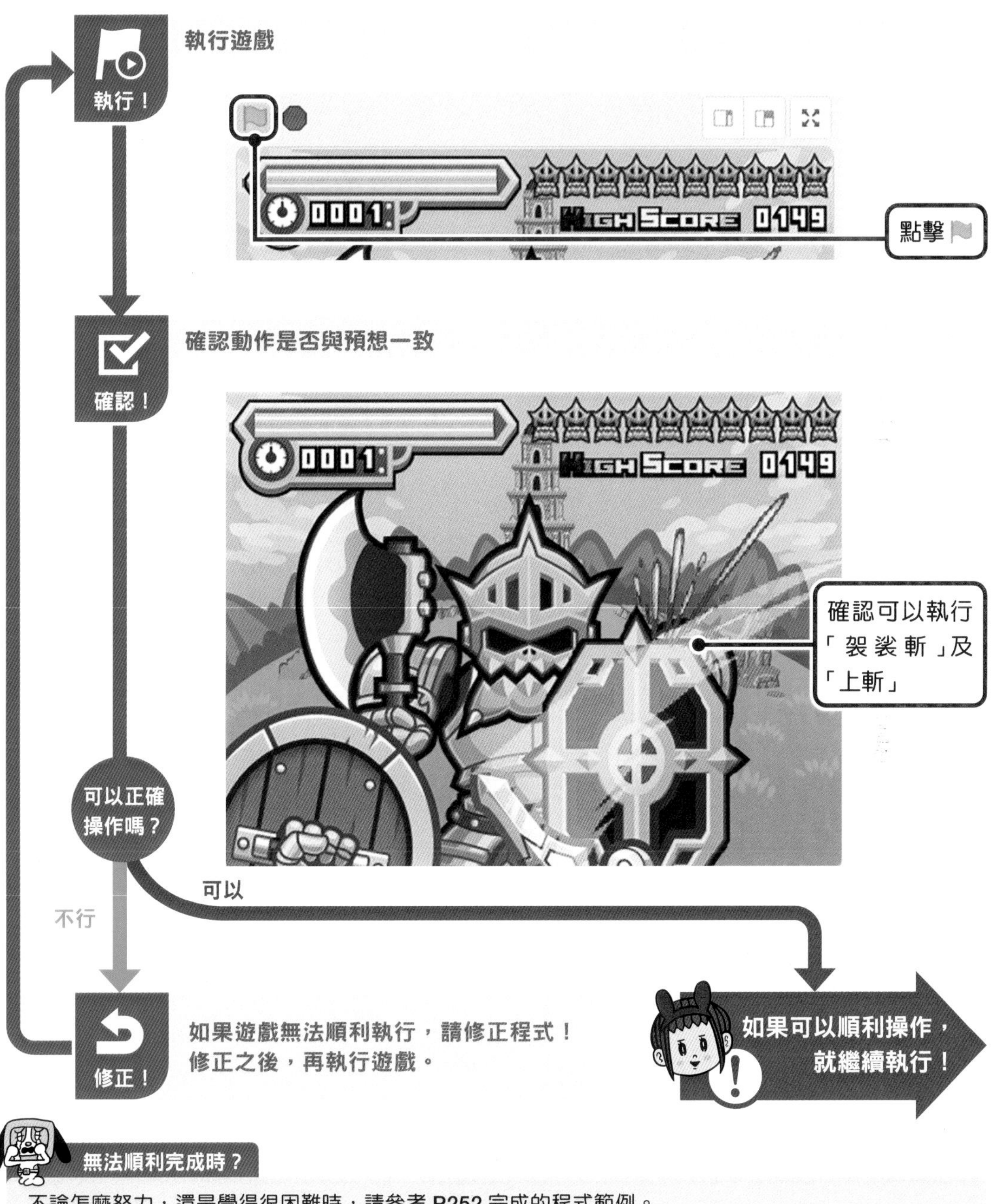

無法順利完成時？

不論怎麼努力，還是覺得很困難時，請參考 P252 完成的程式範例。

雖然可以攻擊敵人，可是⋯
無法防禦敵人的攻擊啊！輸了！

STEP 3

STEP 2 防禦攻擊

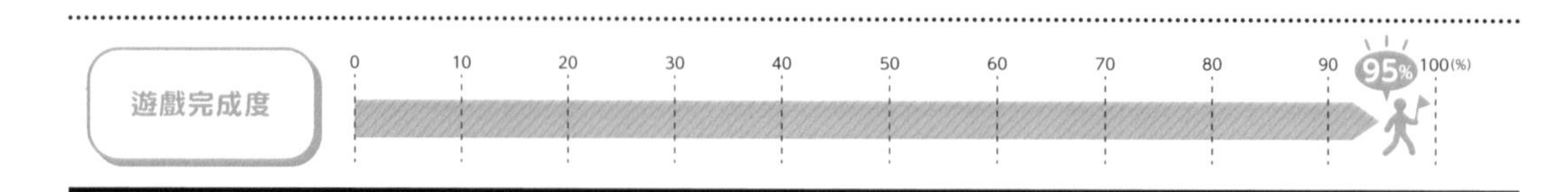

1 自行思考設計程式

自行思考

可以採取兩種防禦的程式

如果無法防禦敵人的攻擊，一定會輸。請在「左手」角色設計程式，防禦敵人的攻擊。
防禦和攻擊一樣有兩種，包括「抵擋」及「反彈」。請分別利用「x」鍵與「z」鍵使出防禦招式。

思考 1

按下按鍵進行防禦

因為要用「左手」完成防禦動作。請先選取「左手」角色設計程式。
防禦和攻擊一樣，已經在「函式積木」類別完成定義。當「x」鍵被按下，就執行「抵擋」處理，當「z」鍵被按下，則執行「反彈」處理。

提示 使用的角色與積木如下所示。

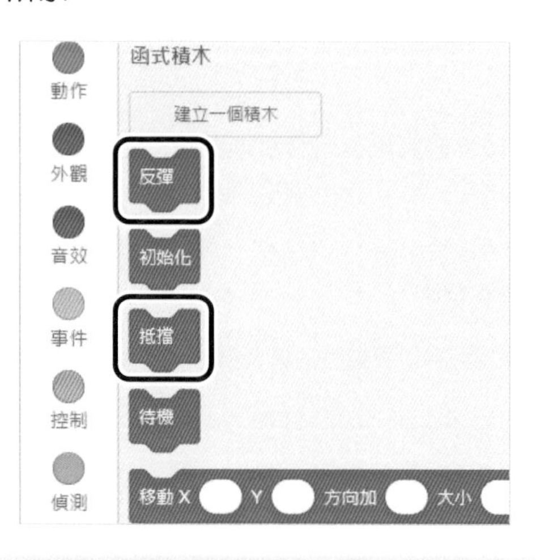

2 執行程式

程式組合完畢後，請試著操作是否可以「抵擋」與「反彈」。

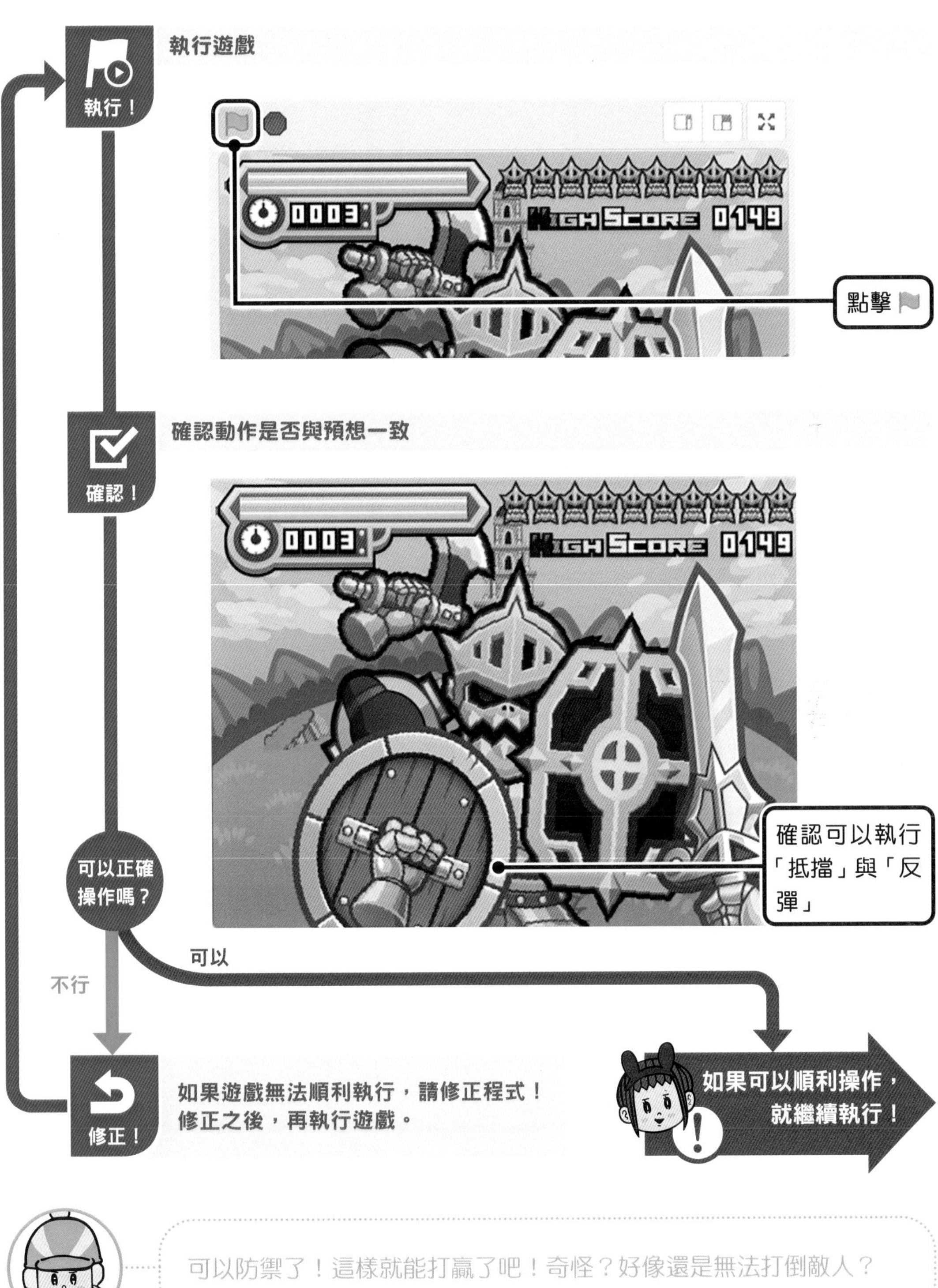

可以防禦了！這樣就能打贏了吧！奇怪？好像還是無法打倒敵人？

STEP 3

讓盔甲騎士的心隨著體力而縮小

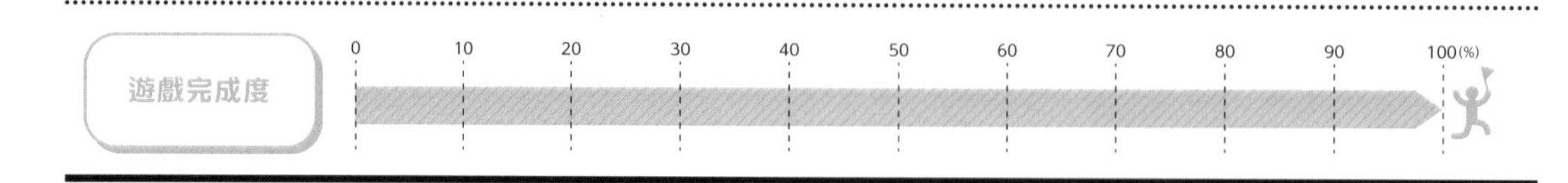

1 自行思考設計程式

一眼就能看出盔甲騎士的體力是否下降

可以攻擊與防禦，就能和盔甲騎士戰鬥，可是依舊無法打倒他。其實如果沒有讓盔甲騎士的「心」隨著體力降低而縮小，就沒辦法獲勝。請在「心」角色設計程式，變成可以根據敵人的體力改變大小。

思考 1 根據比例改變大小

請設定成，當收到訊息「敵人啟動邏輯」事件，「心」的大小會「重複無限次」成為敵人剩餘的體力比例（百分比）。

使用外觀類別的積木設計程式，讓「心」角色會根據敵人剩餘的體力比例（百分比）改變大小。

提示 使用的角色與積木如下所示。

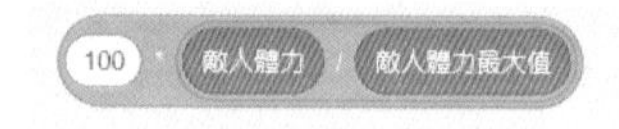

POINT

算術運算

如何建立計算敵人剩餘體力百分比的積木？

其實利用簡單的算術運算就可以達成。具體來說，計算「敵人剩餘體力百分比＝敵人現在的體力 ÷ 敵人體力最大值」，求出比例。導出比例的公式是「比例＝比較量 ÷ 基準量」。由於大小的基準是 100，所以求出來的比例乘以 100。數學（算術）也是程式設計的重要元素。

2 執行程式

組合程式後，請確認敵人的心產生何種變化。

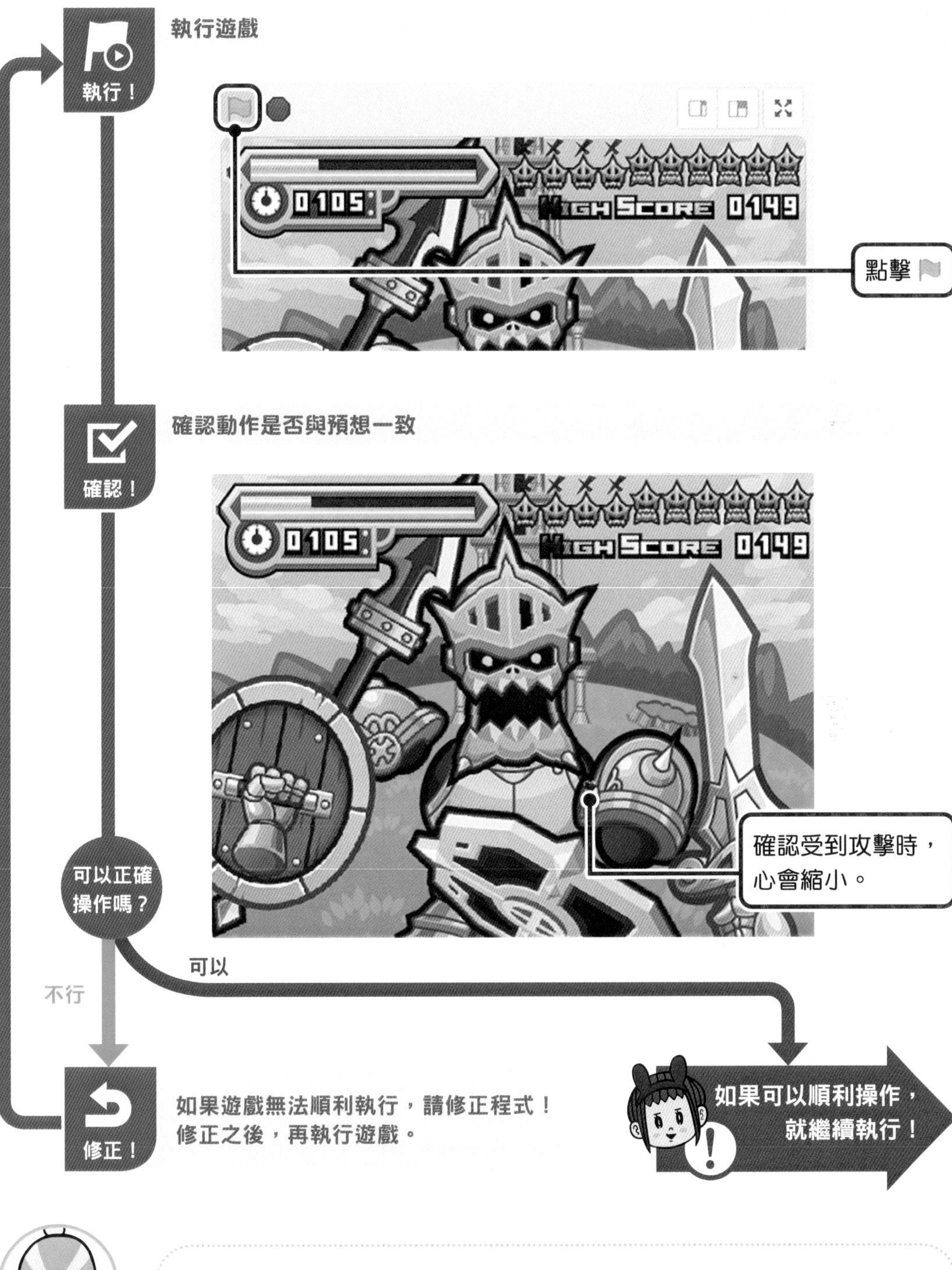

太好了，心縮小了，我打倒盔甲騎士了！

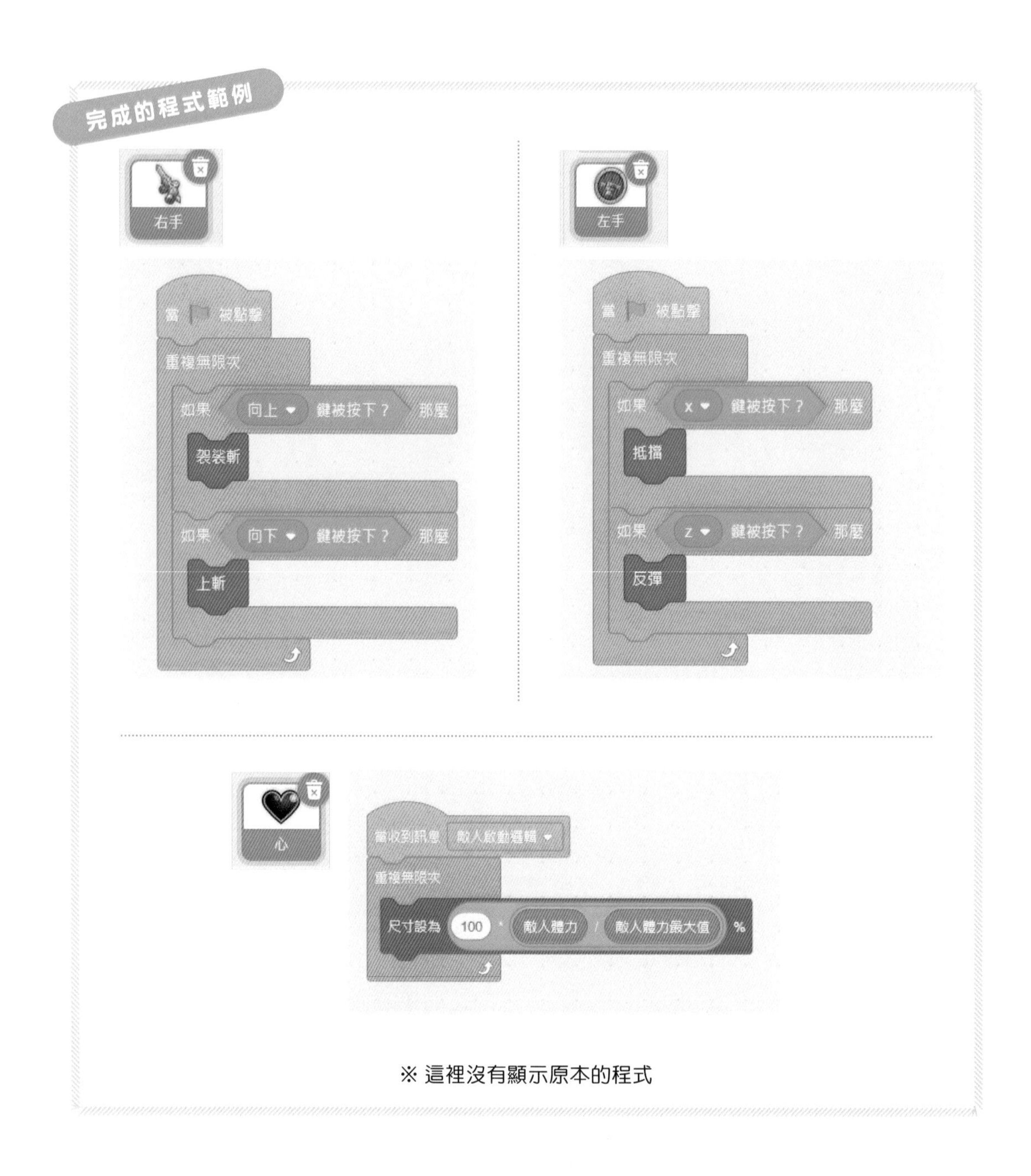

※ 這裡沒有顯示原本的程式

3 重點整理

這樣就完成基本的遊戲了。學會本書說明的內容，應該就可以寫出簡單的程式，但是接下來才是重點。請利用下面的完美挑戰，改造這個由專業遊戲設計師創作的遊戲，努力達到完美破關的目標。

你也可以不改造這個遊戲，挑戰是否能獲得 **Perfect** 評價。

改造遊戲，挑戰完美破關！

完美挑戰！

Perfect 條件 在150秒內破關

以最少的時間打倒 10 位盔甲騎士。

條件是在 150 秒以內獲得 Perfect。如果覺得很難，就試著改造程式！

我想在不改造遊戲的前提下先試著挑戰看看。

我對這個遊戲程式很有興趣，想試著改造它。

改造提示①

左手

盔甲騎士是利用訊息來控制各個動作。例如計算體力的「敵人啟動邏輯」訊息就是其中之一。其中，「敵人蓄能」是在攻擊前幾秒傳遞蓄能動作的訊息。何不試著改造成廣播敵人的行動「敵人蓄能」，並自動採取行動？

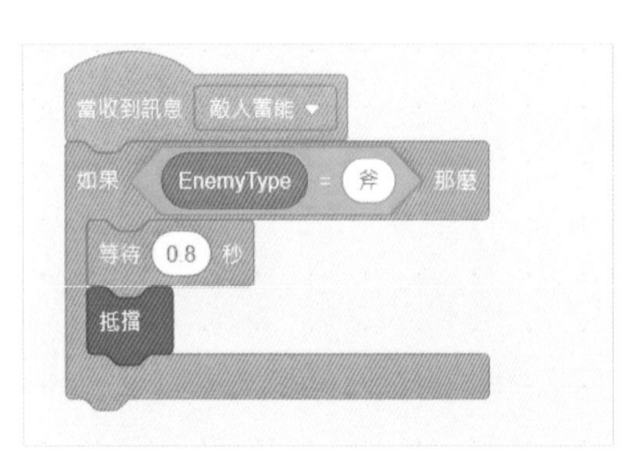

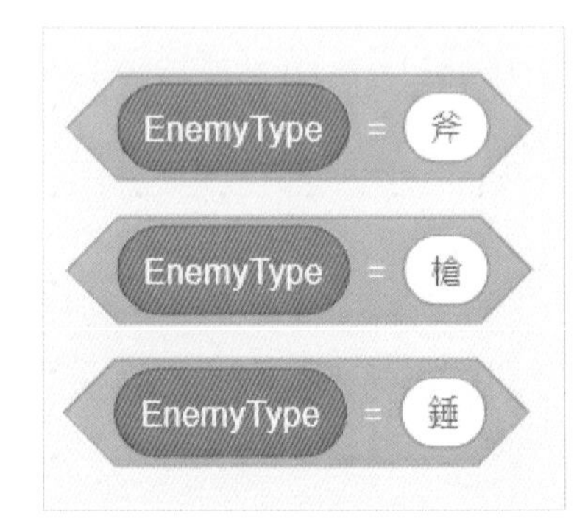

發生攻擊的時機會隨著敵人的武器種類而異，所以要多多嘗試。變數「**EnemyType**」可以偵測敵人的武器種類是「斧」、「槍」或是「錘」並做出判斷。

改造提示②

右手

「左手」與「右手」已經配置了大量程式。攻擊的程式在「右手」，防禦的程式在「左手」。請選取「右手」角色，檢視程式區。

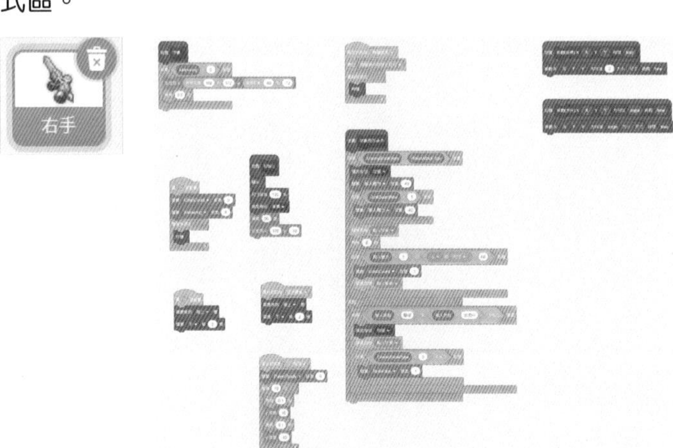

與攻擊有關的「袈裟斬」及「上斬」處理儲存成函式積木。改變其中與時間有關的數值，應該可以提高攻擊速度。

```
定義 袈裟斬
如果 (PlayerReady = 1) 那麼
  變數 isMoveing ▾ 設為 1
  變數 Reflection ▾ 設為 0
  變數 PlayerReady ▾ 設為 0
  播放音效 揮劍 ▾
  初始化
  定位到 x: 205 y: 1
  造型換成 袈裟斬1 ▾
  移動(方向) X 220 Y 20 方向加 10 時間 0.2
  等待 0.1 秒
  變數 PlayerAttackType ▾ 設為 2
  判斷是否命中
  如果 (Reflection = 1) 那麼
    造型換成 袈裟斬2 ▾
    定位到 x: 122 y: -23
    面朝 90 度
    移動(方向) X 300 Y 0 方向加 50 時間 0.2
    隱藏
```

```
定義 上斬
如果 (PlayerReady = 1) 那麼
  變數 isMoveing ▾ 設為 1
  變數 Reflection ▾ 設為 0
  變數 PlayerReady ▾ 設為 0
  播放音效 揮劍 ▾
  初始化
  造型換成 上斬1 ▾
  面朝 180 度
  移動(方向) X -70 Y -155 方向加 -90 時間 0.1
  等待 0.2 秒
  變數 PlayerAttackType ▾ 設為 1
  判斷是否命中
  如果 (Reflection = 1) 那麼
    右轉 ↻ 30 度
    定位到 x: 48 y: -124
    等待 0.05 秒
    移動(方向) X -59 Y -216 方向加 -30 時間 0.2
    等待 0.1 秒
```

哇，最後出來的盔甲騎士實在太強了！
這樣的話就得用程式設計來對抗了！

請運用遊戲的技巧與程式設計的技能，戰勝來自遊戲設計師的挑戰吧！

太厲害了！
遊戲程式
設計師…
怎麼會
這麼強！！

用我們學的 Scratch
可以做出這麼精彩的
遊戲嗎…

可以…
我會努力的…
顫抖……

我一定會打敗
這個巨大的程
式設計海浪!!
啪噠

跳

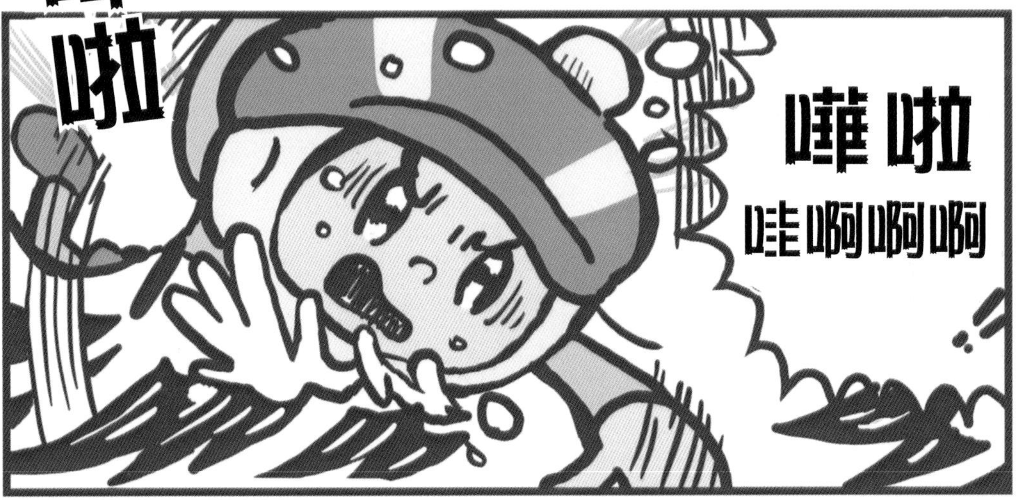

到遊戲公司探險！

之五

取得破壞騎士最高機密設計圖

資深遊戲設計師製作的「破壞騎士」，你得到 Perfect 的評價了嗎？我就快達到了。我正努力在不改造遊戲的情況下獲得 Perfect 喔！

這次參觀時，看到了製作破壞騎士遊戲時寫的筆記及製作過程，因此特別公開出來！

這份筆記在討論這個遊戲好玩嗎？一開始思考了遊戲的玩法。

這是討論製作遊戲時的必要元素，先寫出需要的東西。

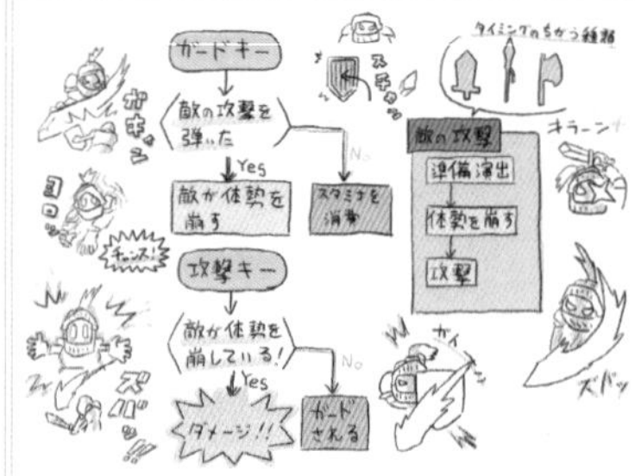

這是寫出具體的架構，程式設計師似乎是參考這裡的內容來製作遊戲。

影像製作步驟大公開！

帥氣的騎士究竟是如何製作出來的呢？一起來看看從創意階段開始，到描繪圖案，組合成動畫的流程吧！

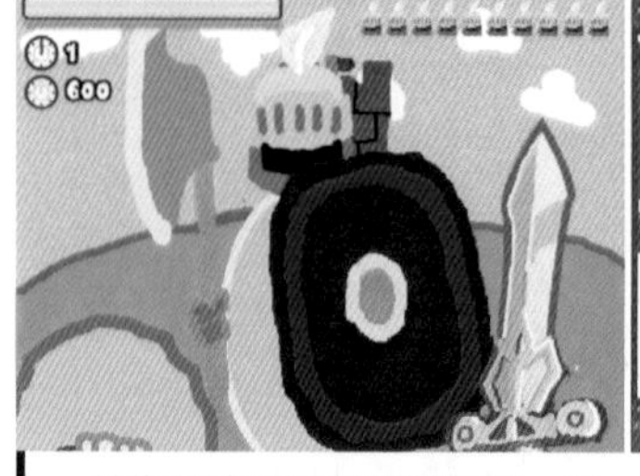

首先程式設計師繪製草圖，篩選出需要的元件

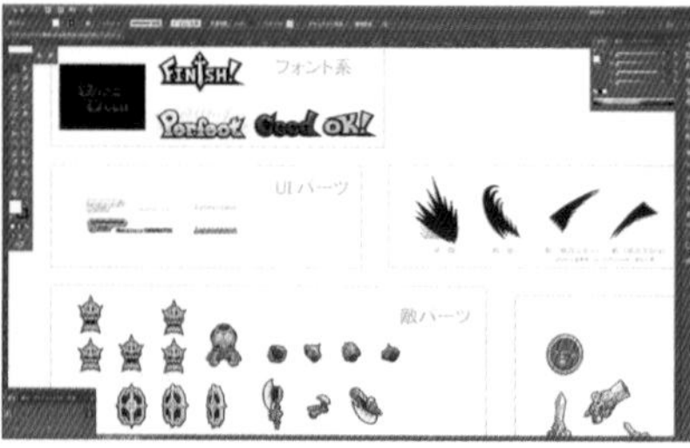

專業的平面設計師拆分角色，變成元件，製作成影像資料

在畫面配置元件並製作動畫。與專業的程式設計師一起合作

一個遊戲需要大量筆記與資料，
還要各方面的專業人士通力合作才能完成！

Chapter 5

來製作自己的遊戲吧！

如果你已經完成了前面的遊戲，應該會有「我也想試著創造遊戲！」的念頭吧？
這一章要說明遊戲設計師的思考方法及製作過程。請務必參考本章，試著製作出屬於你的遊戲。

好的，我要來製作遊戲了！立刻開始設計程式吧！

等一下啦！
還沒決定要做什麼遊戲，要怎麼設計程式呢？

1 思考「玩法主軸」，決定要製作何種遊戲

開發遊戲時，要先從決定概念及主題開始。以下將介紹利用「誰（什麼東西）？做什麼？」的方式來製作小遊戲，你將從中學會如何構思遊戲的「玩法主軸」。

範例

- 打擊手（誰？）打出全壘打（做什麼）的遊戲
- 汽車（什麼東西？）跳躍（做什麼）的遊戲
- 戰鬥機（什麼東西？）避開子彈（做什麼）的遊戲
- 母雞（誰？）下蛋（做什麼？）的遊戲

任意組合字詞，呈現出遊戲的玩法主軸。
試試平常不會組合在一起的事物會更有趣喔！

2 思考設計圖

決定玩法主軸後，試著在筆記本或便條紙上描繪遊戲的草圖。以下繪製的範例是「汽車跳躍遊戲」。

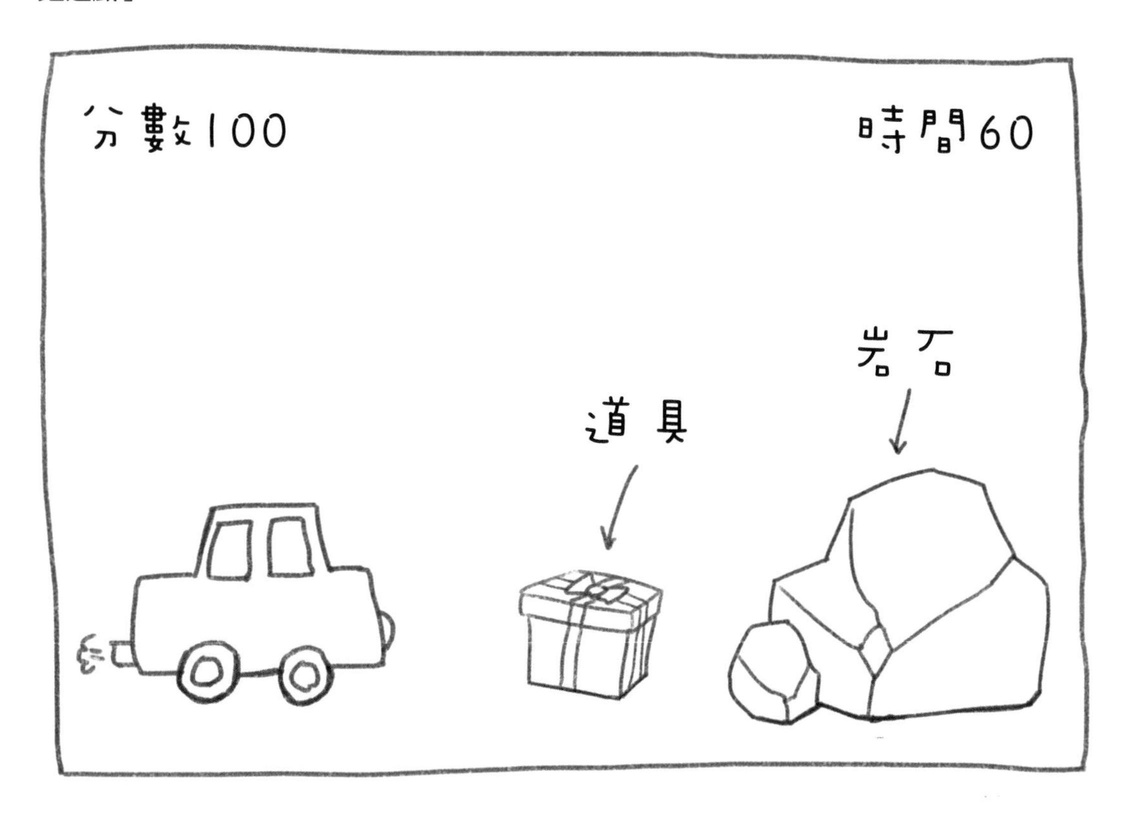

繪製完成後，再決定遊戲大致的結構與規則，別忘了先詳細記錄下來。此時，必須確定遊戲結束及過關的條件。

範例

- 汽車行駛時，會遇到道具或岩石
- 汽車取得道具就得分
- 汽車跳過岩石就得分
- 汽車撞到岩石就扣分
- 當時間歸 0，遊戲就結束（結束遊戲的條件）

3 思考需要的角色

整個概念確定後，接著思考需要哪些角色。請逐一寫下在你構思的遊戲中，會出現的人物、道具、顯示在畫面上的物體等。

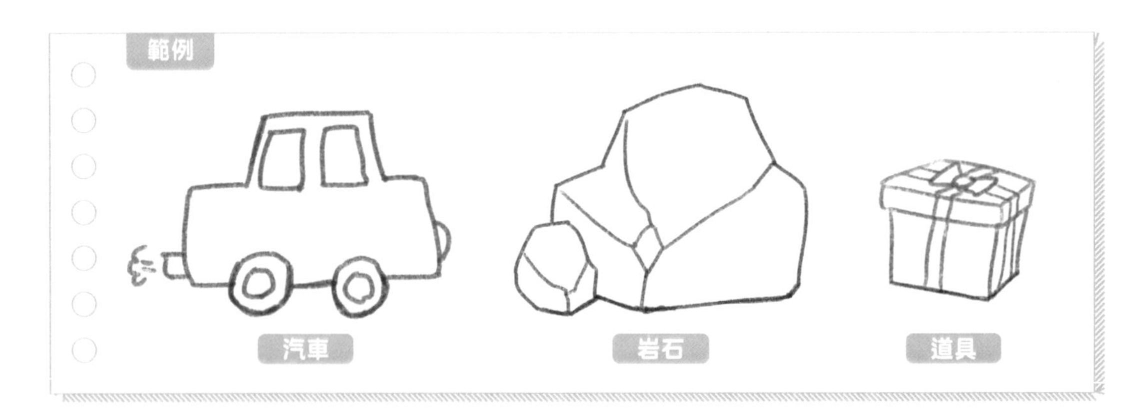

這個範例利用了 Scratch 的功能，使用變數在畫面上顯示「分數」與「限制時間」。

在畫面上顯示變數

Scratch 可以自行建立變數。建立的變數在預設狀態下會顯示在舞台上。勾選變數旁的核取方塊，該變數就會顯示在舞台上。如果希望把舞台上的變數隱藏起來，就取消該變數的核取方塊。

4 思考角色的動作

把遊戲的元素分解成角色之後，思考每個角色該如何動作，才能符合遊戲的規則。
轉換成 Scratch 的程式，寫出在何種條件下，該如何動作。

範例

<遊戲的規則>

- 汽車行駛時，會遇到道具或岩石
- 汽車取得道具就得分
- 汽車跳過岩石就得分
- 汽車撞到岩石就扣分
- 當時間歸 0，遊戲就結束（結束遊戲的條件）

<角色的動作>

汽車

- 按下 ↑ 鍵就跳躍
- 遊戲開始後的限制時間是 60
- 遊戲開始後分數歸 0
- 限制時間減少，變成 0 後結束遊戲

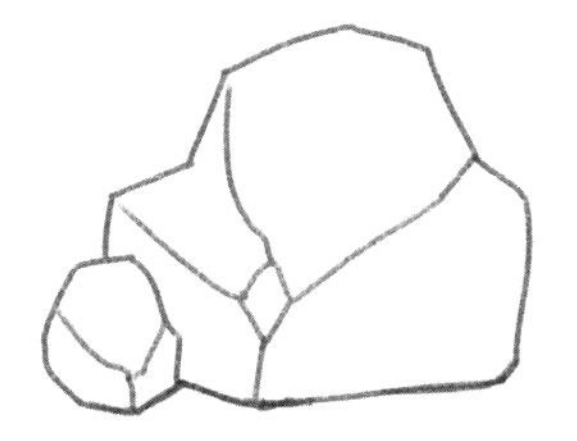

岩石

- 等待幾秒後隨機出現
- 從畫面右側開始朝著汽車前進
- 抵達左邊後刪除
- 汽車成功跳過岩石後加分
- 汽車碰到後扣分

道具

- 等待幾秒後隨機出現
- 從畫面右側開始朝著汽車前進
- 汽車碰到後加分
- 抵達左邊後刪除

5 準備角色

決定遊戲的玩法主軸、設計圖、角色的功用後，終於要開始設計程式了。雖然要花較久的時間，但是規劃要製作哪種遊戲是最重要的事情。開啟 Scratch 的編輯器，準備遊戲需要的角色及變數。你可以自行繪製角色，或使用 Scratch 準備的影像。

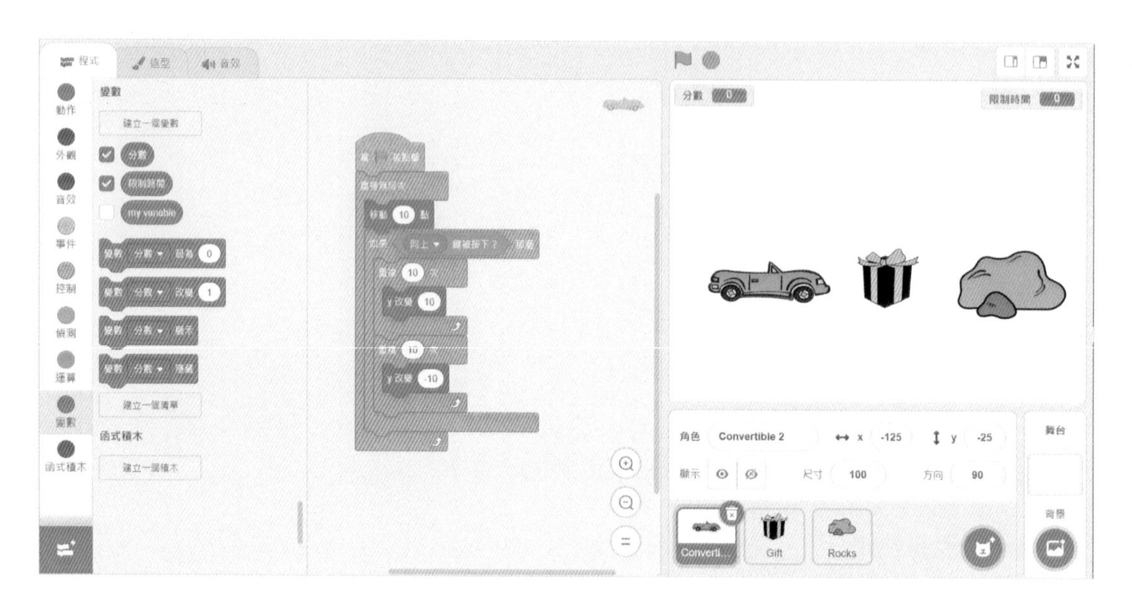

6 設計程式

準備好角色之後，就可以開始設計程式了，角色的動作也都已經計畫好了。
請試著用程式呈現每個動作。

範例

＜角色的動作＞

汽車 ● 按下向上鍵就跳躍

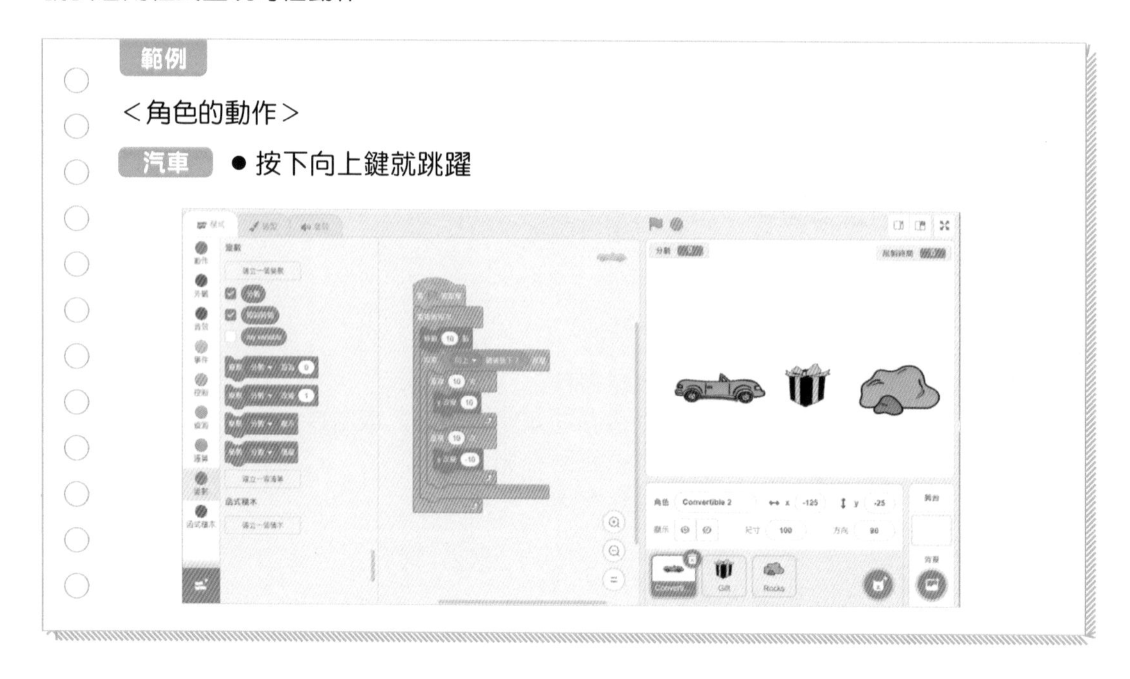

7 執行程式

完成一個動作的程式後，請一定要操作看看。假如沒有做出預期的動作，請重新調整程式。倘若順利完成，再繼續設計下個動作。當角色的動作全都完成後，接著設計下個角色的程式。反覆上述步驟，直到完成所有動作，這樣遊戲就完成了！

完成之後，一定要讓其他人試玩。如果大家覺得好玩，也可以提出其他想法，依建議進一步改造遊戲，讓遊戲變得更有趣。

8 完成之後，將遊戲命名存檔

遊戲製作完畢後，別忘了先存檔。儲存方法請參考 P40。

存檔時，請記得為檔案命名。這是屬於你的原創遊戲，請取一個能讓每個人都想玩的名字。

9 重點整理

這裡說明了自行製作遊戲的思考方法與步驟。創作遊戲時，思考是最重要的關鍵。先把計畫寫在紙上，在開始設計程式之前，先詢問朋友的意見。思考要創造什麼遊戲→試作→試玩並詢問朋友的感想→想出更棒的點子⋯，反覆試玩，同時尋找靈感，完成愈來愈好玩的遊戲。

☆ 你可以在網站上找到這個範例遊戲。

http://books.gotop.com.tw/download/ACG006000

好了，新的遊戲「摧毀怪物」完成了！
Kosaku 你玩看看。

好厲害的名字⋯⋯。哇，敵人太強了！瞬間被秒殺！

欸，太難了嗎？
聽取玩家的意見也很重要呢！

挑戰改造難度！

奪得獎盃挑戰賽！

當你看到這裡，應該會想繼續往下挑戰。如果你能達成銅獎到水晶獎設定的條件，就能獲得獎盃，請一定要試著挑戰看看。

銅獎盃

條件❶ **Chapter 1、Chapter 2、Chapter 3 所有的遊戲都得到 Perfect 評價！**

完成本書說明的所有遊戲，並獲得 Perfect 評價。可以任意改造，只要每個遊戲能獲得 Perfect，就算達成。

銅獎盃真是牛刀小試，我已經破關了。

銀獎盃

條件❶ **只改造森林射擊訓練中的角色「箭」，獲得 Perfect 評價！**

條件❷ **只改造月球表面探險隊的角色「月亮」，獲得 Perfect 評價！**

請在完成各個主題遊戲的狀態下，只改造指定角色，得到 Perfect 評價。

在完美挑戰加入條件！算是一種限制玩法啊！

金獎盃

條件❶ 只改造轟炸獵人中的「炸彈」角色，取得 Perfect 評價！

條件❷ 只改造對決競技場中的「犬劍士」角色，取得 Perfect 評價！

和銀獎盃一樣，在完成主題遊戲的狀態下，只改造特定角色，獲得 Perfect 評價。

白金獎盃

條件❶ 叢林釣魚以全自動破關取得 Perfect ！

條件❷ 忍者居合術以全自動破關取得 Perfect ！

請在完成主題遊戲的狀態下，不使用手動操作，就取得 Perfect。可以隨意改造任何角色。

開始遊戲之後，完全不做任何操作，獲得 Perfect，就算達成條件。改造時，請善用角色之間傳遞訊息的訊息積木。

必須在不做任何操作的前提下自動破關啊…不過，應該做得到吧！

水晶獎盃

條件❶ 自行製作遊戲，讓家人或朋友試玩！

最後的挑戰是從頭開始製作自己的遊戲，並讓其他人試玩。P 259 提供了思考方法及製作方法的提示，請參考之後，自行開發遊戲！

自行開發遊戲！？不愧是水晶獎盃，難度真的很高呢！

但是我覺得很興奮，等我製作出遊戲之後，你要試玩看看喔！

尋找製作遊戲的靈感

Scratch 的秘訣

這一章把程式分成幾個部分，當作製作遊戲的物件。假如你不曉得怎麼做才能創作出自己的遊戲，請試著建立這裡提供的程式，並操作看看。

假如你覺得某個程式的動作很有趣，或能激發你的靈感，就繼續加上其他程式，讓作品愈來愈完整。

這裡將以本書出現過的遊戲架構來說明。在製作遊戲的過程中，當你遇到該怎麼做的疑問時，請重新回顧，一定可以找到線索。

製作動畫

請切換造型，讓角色動起來。

準備

選取擁有多個造型的角色

建立程式

造型換成 happy1

等待 0.2 秒

造型換成 happy2

等待 0.2 秒

選擇角色內的造型名稱

執行程式

點擊 🏁

按下按鍵時，產生動態效果

改變造型，利用按鍵操作讓角色動起來。

準備

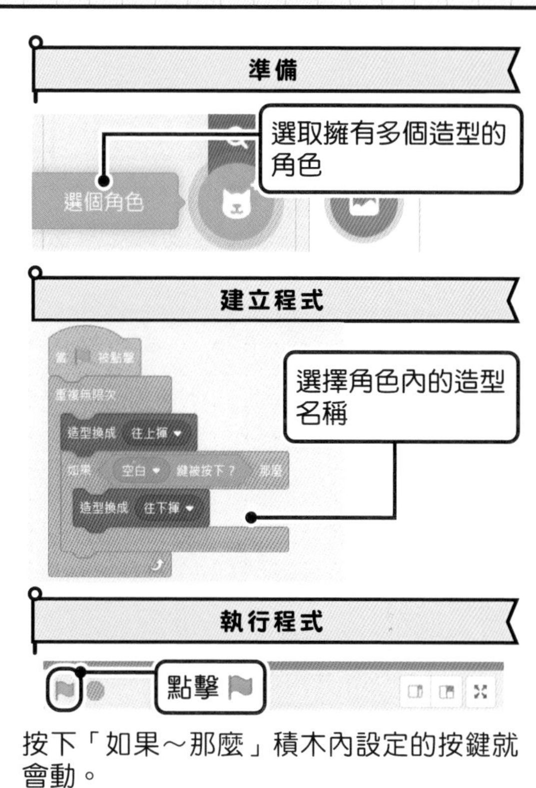

建立程式

執行程式

點擊

按下「如果～那麼」積木內設定的按鍵就會動。

製作音效

利用發出聲音的積木來加上音效

準備

建立程式

執行程式

按下「如果～那麼」積木設定的按鍵，就會發出聲音。

提示

如果沒有發出聲音，可能是喇叭的音量太小，或電腦沒有喇叭等原因。

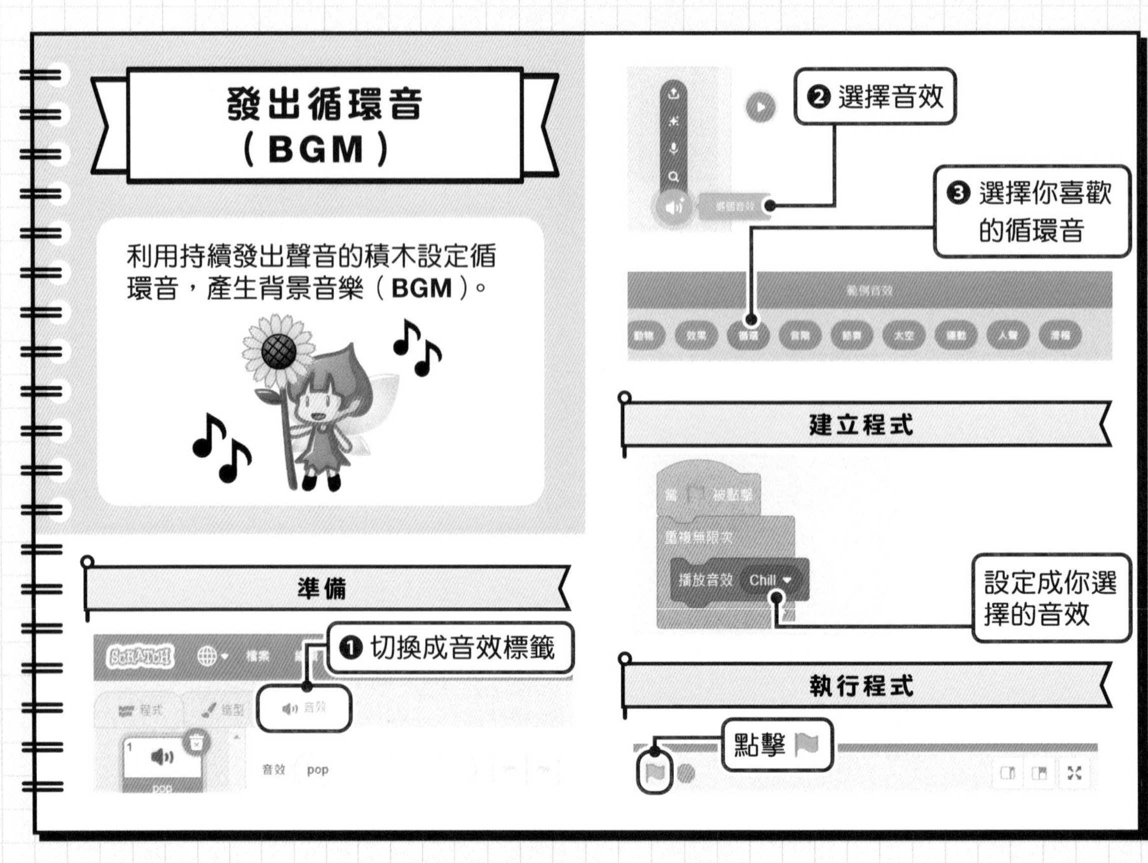

發出循環音（BGM）
利用持續發出聲音的積木設定循環音，產生背景音樂（BGM）。
準備
❶ 切換成音效標籤
程式
造型
音效
pop
❷ 選擇音效
❸ 選擇你喜歡的循環音
建立程式
當 被點擊
重複無限次
播放音效 Chill
設定成你選擇的音效
執行程式
點擊

左右移動
利用方向鍵改變方向，左右移動。
準備
選擇你喜歡的角色
選擇你喜歡的角色
當 被點擊
迴轉方式設為 左-右
重複無限次
如果 向右 鍵被按下？ 那麼
面朝 90 度
移動 10 點
如果 向左 鍵被按下？ 那麼
面朝 -90 度
移動 10 點
執行程式
點擊
按下設定的按鍵，往左右移動。

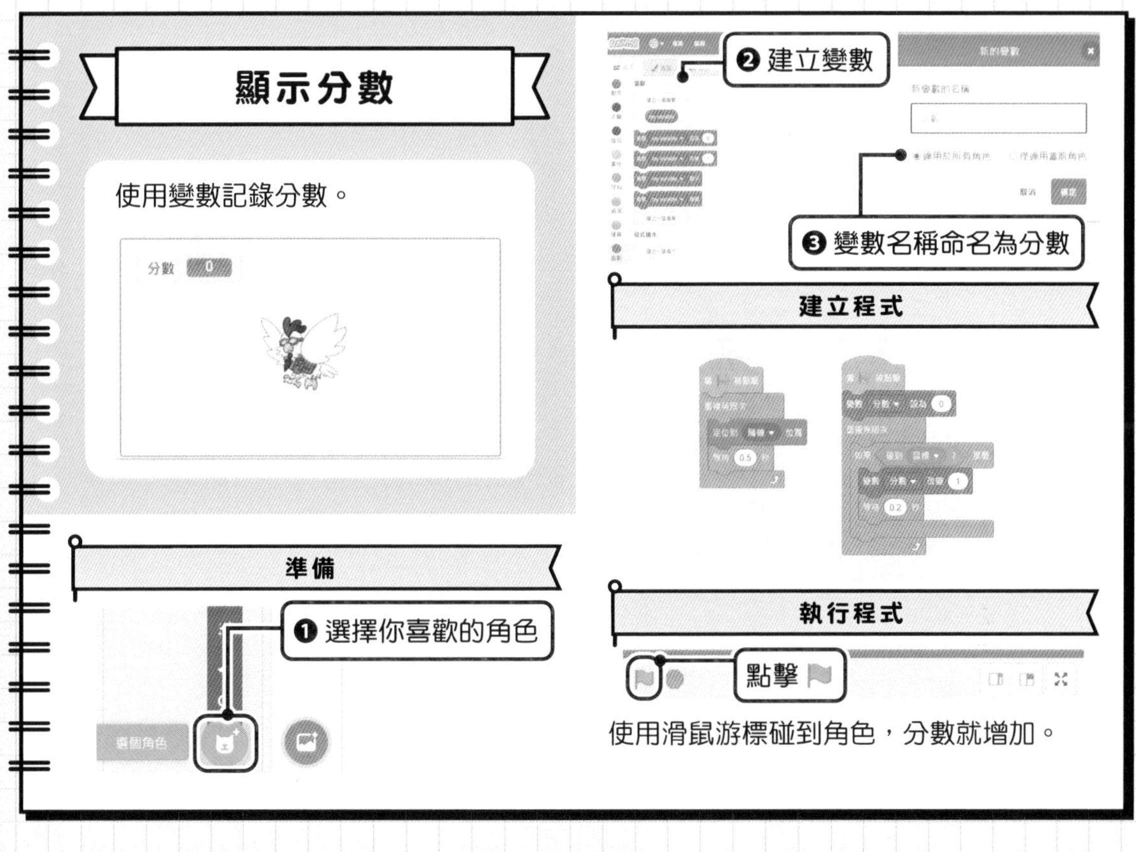
顯示分數
使用變數記錄分數。
分數 0
準備
❶ 選擇你喜歡的角色
❷ 建立變數
❸ 變數名稱命名為分數
建立程式
執行程式
點擊
使用滑鼠游標碰到角色，分數就增加。

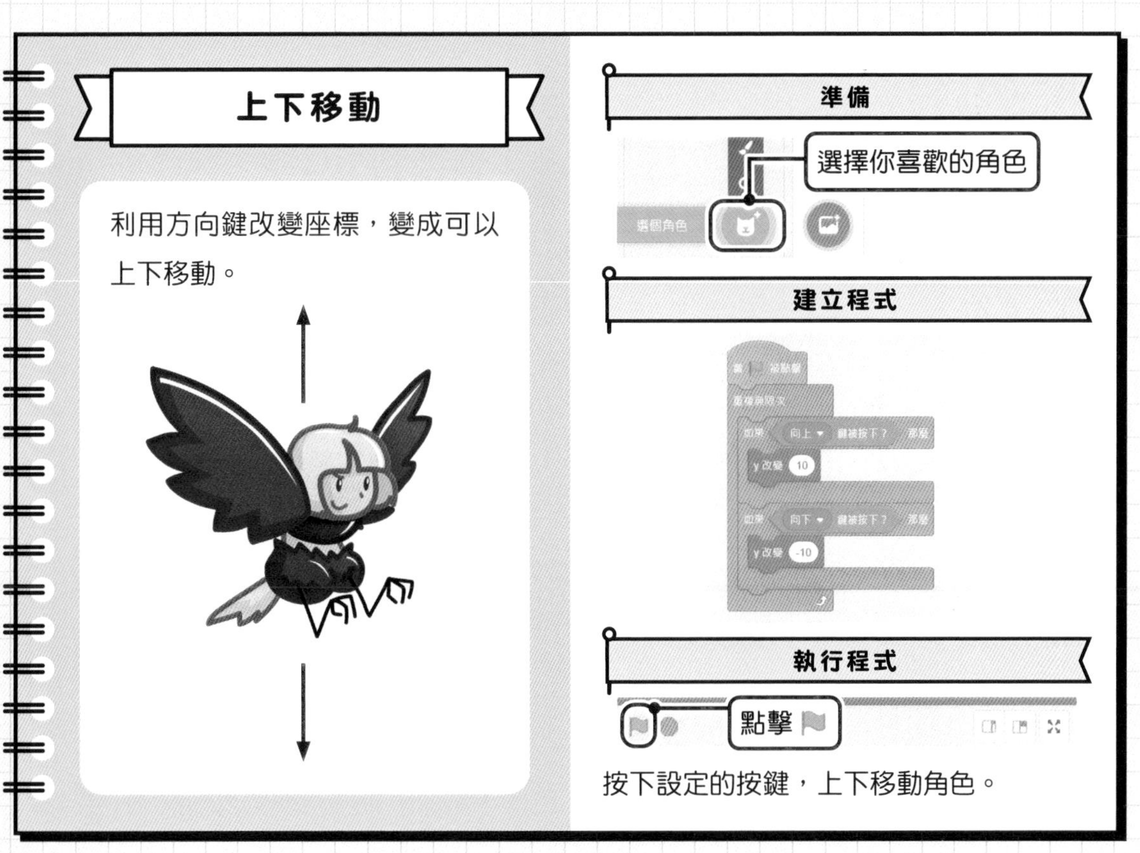
上下移動
利用方向鍵改變座標，變成可以上下移動。
準備
選擇你喜歡的角色
建立程式
y 改變 10
y 改變 -10
執行程式
點擊
按下設定的按鍵，上下移動角色。

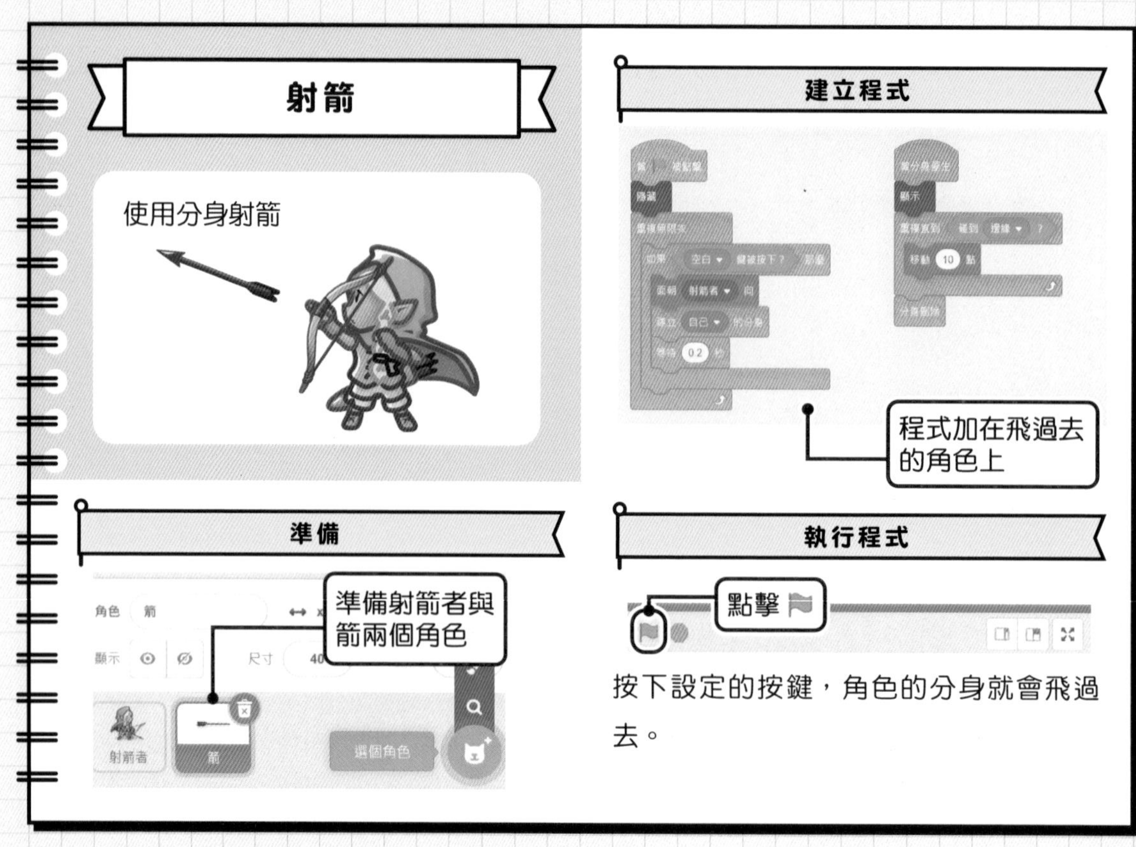
射箭
使用分身射箭
建立程式
程式加在飛過去的角色上
準備
準備射箭者與箭兩個角色
射箭者
箭
執行程式
點擊
按下設定的按鍵，角色的分身就會飛過去。

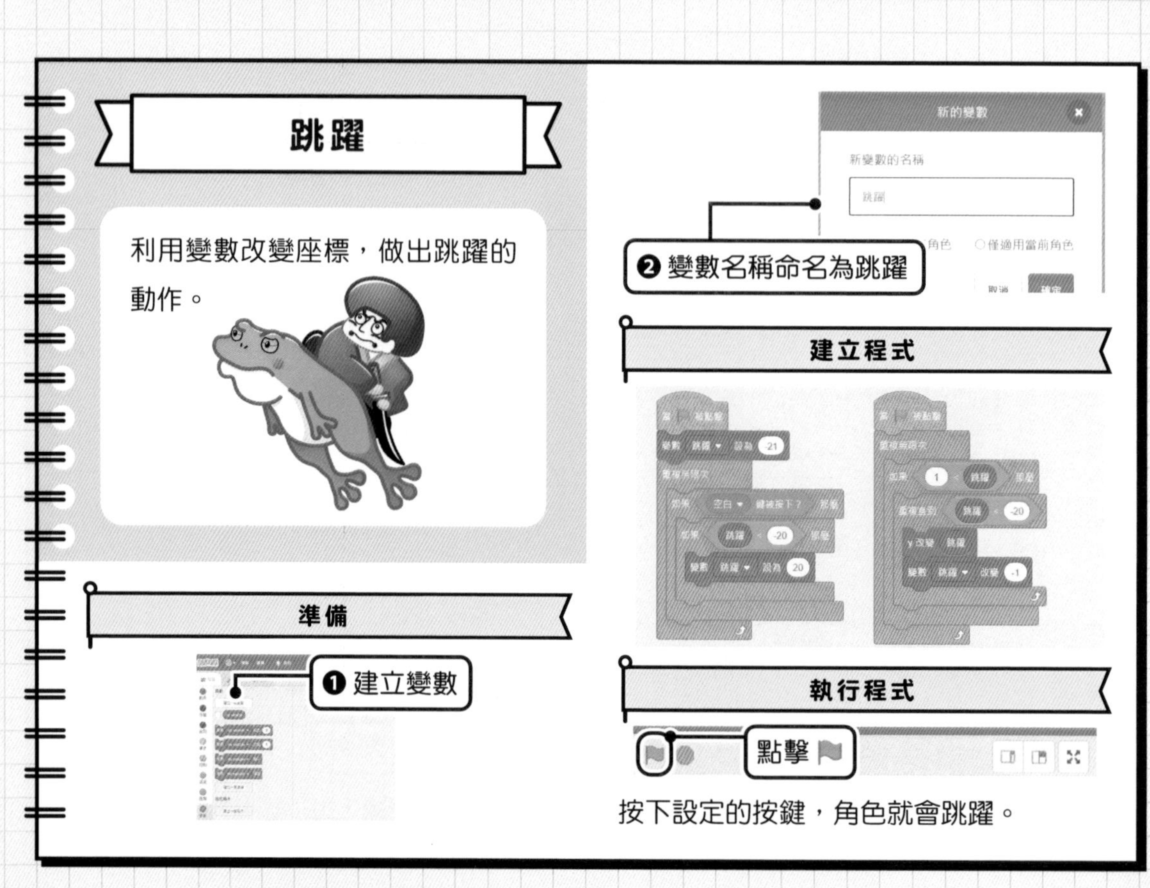
跳躍
利用變數改變座標，做出跳躍的動作。
新的變數
新變數的名稱
❷ 變數名稱命名為跳躍
建立程式
準備
❶ 建立變數
執行程式
點擊
按下設定的按鍵，角色就會跳躍。

呼叫不同角色的程式
使用訊息啟動其他角色的程式
準備
分別準備呼叫者與被呼叫者的角色
46
y
方向
呼叫者
被呼叫者
選個角色
建立程式
呼叫者
當 被點擊
重複無限次
如果 碰到 鼠標 ? 那麼
廣播訊息 message1
被呼叫者
當收到訊息 message1
移動 10 點
碰到邊緣就反彈
執行程式
點擊
滑鼠游標碰到呼叫者的角色，被呼叫者的角色就會移動。

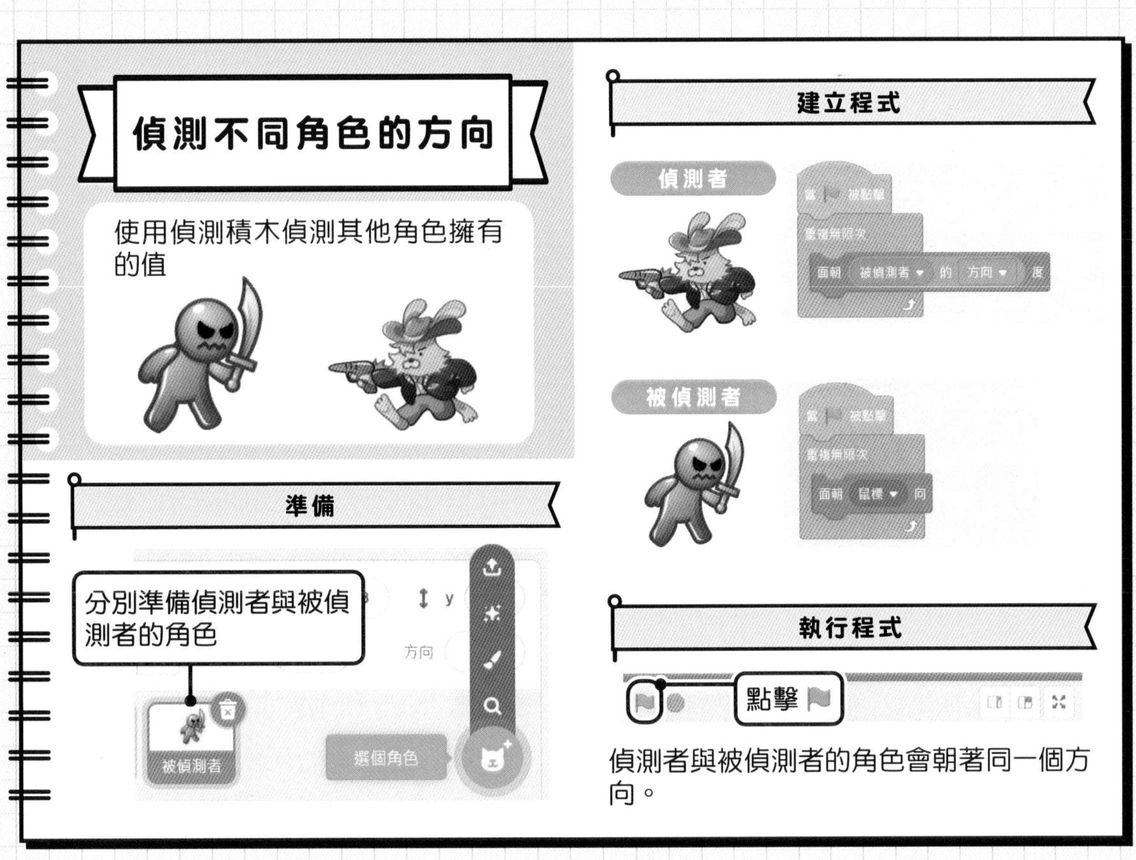

偵測不同角色的方向
使用偵測積木偵測其他角色擁有的值
準備
分別準備偵測者與被偵測者的角色
y
方向
被偵測者
選個角色
建立程式
偵測者
當 被點擊
重複無限次
面朝 被偵測者 的 方向 度
被偵測者
當 被點擊
重複無限次
面朝 鼠標 向
執行程式
點擊
偵測者與被偵測者的角色會朝著同一個方向。

製作動態背景
除了角色之外，也試著讓背景動起來。
準備
角色
動態背景
分別準備好角色與動態背景
選個角色
建立程式
角色
當 被點擊
定位到 x: 0 y: 0
迴轉方式設為 左-右
重複無限次
如果 向右 鍵被按下？ 那麼
面朝 90 度
如果 向左 鍵被按下？ 那麼
面朝 -90 度
動態背景
當 被點擊
定位到 x: 240 y: 10
迴轉方式設為 不旋轉
重複無限次
面朝 角色 的 方向 度
移動 -5 點
如果 240 < x座標 那麼
x 設為 -240
如果 x座標 < -240 那麼
x 設為 240
執行程式
點擊
根據角色的方向移動背景。

加上限制時間

時間到了就結束遊戲。

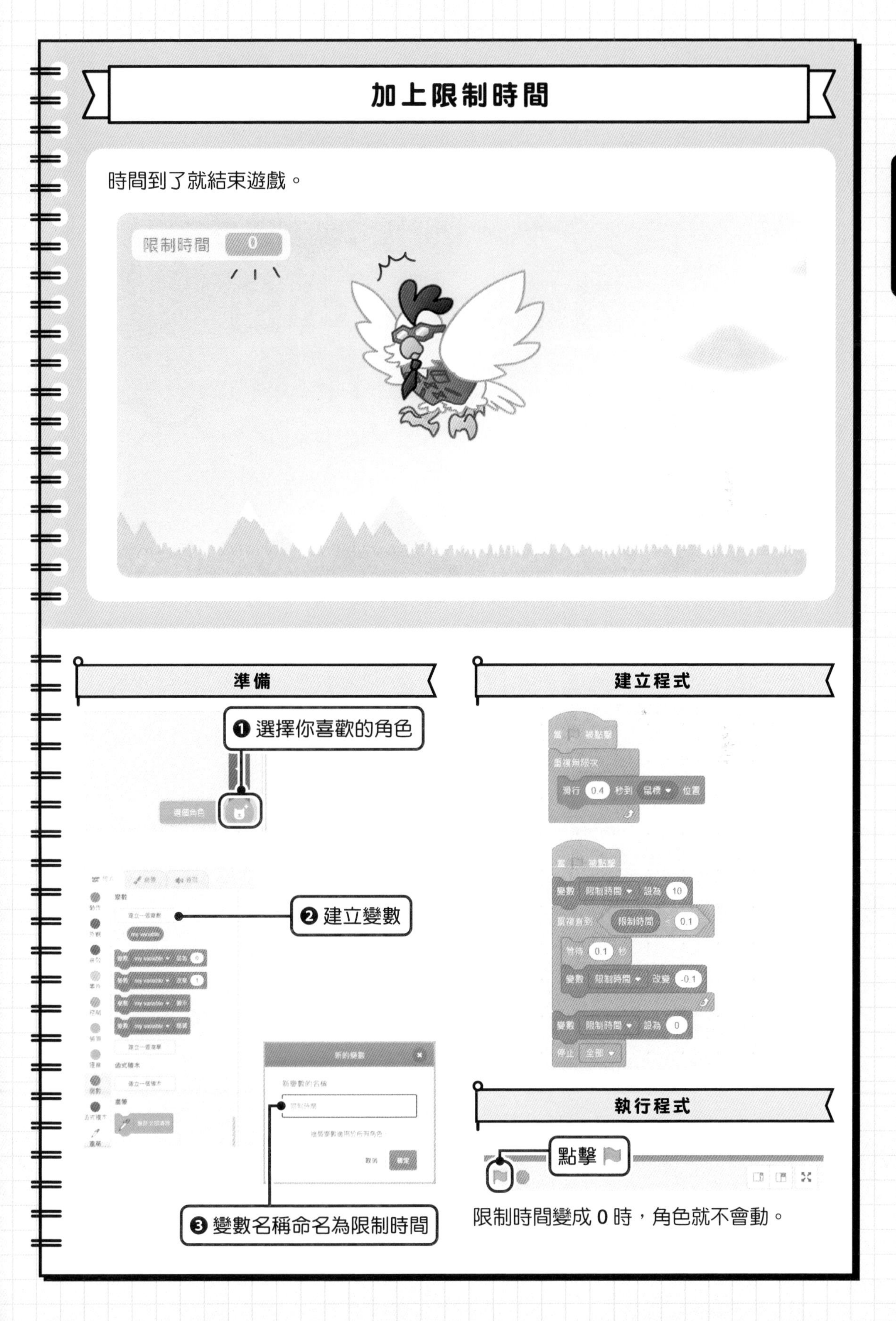

限制時間變成 0 時，角色就不會動。

透過Scratch的網站分享作品

在 Scratch 的網站上建立帳號，就可以向全世界發布你的作品，收到別人給的意見，或對別人的作品提供評論。
請參考本章，建立 Scratch 的帳號，並且發布你的作品！
以下擷取的畫面，未來可能因為 Scratch 網站更新，使得操作步驟有所不同，敬請見諒。

公諸於世！
好像 Youtuber 喔！

建立 Scratch帳號

如果你還沒有 Scratch 帳號，請註冊一個新帳號。
按下 Scratch 網站右上方的「加入 Scratch」鈕，開啟輸入資料的對話視窗。
未滿 16 歲的使用者在註冊帳號時，必須輸入監護人的電子郵件信箱。請與監護人討論並取得同意後再註冊。

一開始要輸入用戶名稱與密碼。用戶名稱只能使用英文與底線符號。
用戶名稱不能使用真實名稱，也不可以使用會造成別人反感的名字。一定要記住你的用戶名稱與密碼，別告訴任何人。
輸入用戶名稱、密碼、確認輸入密碼後，按「下一步」。

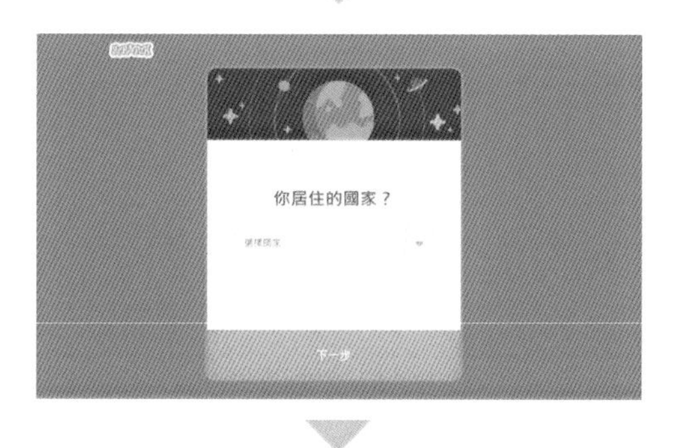

選擇你居住的國家，完成後按「下一步」。

選擇出生年月，完成後按「下一步」。

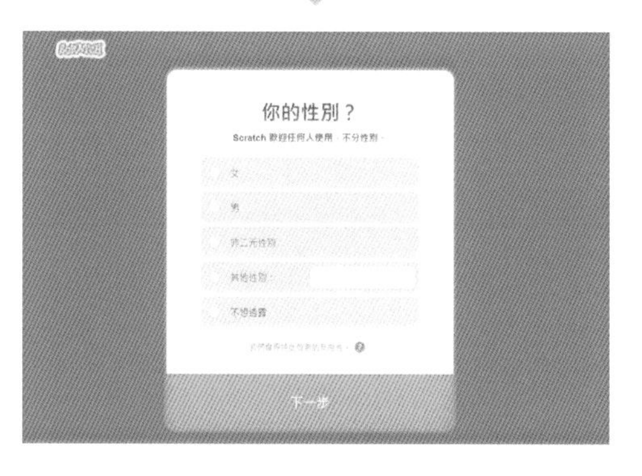

選擇性別。考量到多元化性別，除了男女之外，還有其他選項。完成後按「下一步」。
出生年、月與性別不會被公開。

你的信箱？

建立你的帳戶

未滿 16 歲者請輸入監護人的電子郵件信箱。完成後，按下「建立你的帳戶」。

按下這個畫面中的「入門」，就可以登入 Scratch。

POINT

認證電子郵件信箱

系統會傳送一封電子郵件到你輸入的信箱進行認證。認證之後才可以分享作品，或傳送意見。

※ 以下是 2021 年 5 月的電子郵件內容。顯示的內容可能隨著建立帳戶的時期而改變。

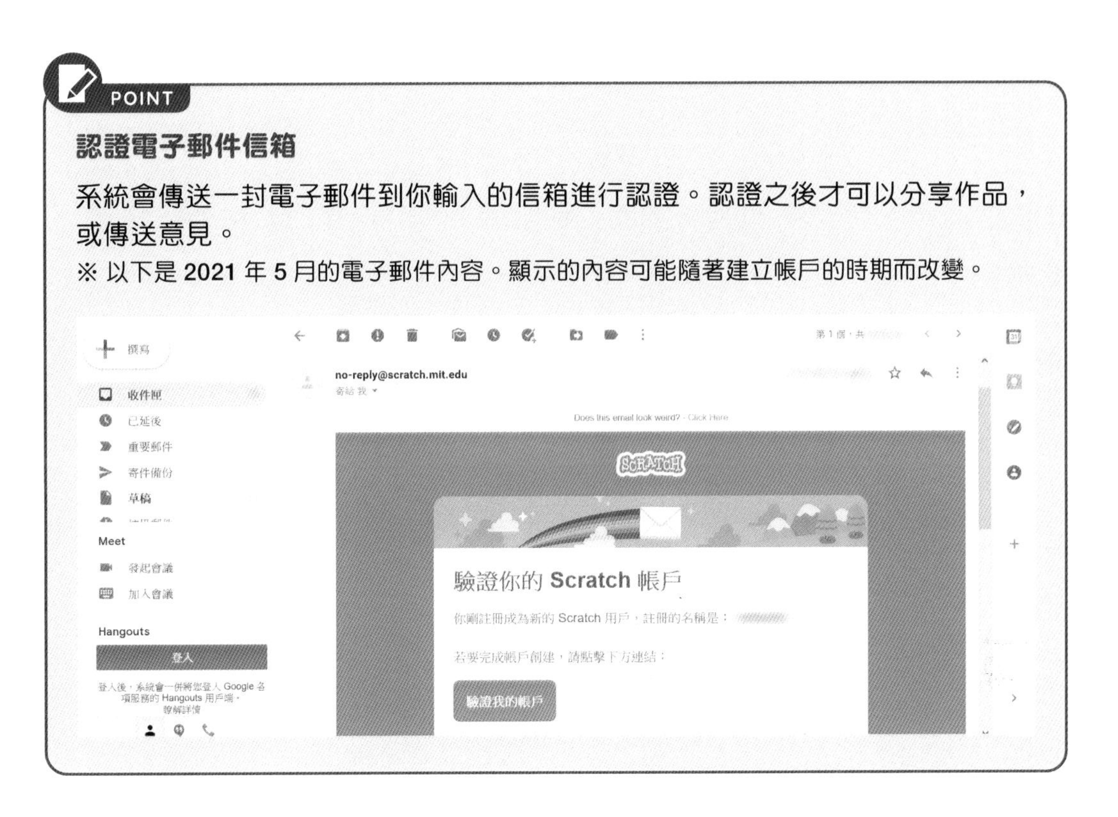

登入 Scratch

進入 Scratch 的網站後，按下網頁右上方的「登入」，輸入用戶名稱與密碼，就可以登入 Scratch。

分享專案

在登入 Scratch 的狀態下，開啟編輯器，畫面上方中央會有一個「分享」按鈕。

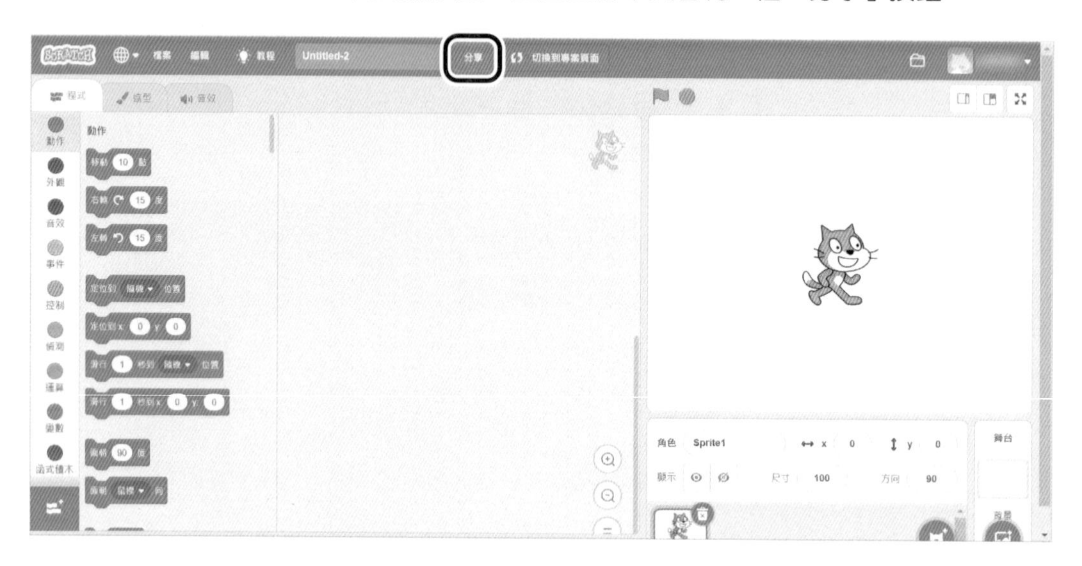

按下這個按鈕，就可以分享專案。專案是 Scratch 作品的單位。Scratch 除了可以製作遊戲之外，也有人會製作動畫或音樂，因此通稱為專案。

按下分享，就能公開作品。請先輸入作品名稱、用法說明、參考的作品等資料。

登入之後，可以做很多事情，不過請先大量製作專案，持續分享！

如果你與監護人對網際網路的使用方式已有協議，請務必遵守。若沒有協議，也請先詢問是否可以分享。

POINT

分享作品或提供意見之前

你分享的作品或意見不可以讓別人覺得不舒服或是傷害到他人。

除此之外，網站上也載明了參加 Scratch 社群的規定，請仔細閱讀並遵守內容。

https://scratch.mit.edu/community_guidelines

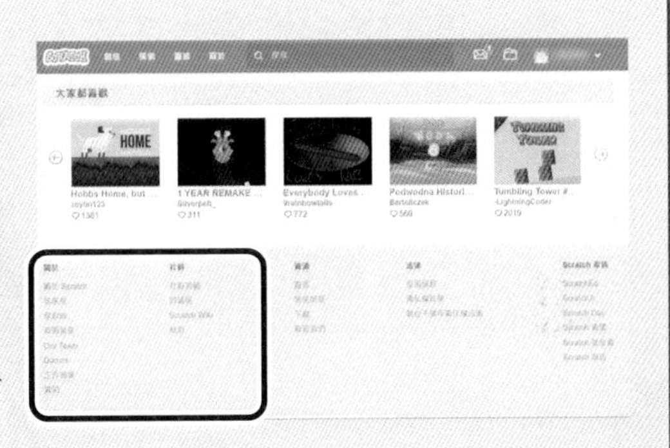

Scratch 社群規範

我們需要彼此協助，才能讓 Scratch 成為一個友善與富創造力的社群，我們歡迎不同背景與興趣的人加入。

要有禮貌。
在分享專案或是發表評論時，請考慮到觀看的人們遍佈各個年齡層，來自不同生活背景。

要有建設性。
在別人的專案上發表時，說說你喜歡這個專案的原因，也給予一些建議。

分享。
您可以自由的改編，像是構想、圖案...任何 Scratch 專案中找到的東西都可以。不過，要記得尊重並感謝別人，你分享的專案也有可能會有被改編的時候。

※ 以上是 2021 年 5 月記載的內容，日後可能出現變動。

POINT

關於著作權

Scratch 網站上允許以下著作權事項。同樣地，你必須瞭解別人也能使用你分享的作品。

- 改編別人的作品
- 在自己的程式內使用別人的程式

假如你參考了別人的作品或程式，請遵守指導原則，寫上原始作者姓名，當作「對作品的貢獻」。

Scratch 以外的遊戲、動畫、電影、音樂，若未取得製作者的同意，切勿擅自使用，請特別注意這一點。

按下！

完…完成了！！終於完成了
我創作的遊戲！
實在太不可思議了…

這一定可以
震撼遊戲界…
握拳…

打擾了…

好的，大家別急，
一個一個來～
嘻嘻
嘻嘻

話說
Kosaku
做的是
什麼樣
的遊戲？

嘿嘿嘿…
你聽好囉

Monita
準備好標題畫面…

一邊汆燙烏龍麵、種植洋蔥，
一邊與溫泉蛋星的宇宙市場
合作銷售…

嗯，感覺有
點普通耶，
好無聊。
對啊，我們去
Takashi 家玩
遊戲吧！

再見
等一下！！
接下來才是
精彩的地方
啊！

!?
喂
!?

呵呵…

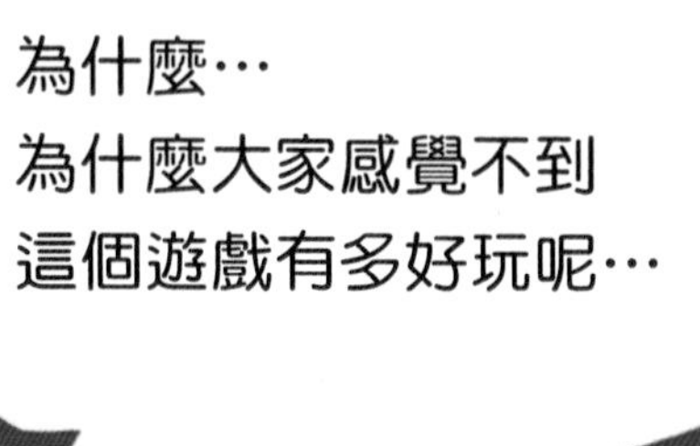
為什麼…
為什麼大家感覺不到
這個遊戲有多好玩呢…

啊
哈
哈
哈
哈
哈

嗚，
連 Miku 也嘲笑我…

但是他們說的我也瞭解！
別因為我說喜歡就覺得可以
放心喔！
哼
跌倒

嗯…要堅持到最後很困難啊…

不論是製作遊戲或設計程式都沒有
標準答案！必須思考有沒有什麼方
法可以變得更好玩！

只要像這樣嘗試創造
出各種遊戲，說不定
有一天會做出全世界
都愛玩的遊戲喔！

好，我要更努力
設計程式，創造
出受大家歡迎的
遊戲～！！
哼哼
結束

結語

感謝你看到最後！你對改造遊戲原型的體驗有什麼想法？是否覺得和平常玩遊戲一樣有趣，其實你已經在不知不覺中努力的學習了！

當你熱衷於喜愛的事物時，最適合學習…本書在一開始就提到了這點。持續熱衷於做某件事情，不知不覺就變得比誰都專業了，這種事情時有耳聞。其實多數人都是如此，擅長的事情往往都是原本就很喜歡的。

我們公司的遊戲創作工作也聚集了有著不同「興趣」的夥伴，例如喜歡繪製動物插畫的人、喜愛描繪機器人或裝甲機械的人。當遊戲中需要貓咪圖案，就交給喜歡這件事的人來做，一定可以發揮最大的力量，完成品質良好的作品。換句話說，把興趣變成工作，不論是創造者或是玩家都會感到開心。

或許有人會認為「應該優先克服不擅長的事情，而不是去做喜歡的事情！」可是沒有人是十項全能！而且連一個最愛的興趣都沒有才是嚴重的問題。只要找到一件你最喜愛的事情，對其他事物自然也會產生興趣，你喜愛的世界也一定會愈來愈寬廣。

隨著科技不斷發展，未來使用電腦的工作會愈來愈多。當你成為大人時，這個世界一定會有更多人在從事自己喜歡的工作。看過這本書的你，請找出你喜歡做的事，繼續挑戰新的事物，成為偉大的夢想家。

Asobism（股）公司 董事長 CEO 大手 智之

Scratch 超人氣遊戲大改造：動腦想、動手玩，讓程式與遊戲設計都變有趣！

作　　者：Asobism
譯　　者：吳嘉芳
企劃編輯：王建賀
文字編輯：江雅鈴
設計裝幀：張寶莉
發 行 人：廖文良

發 行 所：碁峰資訊股份有限公司
地　　址：台北市南港區三重路 66 號 7 樓之 6
電　　話：(02)2788-2408
傳　　真：(02)8192-4433
網　　站：www.gotop.com.tw
書　　號：ACG006000
版　　次：2021 年 09 月初版
　　　　　2024 年 04 月初版四刷
建議售價：NT$490

國家圖書館出版品預行編目資料

Scratch 超人氣遊戲大改造：動腦想、動手玩，讓程式與遊戲設計都變有趣！/ Asobism 原著；吳嘉芳譯. -- 初版. -- 臺北市：碁峰資訊, 2021.09
面；　公分
ISBN 978-986-502-877-0(平裝)
1.電腦遊戲　2.電腦動畫設計
312.8　　110009841

本書是根據寫作當時的資料撰寫而成，日後若因資料更新導致與書籍內容有所差異，敬請見諒。若是軟、硬體問題，請您直接與軟、硬體廠商聯絡。